井 下 作 业

主　编：廖锐全

副主编：张顶学　许江文　石善志　赵　勇

石油工业出版社

图书在版编目（CIP）数据

石油百科.开发.井下作业/廖锐全主编.—北京：石油工业出版社，2024.6
ISBN 978-7-5183-6261-5

Ⅰ.①石… Ⅱ.①廖… Ⅲ.①石油开采–基本知识 ②井下作业–基本知识 Ⅳ.①TE

中国国家版本馆 CIP 数据核字（2023）第 168555 号

石油百科（开发）·井下作业
Shiyou Baike（Kaifa）·Jingxia Zuoye

出版发行：石油工业出版社
（北京安定门外安华里 2 区 1 号　100011）
网　　址：www.petropub.com
编辑部：（010）64523535　　图书营销中心：（010）64523633
经　　销：全国新华书店
印　　刷：北京中石油彩色印刷有限责任公司

2024 年 6 月第 1 版　2024 年 6 月第 1 次印刷
710×1000 毫米　开本：1/16　印张：17
字数：315 千字

定价：100.00 元
（如出现印装质量问题，我社图书营销中心负责调换）
版权所有，翻印必究

《中国石油勘探开发百科全书》

总编委会

主　　　任：刘宝和
常务副主任：沈平平　魏宜清
副　主　任：贾承造　赵政璋　袁士义　刘希俭　白泽生　吴　奇
　　　　　　赵文智　李秀生　傅诚德　李文阳　丁树柏
委　　　员：（按姓氏笔画排序）
　　　　　　马　纪　马双才　马家骥　王元基　王秀明　石宝珩
　　　　　　田克勤　刘　洪　齐志斌　吕鸣岗　余金海　吴国干
　　　　　　张　玮　张　镇　张卫国　张水昌　张绍礼　李建民
　　　　　　李秉智　宋新民　汪廷璋　杨承志　邹才能　陈宪侃
　　　　　　单文文　周　虹　周家尧　孟慕尧　岳登台　金志俊
　　　　　　咸玥瑛　姜文达　禹长安　胡永乐　胡素云　赵俭成
　　　　　　赵瑞平　秦积舜　钱　凯　顾家裕　高瑞祺　章卫兵
　　　　　　蒋其垲　谢荣院　潘兴国

主　　　编：刘宝和
常务副主编：沈平平　魏宜清
副　主　编：张卫国　孟慕尧　高瑞祺　潘兴国　单文文

学术委员会

主　　　任：邱中建
委　　　员：（按姓氏笔画排序）
　　　　　　王铁冠　王德民　田在艺　李庆忠　李德生　李鹤林
　　　　　　苏义脑　沈忠厚　罗平亚　胡见义　郭尚平　袁士义
　　　　　　贾承造　顾心怿　康玉柱　韩大匡　童晓光　翟光明
　　　　　　戴金星
秘　书　长：沈平平
副秘书长：傅诚德

《石油百科（开发）》编委会

主　　任：刘宝和

副 主 任：（按姓氏笔画排序）

丁树柏　刘希俭　李文阳　李秀生　沈平平　张卫国
李俊军　吴　奇　单文文　孟慕尧　赵文智　赵政璋
袁士义　贾承造　高瑞祺　傅诚德　潘兴国

主　　编：刘宝和　蒲春生

副 主 编：（按姓氏笔画排序）

尹洪军　李明忠　步玉环　何利民　陈明强　范宜仁
国景星　廖锐全

成　　员：（按姓氏笔画排序）

于乐香　王卫阳　王胡振　邓少贵　石善志　吕宇玲
任　龙　任丽华　刘　静　刘均荣　刘陈伟　许江文
李红南　吴飞鹏　张　益　张　锋　张　楠　张顶学
张福明　罗明良　郑黎明　赵　勇　柳华杰　钟会影
郭辛阳　郭胜来　曹宝格　章卫兵　葛新民　景　成
温庆志　蒲景阳

专 家 组：郭尚平　胡文瑞　苏义脑　刘　合　李　宁　沈平平

编 辑 组：李　中　方代煊　何　莉　贾　迎　王金凤　王　瑞
金平阳　何丽萍　张　倩　王长会　沈瞳瞳　孙　宇
张旭东　申公显　白云雪

PREFACE 序

能源安全是关系国家经济社会发展的全局性、战略性问题，对国家繁荣发展、人民生活改善、社会长治久安至关重要。党的十八大以来，习近平总书记提出"四个革命、一个合作"能源安全新战略，为我国新时代能源发展指明了方向，开辟了能源高质量发展的新道路。

能源是国家经济、社会可持续发展最重要的物质基础之一，当前全球能源发展处于从化石能源向低碳的可再生能源及无碳的自然能源快速转变的过渡期，能源结构呈现出"传统能源清洁化，低碳能源规模化，能源供应多元化，终端用能高效化，能源系统智能化，技术变革全面化"的总体趋势。尽管如此，油气资源仍是影响国家能源安全最敏感的战略资源。随着我国经济快速发展，油气对外依存度不断加大，2021年已分别达到72.2%和46.0%。因此，大力提升油气勘探开发力度和加强天然气产供储销体系建设，关系到国家能源安全和经济社会稳定发展大局，任务艰巨、责任重大。

近年来，随着油气勘探开发理论与技术的进步，全球油气勘探开发领域逐渐呈现出向深水、深层、非常规、北极等新区、新领域转移的趋势。中国重点含油气盆地面临着勘探深度加大、目标更为隐蔽、储层物性更差、开发工程技术难度增加等诸多挑战。因此，适时地分析总结我国在油气勘探、开发和工程技术等方面的新理论、新技术、新材料以及新装备等，并以通俗易懂的百科条目形式使之广泛传播，对于提升广大石油员工科学素养、促进石油科技文化交流、突破油气勘探开发关键技术瓶颈等方面意义重大。《石油百科（开发）》共10个分册，是在2008年出版的《中国石油勘探开发百科全书》基础上，通过100多位专家学者的共同努力，按照《开发地质》《油气藏工程》《钻完井工程》《采油采气工程》《试井工程》《试油工程》《测井工程》《储层改造》《井下作业》和《油气储运工程》10个专业领域分册，对油气勘探开发理论、技术、工程等方面进行了更加全面细致的梳理总结，知识体系更加完整细化，条目数量大幅度增加，并适当调整了原有条目内容和纂写形式，进一步完善并总结了当前在非常规与深水深地油气等储层勘探开发新进展，增加了更多的原理或示意插图，使词条描述更加清晰易懂，提高了词条描述的准确性与可读性，拓宽了百科全书读者范围，充分满足了基层石油工人、工程技术人员、科研人员以及非石油行业读者的查阅需要。《石油百科（开发）》的编纂出版，提升了《全书》内容广泛性与实用性，搭建了石油科技文化交流平台，推动了油气勘探开发技术创新，是我国石油工业进入勘探开发瓶颈期的一项标志性石油出版工程，影响深远。

当前，我国油气资源勘探开发研究虽取得了重大进展，但与国外先进水平仍有一定差距。习近平总书记站在党和国家前途命运的战略高度，做出大力提升油气勘探开发力度、保障国家能源安全的重要批示，为我国石油工业的发展指明了方向。我们要高举中国特色社会主义伟大旗帜，继承与发扬石油工业优良传统，坚持自主创新、勇于探索、奋发有为，突破我国石油勘探开发领域"卡脖子"的技术难题，为实现中华民族伟大复兴中国梦贡献更大的石油力量。中国的石油工业任重而道远，这套《石油百科（开发）》的出版必将对中国石油工业的可持续发展起到积极的推动作用。

中国工程院院士 胡文瑞

FOREWORD 前言

《中国石油勘探开发百科全书》（包括综合卷、勘探卷、开发卷和工程卷，简称《全书》）于 2008 年出版发行，《全书》出版后深受读者欢迎，并且收到不少读者的反馈意见。石油工业出版社根据读者的反馈意见以及考虑到《全书》已出版十几年，随着油气勘探开发理论与技术不断创新、发展，涌现了大量的新理论、新技术、新材料以及新装备，经过调研以及和有关专家研讨后决定在《全书》的基础上按专业独立成册的方式编纂《石油百科（开发）》。

《石油百科（开发）》包括《开发地质》《油气藏工程》《钻完井工程》《采油采气工程》《试井工程》《试油工程》《测井工程》《储层改造》《井下作业》和《油气储运工程》10 个分册，总计约 6500 条条目，主要以《全书》工程卷和开发卷为基础编纂而成。和《全书》相比，《石油百科（开发）》具有如下特点：《石油百科（开发）》每个专业独立成册，做到专业针对性更强；《全书》受篇幅限制只选录主要条目，而《石油百科（开发）》增补了大量条目（增加一倍以上），尽量做到能够满足读者查阅需求，实用性更强；《石油百科（开发）》增加了大量的图表，以增加阅读性；有针对性地增加了非常规、深水深地以及极地油气等难动用储层勘探开发理论与技术的条目。

百科全书的组织编纂是一项浩繁的工作。2016 年 11 月，石油工业出版社在山东青岛中国石油大学（华东）组织召开了《石油百科（开发）》编纂启动会，成立了由 30 多位专家教授组成的编委会，全面展开《石油百科（开发）》编纂工作。为了使《石油百科（开发）》的撰写、审稿和编辑加工能按统一标准规范进行，石油工业出版社组织编印了《石油百科·编写细则》，之后又先后编印了《石油百科·编写注意事项》《石油百科·编辑要求》，推动了各分册工作的顺利进行。

《石油百科（开发）》由中国石油大学（华东）蒲春生教授牵头，由陈明强、何利民、李明忠、廖锐全、范宜仁、步玉环、国景星、尹洪军教授分别担任 10 个分册的主编。在编纂过程中，采取主编责任制，每个分册主编挑选 3~4 名参编人员作为分册副主编，组成编写小组。2017—2020年期间，编委会每年定期召开两次编审讨论会，对《石油百科（开发）》各分册的阶段初稿进行研讨，及时解决撰写过程中遇到的困惑和难点，使《石油百科（开发）》的编纂工作得以顺利进行。经过全体编写人员的共同努力和辛勤工作，于2020年6月完成了《石油百科（开发）》的初稿，并由石油工业出版社责任编辑进行了初审，专家组成员对《石油百科（开发）》初稿进行了仔细、认真地审阅，并提出了许多十分宝贵的修改意见和指导性建议。在此基础上，结合专家审阅意见，各分册编写小组进行了最后修改完善与提升，陆续完成了《石油百科（开发）》终稿，编纂经历了近4年时间。

为了确保条目的准确性和权威性，由中国科学院和中国工程院石油勘探、开发、工程方面的院士及资深专家组成《石油百科（开发）》专家组，对《石油百科（开发）》各分册框架及条目进行了认真的审核，在此表示诚挚的谢意！

《石油百科（开发）》涉及内容广泛，参加编写人员众多，疏漏之处在所难免，敬请读者批评指正。

《石油百科（开发）》编委会

凡 例

1.《石油百科（开发）》是在《中国石油勘探开发百科全书》（简称《全书》）开发卷和工程卷的基础上编纂而成，增加了大量条目和对原来条目进行修改完善。

2.《石油百科（开发）》按专业独立成册，包括《开发地质》《油气藏工程》《钻完井工程》《采油采气工程》《试井工程》《试油工程》《测井工程》《储层改造》《井下作业》和《油气储运工程》10个分册。分册之间的交叉条目，在不同分册各自保留，释文侧重本专业内容。

3. 条目按照学科知识体系分类排列，正文后面附有条目汉语拼音索引。条目是本书的主体，是供读者查阅的基本单元，可以通过"条目分类目录"和"条目汉语拼音索引"进行查阅。

4. 条目一般由条目标题（简称条头）、与条头对应的英文、条目释文、相应的图表和作者署名等组成。有些条目提供了推荐书目，读者可以进一步阅读相关内容。

5. 作者署名原则为：完全采用《全书》的条目其署名为原条目作者；对《全书》条目修改的其署名为原条目作者和修改作者；新增加条目其署名为条目撰写作者。

6. 条目内容涉及其他条目，或与其他条目互为补充时，本书提供了"参见"方式，在正文中用蓝色楷体标出，方便读者查阅相关知识。

7. 当一个条目有多种叫法时，在正文中用"又称××"表示，并用斜体标出。又称条目收录到"条目汉语拼音索引"中，并且用楷体加"*"标出。

总目录

- 序

- 前言

- 凡例

- 条目分类目录

- 正文　/1—238

- 附录　石油科技常用计量单位换算表　/239—245

- 条目汉语拼音索引　/246—252

条目分类目录

生产井故障与井下作业施工准备

- 井下作业 ………………………… 1
- 生产井故障 ……………………… 2
  - 油井故障 ……………………… 2
  - 注水井故障 …………………… 2
  - 气井故障 ……………………… 2
  - 井口装置故障 ………………… 3
  - 井身结构故障 ………………… 4
  - 套管损坏 ……………………… 4
  - 套管变形损坏 ………………… 5
  - 套管错断损坏 ………………… 5
  - 窜槽 …………………………… 6
  - 地层窜通 ……………………… 6
  - 管外窜通 ……………………… 6
  - 地层伤害故障 ………………… 6
  - 井下工具故障 ………………… 6
- 遇卡 ……………………………… 6
  - 砂卡 …………………………… 7
  - 机械卡 ………………………… 7
- 水泥卡 ………………………… 7
- 落物卡 ………………………… 7
- 套管变形卡 …………………… 8
- 井下作业施工准备 ……………… 8
  - 井下作业设计 ………………… 8
  - 井下地质设计 ………………… 8
  - 井下工程设计 ………………… 8
  - 井下施工设计 ………………… 9
  - 井场调查 ……………………… 9
  - 交接井 ………………………… 10
  - 井下作业设备搬迁 …………… 10
  - 井场布置 ……………………… 10
  - 修井立井架 …………………… 11
  - 修井穿大绳 …………………… 12
  - 校正井架 ……………………… 13
  - 吊装井口房 …………………… 13
  - 拆驴头 ………………………… 14

小修作业

- 小修作业 ………………………… 15
- 通井 ……………………………… 15
  - 通井遇阻 ……………………… 16
  - 通井规 ………………………… 16
- 洗井 ……………………………… 16
- 酸洗 ……………………………… 17
- 热洗 ……………………………… 17
- 可洗井封隔器洗井 ……………… 18
- 负压洗井 ………………………… 18
- 洗井液 …………………………… 18

压井	19
灌注法压井	19
循环法压井	20
挤注法压井	20
泄压法压井	20
反循环节流压井	20
局部置换压井	20
压井液	21
无固相盐水压井液	21
聚合物固相盐水压井液	22
诱喷	22
替喷	22
一次替喷	23
二次替喷	23
排液	23
提捞排液	23
抽汲	24
气举	24
气举阀气举	25
连续油管气举	25
混气水排液	25
液氮排液	25
泵排	26
起下管柱	27
组配管柱	28
刺洗油管	29
丈量油管	29
探砂面	29
套管刮削	29
炮眼冲洗	30
试压	30
井筒试压	31
井下管柱试压	31
油井清防蜡	31
机械清蜡	32
热力清蜡	32
化学清蜡	33
油溶性清蜡剂	33
水溶性清蜡剂	33
乳液型清蜡剂	34
固体防蜡剂	34
冲砂	35
正冲砂	36
反冲砂	36
正反冲砂	36
光油管冲砂	36
气化水冲砂	36
氮气泡沫冲砂	37
小直径管冲砂	37
水力喷射泵负压冲砂	37
连续油管冲砂	37
井口转换阀连续冲砂	38
套管内换向连续冲砂	38
旋流连续冲砂	39
水平井螺杆钻冲砂	39
捞砂	39
软捞砂	39
硬捞砂	40
生产井找窜	40
声幅测井找窜	40
硼中子找窜	41
同位素测井找窜	41
氧活化测井找窜	41
封隔器找窜	42
桥塞找窜	42
生产井封窜	42
循环法封窜	43
挤入法封窜	43

循环挤入法封窜 …………………… 43	注水井作业 …………………………… 48
填料水泥浆封窜 …………………… 44	试注 ………………………………… 48
验窜 …………………………………… 44	转注 ………………………………… 49
检泵 …………………………………… 44	试配水 ……………………………… 49
检泵周期 …………………………… 45	注水井重配 ………………………… 49
抽油机井检泵 ……………………… 45	注水井调整 ………………………… 50
起下抽油杆 ………………………… 46	注入井分层作业 …………………… 50
调防冲距 …………………………… 46	封层作业 ……………………………… 51
螺杆泵井检泵 ……………………… 47	封井报废作业 ………………………… 52
电动潜油泵井检泵 ………………… 47	报废井 ……………………………… 52
水力活塞泵井检泵 ………………… 48	

大修作业

大修作业 ……………………………… 53	封隔器解卡打捞 …………………… 58
套管内落物打印痕 …………………… 53	电动潜油泵解卡打捞 ……………… 58
端部打印 …………………………… 54	变形落物打捞 ……………………… 59
侧面打印 …………………………… 54	气井解卡打捞 ……………………… 59
井下落物 …………………………… 55	管柱解卡 ……………………………… 60
落鱼 ………………………………… 55	卡点 ………………………………… 60
鱼顶 ………………………………… 55	活动管柱解卡 ……………………… 61
鱼底 ………………………………… 55	恢复循环解卡 ……………………… 61
探鱼 ………………………………… 55	诱喷法解卡 ………………………… 62
摸鱼 ………………………………… 55	长期悬吊解卡 ……………………… 62
方入 ………………………………… 55	震击解卡 …………………………… 62
方余 ………………………………… 55	倒扣解卡 …………………………… 63
鱼顶方入 …………………………… 56	机械倒扣解卡 ……………………… 63
造扣方入 …………………………… 56	爆炸松扣解卡 ……………………… 63
打捞 …………………………………… 56	浸泡解卡 …………………………… 64
套管内落物打捞 …………………… 56	磨铣解卡 …………………………… 64
管类落物打捞 ……………………… 56	套铣解卡 …………………………… 64
杆类落物打捞 ……………………… 57	管柱切割 ……………………………… 64
绳类落物打捞 ……………………… 57	聚能切割 …………………………… 64
小件落物打捞 ……………………… 57	化学切割 …………………………… 65

机械切割 …………………………… 65
注水泥 ………………………………… 65
　　常规注水泥 ………………………… 65
　　分级注水泥 ………………………… 66
　　环隙法注水泥 ……………………… 66
　　尾管注水泥 ………………………… 66
注水泥塞 ……………………………… 66
　　平衡法注水泥塞 …………………… 67
　　倾筒法注水泥塞 …………………… 67
　　双塞法注水泥塞 …………………… 67
　　溢流井注水泥塞 …………………… 67
　　漏失井注水泥塞 …………………… 68
挤水泥 ………………………………… 68
　　挤入法挤水泥 ……………………… 69
　　循环挤入法挤水泥 ………………… 70
　　控制挤入法挤水泥 ………………… 70
　　特殊井挤水泥 ……………………… 70
钻塞 …………………………………… 71
套管损坏检测 ………………………… 72
套管找漏 ……………………………… 73
　　套管试压找漏 ……………………… 73
　　工程测井找漏 ……………………… 73
　　静温梯度测试找漏 ………………… 74
　　流量法找漏 ………………………… 74
　　测流体电阻法找漏 ………………… 74
　　木塞法找漏 ………………………… 74
　　封堵找漏 …………………………… 74
　　井下电视成像找漏 ………………… 74

套管堵漏 ……………………………… 75
套管修复 ……………………………… 75
套管整形 ……………………………… 76
　　胀管器整形 ………………………… 76
　　套管爆炸整形 ……………………… 77
　　套管磨铣整形 ……………………… 77
套管加固 ……………………………… 77
　　套管内衬加固 ……………………… 78
　　套管外衬加固 ……………………… 78
　　套管不密封加固 …………………… 79
　　套管液压密封加固 ………………… 79
　　套管燃气动力加固 ………………… 79
套管补贴 ……………………………… 79
　　套管爆炸补贴 ……………………… 80
　　波纹管补贴 ………………………… 80
　　软金属衬管补贴 …………………… 81
　　膨胀管补贴 ………………………… 82
取换套管 ……………………………… 83
　　套铣取套 …………………………… 84
　　套管补接 …………………………… 85
打通道 ………………………………… 85
侧钻 …………………………………… 85
　　套管内侧钻 ………………………… 85
　　套管锻铣 …………………………… 86
　　套管开窗 …………………………… 86
　　导斜器 ……………………………… 87
　　定向开窗 …………………………… 87

井下措施作业

井下措施作业 ………………………… 89
防砂 …………………………………… 89
　　地层砂筛析 ………………………… 91

化学防砂 ……………………………… 91
人工井壁防砂 ………………………… 92
化学溶液防砂 ………………………… 92

机械防砂 …………………………… 93	油基堵剂 …………………………… 104
衬管防砂 …………………………… 94	硅酸盐沉淀调剖剂 ………………… 104
砾石充填防砂 ……………………… 94	硅酸盐凝胶调剖剂 ………………… 104
压裂防砂 …………………………… 98	硅酸盐复合凝胶调剖剂 …………… 104
注水井调剖 …………………………… 98	硅酸盐颗粒调剖剂 ………………… 104
浅层调剖 …………………………… 99	聚合物凝胶类调剖剂 ……………… 104
深部调剖 …………………………… 100	体膨颗粒类调剖剂 ………………… 105
PI 决策技术 ………………………… 100	黏土胶聚合物絮凝调剖剂 ………… 105
吸水剖面 …………………………… 101	微生物调剖剂 ……………………… 106
单液法调剖 ………………………… 101	含油污泥调剖剂 …………………… 106
双液法调剖 ………………………… 101	泡沫调剖剂 ………………………… 106
微生物深部调剖 …………………… 101	调驱剂 ……………………………… 106
含油污泥调剖 ……………………… 101	**油气井堵水** …………………………… 106
泡沫深部调剖 ……………………… 102	油气井找水 ………………………… 107
纳米材料调剖 ……………………… 102	机械堵水 …………………………… 107
组合调剖 …………………………… 102	化学堵水 …………………………… 108
调剖剂 ………………………………… 103	人工隔板法堵底水 ………………… 109
水基堵剂 …………………………… 104	机械卡水 …………………………… 109

不压井作业与连续管作业

不压井作业 …………………………… 110	油管压力控制技术 ………………… 114
不压井起下钻装置 ………………… 110	油管投堵 …………………………… 115
注水井带压作业 …………………… 110	油管压力控制工具 ………………… 115
抽油机井带压作业 ………………… 111	油套环空压力控制技术 …………… 116
气井带压作业 ……………………… 111	管柱上顶力的控制技术 …………… 116
电泵井带压作业 …………………… 112	**冻胶阀技术** …………………………… 116
带压起下管柱 ……………………… 112	**连续管作业** …………………………… 117
带压更换井口 ……………………… 112	连续管作业注入头 ………………… 118
带压通井 …………………………… 113	连续管作业滚筒 …………………… 118
带压打印 …………………………… 113	连续管 ……………………………… 119
带压冲砂 …………………………… 113	连续管气举作业 …………………… 119
带压油管输送射孔 ………………… 114	连续管压井作业 …………………… 120
带压打捞 …………………………… 114	连续管冲砂洗井作业 ……………… 120

连续管通洗井作业……………… 120
连续管旋转喷射除垢解堵作业…… 120
连续管切割解卡作业……………… 121
连续管酸化作业…………………… 121
连续管压裂作业…………………… 121
连续管挤注水泥…………………… 122
连续管整形………………………… 122
连续管钻磨………………………… 123
连续管打捞………………………… 123

修井工具与井下作业设备

修井工具 …………………………… 124
封隔工具 …………………………… 124
  封隔器 ………………………… 124
  支撑式封隔器 ………………… 125
  卡瓦式封隔器 ………………… 125
  自膨胀式封隔器 ……………… 125
  水力扩张式封隔器 …………… 126
  水力密闭式封隔器 …………… 126
  水力压差式封隔器 …………… 126
  水力自封式封隔器 …………… 126
  可洗井注水封隔器 …………… 126
  热采封隔器 …………………… 126
  桥塞 …………………………… 126
  可溶桥塞 ……………………… 127
  泄油器 ………………………… 127
  机械式泄油器 ………………… 127
  卡簧式泄油器 ………………… 128
  锁球式泄油器 ………………… 128
  凸轮式泄油器 ………………… 128
  液压式泄油器 ………………… 128
  回音标 ………………………… 129
  脱接器 ………………………… 129
  双卡脱接器 …………………… 129
  卡爪式脱接器 ………………… 129
抽油杆防脱器 ……………………… 130
抽油杆扶正器 ……………………… 130
抽油杆减振器 ……………………… 131
油管锚 ……………………………… 131
  憋压式油管锚 ………………… 131
  压差式油管锚 ………………… 132
  机械式油管锚 ………………… 132
  砂锚 …………………………… 132
  气锚 …………………………… 133
热力补偿器 ………………………… 134
抽油杆 ……………………………… 134
  钢实心抽油杆 ………………… 135
  玻璃钢抽油杆 ………………… 135
  空心抽油杆 …………………… 137
  连续抽油杆 …………………… 138
  柔性抽油杆 …………………… 138
深井泵 ……………………………… 139
  杆式泵 ………………………… 143
  管式泵 ………………………… 145
  组合泵 ………………………… 147
  整筒泵 ………………………… 148
  防砂泵 ………………………… 148
  防气泵 ………………………… 150
  抽稠泵 ………………………… 151
  空心泵 ………………………… 152
  有杆大泵 ……………………… 152
  等径柱塞泵 …………………… 153
  长柱塞防砂卡泵 ……………… 153

双作用泵 …………………………… 154
螺杆泵 …………………………… 155
无杆采油泵 …………………………… 156
　电动潜油多级离心泵 …………… 156
　潜油电动机 …………………… 158
　潜油电动机保护器 …………… 158
　电动潜油螺杆泵 ……………… 160
　射流泵 ………………………… 160
　水力活塞泵 …………………… 160
　配水器 ………………………… 161
　固定配水器 …………………… 161
　空心配水器 …………………… 161
　偏心配水器 …………………… 162
　配水器堵塞器 ………………… 162
　配水器投捞器 ………………… 162
　水力旋流冲砂器 ……………… 164
悬挂器 …………………………… 164
　尾管悬挂器 …………………… 164
　机械卡瓦尾管悬挂器 ………… 165
　液压卡瓦尾管悬挂器 ………… 167
井下作业检测工具 ……………… 167
　通径规 ………………………… 167
　印模 …………………………… 168
　防脱铅模 ……………………… 168
　井下电视 ……………………… 168
　钻柱打捞测井仪 ……………… 169
震击工具 ………………………… 170
　下击器 ………………………… 170
　液压上击器 …………………… 171
　液体加速器 …………………… 173
打捞工具 ………………………… 173
　打捞筒 ………………………… 174
　卡瓦打捞筒 …………………… 174
　可退式打捞筒 ………………… 175

抽油杆打捞筒 …………………… 175
活页式捞筒 …………………… 175
开窗打捞筒 …………………… 175
反循环打捞筒 ………………… 176
磁铁打捞器 …………………… 177
打捞篮 ………………………… 177
卡瓦打捞矛 …………………… 179
滑块卡瓦打捞矛 ……………… 179
水力卡瓦打捞矛 ……………… 180
可退式卡瓦打捞矛 …………… 180
螺旋可退打捞矛 ……………… 180
轨道式可退打捞矛 …………… 180
水力可退打捞矛 ……………… 181
打压滑块可倒打捞矛 ………… 181
水平井可退式打捞矛 ………… 181
可退倒扣打捞矛 ……………… 182
提放式可退打捞矛 …………… 182
打捞钩 ………………………… 182
死钩 …………………………… 182
活动钩 ………………………… 183
内钩 …………………………… 183
外钩 …………………………… 183
偏心捞钩 ……………………… 183
丝锥外钩 ……………………… 183
内外组合捞钩 ………………… 183
一把抓 ………………………… 183
公锥 …………………………… 184
母锥 …………………………… 184
套铣母锥 ……………………… 185
打捞增力器 …………………… 185
鱼顶修整器 …………………… 185
安全接头 ……………………… 186
活动肘节 ……………………… 187
沉砂筒 ………………………… 187

管柱减阻接头 ……………… 187
机械倒扣工具 ……………… 187
　倒扣器 ……………………… 187
　倒扣接头 …………………… 188
　倒扣捞筒 …………………… 188
　倒扣捞矛 …………………… 190
爆炸松扣工具 ……………… 191
套管整形工具 ……………… 191
　梨形胀管器 ………………… 191
　偏心辊子整形器 …………… 192
　三锥辊套管整形器 ………… 192
　旋转震击式套管整形器 …… 193
　套管整形弹 ………………… 193
磨铣工具 …………………… 193
　铣鞋 ………………………… 193
　铣锥 ………………………… 194
　磨鞋 ………………………… 194
　引鞋 ………………………… 195
套铣工具 …………………… 195
　套铣筒 ……………………… 195
　套铣鞋 ……………………… 196
　套管补接器 ………………… 196
套管加固工具 ……………… 196
刮削工具 …………………… 196
井下切割工具 ……………… 197
　内割刀 ……………………… 197
　机械式内割刀 ……………… 198
　水力式内割刀 ……………… 199
　外割刀 ……………………… 199
　聚能切割工具 ……………… 199
井下作业地面工具 ………… 200
　油管吊卡 …………………… 200
　抽油杆吊卡 ………………… 200

　卡瓦 ………………………… 201
　油管动力钳 ………………… 202
　管钳 ………………………… 203
　链钳 ………………………… 203
　提升短节 …………………… 204
　活动弯头 …………………… 204
　活接头 ……………………… 204
井口装置 …………………… 205
　套管头 ……………………… 206
　油管头 ……………………… 206
　采油树 ……………………… 207
井下作业设备 ……………… 208
修井机 ……………………… 208
　修井天车 …………………… 210
　修井游动滑车 ……………… 211
　修井大钩 …………………… 211
　修井吊环 …………………… 211
　修井指重表 ………………… 211
　修井水龙头 ………………… 212
　修井水龙带 ………………… 212
　作业井架 …………………… 212
通井机 ……………………… 213
连续油管作业机 …………… 214
不压井作业设备 …………… 215
防砂车 ……………………… 216
锅炉车 ……………………… 216
井架车 ……………………… 217
采油管柱 …………………… 217
　注水管柱 …………………… 226
　磨铣套铣管柱 ……………… 227
　找漏找窜工艺管柱 ………… 228
　冲砂管柱 …………………… 228
　打捞管柱 …………………… 229

井　控

井控 ……………………………… 230
　一级井控 …………………… 230
　二级井控 …………………… 231
　三级井控 …………………… 231
　井侵 ………………………… 231
　溢流 ………………………… 231
　井涌 ………………………… 231
　井喷 ………………………… 232
　地下井喷 …………………… 232
　井喷失控 …………………… 232
　井喷失火 …………………… 232
井控设备 ………………………… 232
　防喷器 ……………………… 233
　环形防喷器 ………………… 233
　抽油杆防喷器 ……………… 234
　旋转防喷器 ………………… 234

闸板防喷器 …………………… 234
半封封井器 …………………… 235
全封封井器 …………………… 235
自封封井器 …………………… 235
防喷单根 ……………………… 235
防喷管汇 ……………………… 235
节流管汇 ……………………… 235
压井管汇 ……………………… 236
节流阀 ………………………… 236
止回阀 ………………………… 236
油管旋塞阀 …………………… 236
油管堵塞器 …………………… 236
关井 …………………………… 237
硬关井 ………………………… 237
软关井 ………………………… 238

生产井故障与井下作业施工准备

【井下作业 borehole operations】 利用地面修井设备和井下修井工具对油气田开发井采取各种井下技术措施的总称。目的是提高生产井生产能力、改善井下技术状况，高效地将地下油气采出地面，改善油气田开发效果，提高最终采收率。

井下作业隶属于采油工程学科，重点研究的是井筒内各种施工方法、施工机具以及针对油藏的各种技术措施的理论、工程设计方法及实施工艺。其主要内容包括以下几个方面：

（1）井身结构类的修补措施，如套管整形、套管补贴、套管内侧钻、套管加固、套管找漏、套管堵漏、生产井找窜和生产井封窜等。

（2）油、气、水井的小修作业和大修作业。小修作业主要包括检泵、冲砂、套管刮削、压井等。需要采用转盘的作业习惯称为大修作业。

（3）改善油气井生产状况的油层改造措施，如生产井防砂、注水井调剖、油气井堵水等。

（4）针对不同储层的性质，采取相应的改善流体在储层内渗流能力的物理、化学工艺技术措施，如酸化、压裂、酸压裂、高能气体压裂和各种物理解堵措施。

井下作业是一门极为复杂的综合性技术，涵盖了钻井完井之后直到生产井报废封井为止的生产全过程。它涉及材料力学、物理化学、地质力学、热工学、渗流力学等多个学科。

井下作业施工又是高风险的作业。面对高温高压的油气井，容易发生井喷和着火事故。尤其当油气中含有硫或硫化氢气体时，有可能发生人员中毒现象，危及周围居民生命。在施工过程中应确保健康、安全、环保（HSE）。

📖 **推荐书目**

吴奇. 井下作业工程师手册［M］. 北京：石油工业出版社，2017.

（马双才　盛江庆）

【**生产井故障** production well failures】　生产井从钻井、完井、投产后，直至报废的整个生产过程中任何环节出现的生产不正常或达不到应有的配产配注指标，甚至停产或井身结构和井下装备出现故障的统称。按生产井类别可分为油井故障、注水井故障和气井故障；按故障发生的部位可分为井口装置故障、井身结构故障、井下工具故障和地层伤害故障。

（赵　勇　马双才　盛江庆）

【**油井故障** oil well failures】　油井在生产过程中出现的异常状况。可分为深井泵故障、管柱故障、抽油杆故障和配套井下工具故障。

深井泵故障：(1) 磨损破坏泵的密封性，造成泵漏失；(2) 出砂或结蜡会卡住游动阀或固定阀，造成泵失效；(3) 井下液体腐蚀破坏泵的密封性，造成漏失；(4) 出砂严重，柱塞被卡住。

管柱故障：(1) 井下腐蚀造成油管漏失；(2) 管柱脱扣。

抽油杆故障：(1) 抽油杆在工作过程中承受交变载荷，所以发生疲劳破坏，造成断裂；(2) 在下抽油杆过程中，上扣不紧，工作一段时间后会发生脱扣故障。

配套井下工具故障：(1) 油管锚、气锚、滤砂器等井下管柱配套工具故障；(2) 抽油杆配套使用的扶正器、扶正块脱落造成抽油杆卡的故障。

（赵　勇　廖锐全）

【**注水井故障** injection well failures】　注水井在生产过程中出现的各种异常状况。可分为配水器故障、注水封隔器失效、注水管柱故障和注水层堵塞。

配水器故障：主要是配水器水嘴故障，注水井机械杂质或无机垢造成水嘴堵塞。

注水封隔器失效：主要原因有胶筒损坏、层间矛盾突出、地层有窜槽等。

注水管柱故障：主要是注水管柱漏失，包括注水管柱腐蚀破漏、下管柱作业时上扣不严或注水管柱质量问题导致断脱。

注水层堵塞：注水井在注水过程和措施作业（如注水井调剖）后造成的地层堵塞。堵塞物可分为无机物（碳酸钙、硫化铁、氢氧化铁、泥砂等）和有机物（油、蜡、聚合物等）。

（赵　勇　廖锐全）

【**气井故障** gas well failures】　气井在生产过程中出现各种异常状况（见图）。主要分两部分：一是发生在储层中，使渗流条件改变；二是井筒的故障，使井筒流动条件改变。

储层异常主要由水侵、邻井干扰、压裂酸化等原因引起。

井筒的故障包括：油管、套管腐蚀破损；沉砂导致油管、套管堵塞；水层出水导致油管、套管积液；水泥环、水泥塞窜漏；油管、套管内有井下落物。

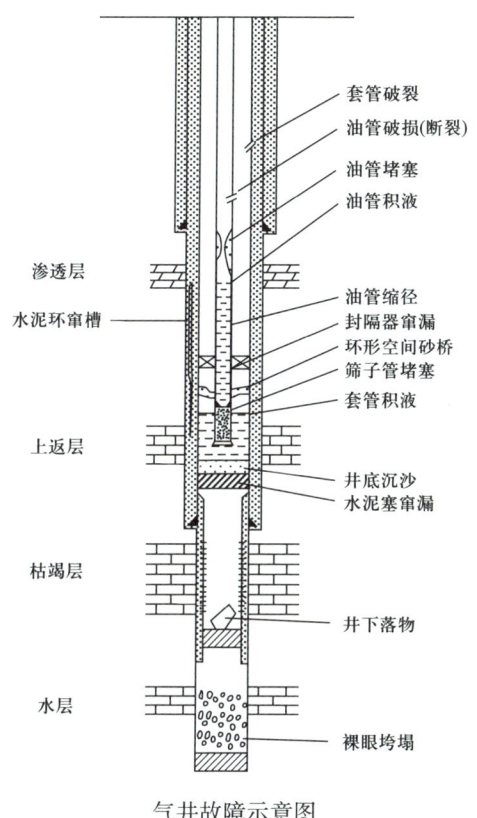

气井故障示意图

（赵　勇　廖锐全）

【井口装置故障 wellhead equipment failures】 由于井口设备本身质量差、维修保养不及时、违反操作规程、措施不当等造成井口装置不同程度的损坏。井口故障可以用"刺"、"漏"、"坏"、"死"四个字概括。

"刺" 闸门、法兰及连接处往外刺油或者刺水的现象。一般在油井上较少，在水井上较多。这是因为进行注水时，地面泵压很高。因此，对于设备的性能、耐压要求等都很严格。如果井口装置中有个别部分密封不好或垫圈损坏等，就容易造成井口刺。也有的因为长期高压注水造成设备腐蚀严重，密封部件失去作用，出现刺的现象。使油水井无法正常生产。

"漏"　井口装置部件有渗或漏油（或水）滴现象。是由于设备长期使用后性能变差，或者因为维修时螺纹部分受到损伤，没有上紧扣等，使井内高压液体渗或漏出。出现这种现象，不仅污染环境，不便于管理，影响油井正常生产，而且还是不安全苗头，容易引起大事故。

　　"坏"　设备或部件受到损坏，会使井口装置的作用减低失灵。造成井口装置（或设备）损坏的原因，主要是平时生产与维修不慎碰坏，也有在井下作业修井过程中损坏的。管理体制不当或违反操作规程，也会损坏井口设备。

　　"死"　这类故障现象是设备不灵活或坏死。其原因是由于磕碰敲击，或者失去维修与润滑而锈死，也有因污染易腐蚀液体未除净所引起的。结果是井口装置操作不灵活，甚至失去了作用，影响生产及作业施工的顺利进行。如果井口闸门的闸板脱落，螺纹撞弯与锈死等，都不能正常使用。

（廖锐全　赵　勇）

【井身结构故障 wellbore structure failures】　套管和水泥环等产生的故障。主要包括：（1）固井质量不合格。包括套管外环形水泥环有窜槽、水泥返高不到位、套管试压不合格和水泥面深度不合格。（2）套管损坏。包括套管变形损坏、套管错断损坏和套管漏失等。（3）井口装置失效。包括井口装置刺漏、渗、滴和井口部件损坏等。（4）井筒堵塞。包括砂堵、蜡堵、垢堵、落物堵塞等。

（蒋厚良　庞志学）

【套管损坏 casing damage】　生产井套管在生产过程中受外力、地应力、腐蚀和高温高压等作用产生变形、破裂等现象。套管损坏直接影响采油、采气、注入作业，使油气水井不能正常生产甚至报废。

　　套管损坏的形态主要有缩径、弯曲、穿孔、渗漏、破裂和错断。导致油水井套管状况变差、损坏的因素是多方面的，分为地质因素、工程因素和腐蚀因素三大类，对于一个具体的油田或一口油井、水井，其中某一类因素很可能是主导因素，其他的为次要因素，而更多的是这些因素综合作用的结果。

　　造成套管损坏的原因有天然因素和人为因素。天然因素如地壳的运动等；人为因素如因不正确使用井下工具使套管受到机械冲击与磨损等。归结为：

　　（1）受压造成损坏。主要有地应力、高压层形成的外应力和套管内过度掏空，超过套管抗挤强度而造成套管弯曲、变形、错断等形式的损坏。

　　（2）泥岩体膨胀造成损坏。超破裂压力注水使水窜入泥岩层，泥岩膨胀挤压套管造成损坏。

　　（3）断层蠕动加剧造成损坏。超过破裂压力注水使水窜入断层，起到润滑剂作用促使断层间运动加剧造成套管损坏。

（4）腐蚀造成损坏。如化学腐蚀、电化学腐蚀、H_2S 引起的氢脆、各种酸碱性物质腐蚀等造成套管穿孔、破裂等损坏。

（5）机械力冲击磨损造成损坏。井下落物、井下工具遇卡、修井过程中的套管整形作业、套铣作业、对鱼顶的磨铣作业、卡瓦式封隔器坐封等使套管受伤破损。

（6）高压施工造成损坏。如压裂、高压注水、爆炸等，高压直接作用于套管。

（7）射孔强度过大，孔径过大，孔密过大，造成套管损坏。

（廖锐全　赵　勇）

【套管变形损坏　damage due to casing deformation】 套管局部段产生较大的塑性变形但并未断裂的一种损坏形式。主要有四种变形形态，即椭圆变形、径向凹陷变形、缩径变形和弯曲变形。套管出现椭圆变形往往是由于套管受不均匀外挤压力使得局部段套管呈椭圆形状。套管的凹陷变形主要是受到某一方向的侧向力作用或由于套管本身某局部位置质量差，强度不足等因素引起，在长期的注采压差下造成套管某局部（处）缩径，使套管横截面上呈现内凹椭圆形，这种径向凹陷性套管变形是套损井中的基本变形形式。套管弯曲变形状态是指套管变形出现轴线偏移，并伴随有椭圆变形，通常由于泥岩、页岩在长期水浸作用下，岩体发生膨胀，地应力变化巨大，岩层相对滑移剪切套管，使套管在水平方向上弯曲。

（廖锐全　赵　勇）

【套管错断损坏　damage due to casing faulting】 套管在轴向发生了断裂，而在其径向上（水平方向）也发生了位移，双向叠加造成的套管变形损坏。套管错断是最常见的套管损坏类型，包括非塌陷型和塌陷型两种。

非塌陷型套管错断是由于泥岩、页岩在注水区域经长期浸泡膨胀而发生岩体滑移，当这种地壳升降、滑移速度超过 30mm/a 时，将导致套管剪断，发生横向错位。由于套管在固井时受拉伸载荷及钢材自身收缩力的作用，在套管产生横向错断后，便向上、向下各自方向收缩。

塌陷型套管错断是由于地层滑移、地壳升降等因素，导致套管错断。地应力首先作用在水泥环上，使水泥环脱落、岩壁塌陷，泥、沙和脱落的水泥及岩壁碎屑、小的碎块等在地层压力作用下从错断口处涌入井筒，堆入井底并不断向上涌积，卡埋井内管柱及工具。这种套管错断的套损井一般很难修复，多采用报废手段将其报废。

（廖锐全　赵　勇）

【窜槽 channeling】 由于固井质量、射孔因素、地质构造、修井作业和油水井管理不当造成地层窜通或管外窜通的井身结构故障。

油水井窜通的危害：（1）不能对油层进行分层开采；（2）使油井正常生产受到严重影响；（3）影响油田开发速度；（4）降低油水井的使用寿命；（5）影响油田最终采收率；（6）给修井作业和管理造成麻烦，影响油田开发效益。

（廖锐全　赵　勇）

【地层窜通 channeling in formation】 因地层天然裂缝、构造运动或地震、压裂改造措施不当压窜地层，以及井底生产压差大导致油井大量出砂造成地层结构破坏，使地层内部的层与层之间互相窜通。

（廖锐全　赵　勇）

【管外窜通 behind-the-casing channelling】 套管与水泥环或水泥环与地层井壁之间的窜通。其主要原因是固井质量差，射孔震动造成套管壁外水泥环被震裂，油水井管理措施不当而造成地层坍塌形成窜通（如注水井洗井时形成倒流或井喷；正常注水时的倒泵压差过大；采油压差过大引起地层出砂和坍塌），分层高压作业引起窜槽（如酸化、分层压裂，在高压施工时易将管外地层憋窜，特别是夹层较薄时，憋窜的可能性更大），以及套管腐蚀、错断造成窜槽。

（廖锐全　赵　勇）

【地层伤害故障 formation damage failures】 外来流体与地层不配伍，致使地层固有特性发生改变，或生产环境变化使产出液结出有机垢、无机垢，造成储层渗透率降低、产液量下降或地层完全被堵塞的井下故障。主要有以下几种：（1）外来流体携带固体颗粒的侵入堵塞，多发生在油层近井地带，射孔孔眼中。堵塞物可能是入井流体中固相物质。（2）不配伍的注入液体造成储层敏感性伤害（速敏、水敏、盐敏、碱敏、酸敏）。（3）水堵、液堵、乳化液堵和气泡堵等。

（蒋厚良　庞志学）

【井下工具故障 downhole tool failures】 生产井井下工具损坏不能实现其功能的井下故障。主要包括：注入井在生产过程中，井下管柱、封隔器、配水器失效；人工举升采油过程中的油管、抽油杆、活塞脱扣或断裂，举升设备发生故障，如水力活塞泵滑阀卡死或螺杆泵的定子橡胶脱落；气举采油时气举阀内有异物、封隔器失效等；由于地层出砂、结蜡或井内有异物造成油管、油嘴堵塞等。

（蒋厚良　庞志学）

【遇卡 sticking】 油水井在生产作业中，由于操作不当或某种原因造成的井下管柱或井下工具在井下被卡住，按正常方式不能上提的一种井下事故。主要有 砂卡、机械卡、水泥卡、落物卡和套管变形卡等。

（廖锐全　赵　勇）

【砂卡 sanding-in】 在油水井生产或作业过程中，由于地层砂或工程砂埋住部分管柱，使管柱不能提出井口的现象。造成砂卡的原因有：(1) 在生产过程中，地层砂随油流进入井内，随着流速变化，部分砂子逐渐沉淀，从而埋住部分生产管柱，造成砂卡。(2) 冲砂时，泵排量低，冲砂液携砂性能差，冲砂工作不连续，使用直径较大的其他工具代替冲砂工具等，造成砂子重新回落并沉淀造成砂卡。(3) 压裂施工不连续，加砂量过大，压裂后排液速度快造成砂卡。(4) 其他原因：填砂施工失败，注水井排液速度快，修井时不及时向井内补充压井液造成井喷，注采过程中工作制度不合理等都可造成砂卡。

（廖锐全　赵　勇）

【机械卡 mechanical sticking】 井下工具的可回收内置机械结构出现故障使工具卡在原来的位置而不能被提出的遇卡现象。封隔器和其他井下总成可回收的内置机械机构，如果这些机构出现问题，封隔器或其他井下工具卡瓦总成不能有效收回就会造成遇卡。

（廖锐全　赵　勇）

【水泥卡 cement sticking】 在注水泥、挤水泥作业中因水泥凝固引起的遇卡现象。引起水泥卡的主要原因有：(1) 注完水泥塞后，没有及时上提油管至预定水泥塞面以上或反洗井不彻底使油管与套管环形空间多余水泥凝固而遇卡；(2) 憋压法挤水泥时没有检查上部套管的破损，使水泥浆上行至套管破损位置返出，造成遇卡；(3) 挤注水泥时间过长或催凝剂用量过大，使水泥浆在施工过程中凝固；(4) 挤注水泥时，由于计算错误或别的故障造成油管或封隔器凝固在井中。

（廖锐全）

【落物卡 fish sticking】 因井内落物卡在井筒内而形成的遇卡。其特点是突然遇卡，无法活动，或仅在一定范围内可以活动，增加上提与下放力量也不能使活动范围增大，循环泵压与排量正常。常见有小件落物卡和钢丝绳卡。

小件落物卡　在修井施工中，因操作失误或检查不细致，致使一些小工具（管钳、牙钳、扳手等）、辅助工具（大钳牙块、液压钳牙块、气动卡瓦牙块）、井口螺栓等掉入井内造成遇卡。

钢丝绳卡　由于清蜡、测试等工作失误，造成钢丝绳落井，在打捞时，因判断不准，打捞工具下得太深超过鱼顶，致使钢丝绳包裹工具，上提时钢丝成团，造成遇卡。

（廖锐全　赵　勇）

【**套管变形卡** sticking due-to casing deformation】 井下管柱、工具等卡在套管变形、错段部位，用与井下管柱悬重相等或稍大一些的力不能正常起下作业的现象。造成套管变形卡的原因有：（1）对井下情况掌握不准，误将工具下过套管破损处，造成遇卡。（2）在井下作业施工过程中将套管损坏，使井下工具起不出来。（3）构造运动、泥页岩蠕变、井壁坍塌等方面的因素造成套管损坏，致使井下工具起不出来。（4）对规章制度执行不严、技术措施不当，均会造成套管损坏而遇卡。如注水井排液降压时，由于放压过猛会使套管错断；通井时通井规直径不符合标准，选用工具不当均会造成遇卡。

（廖锐全　赵　勇）

【**井下作业施工准备** borehole operation preparation】 井下作业施工前进行的井下作业设计、井场调查、搬迁安装、立井架、吊装井口房等准备工作。井下作业施工准备的质量直接关系到整体作业质量和施工效果，要充分认识施工准备在井下作业施工中的重要性。

（廖锐全　赵　勇）

【**井下作业设计** borehole operation design】 根据油田开发的要求来编制的作业指导书。编制作业设计要充分了解施工井的井况和地下油层的物理性质及现有的工艺条件，优化工艺技术参数，选择最佳施工方案，以提高作业施工的科学性，求得最佳施工效果和较好的经济效益。是指导作业施工的纲领性文件，是施工过程中应遵循的规定和原则。每项井下作业施工应有井下地质设计、井下工程设计和井下施工设计，每项设计都应有相应的井控内容。对于有些比较简单的维护作业施工项目的工程设计，可以直接代替施工设计来指导现场施工。

（石善志　廖锐全）

【**井下地质设计** geological consideration for borehole operation design】 根据油田开发需要，结合油田综合调整方案要求，针对油水井油藏地质因素而编制的作业指导书。由油气田开发生产管理单位地质专业部门编制，其主要内容是：油气水井基本数据；油气水井生产数据；历次作业情况简述，油、气、水井分析；施工目的及要求；与井控相关的情况提示；井况、井身结构及生产管柱数据。

（石善志　廖锐全）

【**井下工程设计** engineering consideration for borehole operation design】 根据不同的施工项目，优化施工工艺，计算施工参数，合理选择施工材料、设备和工具，以保证地质设计的顺利实施，由甲方工艺技术部门或委托第三方编制现场施工指导书。主要内容包括：施工目的、设计依据及设计指标；施工准备；施工工序及技术要求；安全环保要求及有关要求；井控要求；井身结构和完井管柱示意图。

（石善志　廖锐全）

【井下施工设计 construction consideration for borehole operation design】 根据地质方案设计和工艺设计的要求而编制的，合理确定施工步骤，保证达到施工目的的施工指导书。由作业施工单位负责编制，主要内容包括设计依据及施工目的、施工准备、施工步骤及技术要求、井控设计、质量、安全、环保及有关措施，以及井身结构和管柱示意图。

设计编写要求内容包括：（1）油、气、水井基本数据。（2）油、气、水井生产数据。本井生产情况，包括油、气生产情况，注水、注气情况；邻井生产情况，包括相邻（或井组对应）油、气、水井生产情况、连通井受益情况等。（3）历次作业情况简述。按时间排序简述历次作业情况，详细叙述最近一次作业情况。（4）施工目的及要求。（5）与井控相关的情况提示。（6）井况、井身结构及生产管柱数据应包括：井下落物情况、套管技术状况、井身结构及生产管柱数据等。（7）安全环保及有关要求。（8）井控要求。（9）施工步骤及技术要求。根据工程设计，编写详细的施工步骤及技术措施。（10）井控设计。根据工程设计井控要求和本井具体情况，编写详细的井控设计，并附井控设备安装示意图。（11）井身结构及完井管柱示意图。（12）施工准备应包括队伍、设备、材料、修井工具和井控装备等准备。

（石善志　廖锐全）

【井场调查 wellsite survey】 在修井设备搬迁就位前，对施工井位、到达施工井场所经过地面道路、井场的有效使用面积、供电设施是否齐全、井口采油树完好情况、地面设备完好情况、井口抽油机型号及其他井口装置调查了解的过程。主要内容包括：

（1）对施工井的地理位置调查、对照井位图和地质设计井号确认、施工井所归属的单位确认的过程。

（2）对通往井场的道路状况、运输距离、道路上的障碍物、输电线路、通信线路情况、沿途经过的桥梁、涵洞承载能力、桥涵的宽度、允许的拖挂长度的调查。

（3）调查井下作业施工使用的有效面积；调查井场可供立放井架、摆放油管、抽油杆、工具台、值班房、锅炉房、油水容器和停放车辆的场地是否能满足施工要求；调查井场是否有妨碍立放井架和作业施工的输电线路、通信线路及其他障碍物；调查井场土壤状况是否满足地锚承载安全要求；调查地下管网、电缆、光缆走向等情况；调查井场周围一定范围以内有无易燃易爆危险品，有无怕震动、怕噪声的民用设施；调查可向井场供电电源、电压和供电距离；调查采油树的型号及完好情况以及井口装置能否与不压井作业施工配套；调查流程的类型，冬季施工时有无冻管线的危险及应采取的必要措施；调查抽油机型号、冲程、冲次、安装的方位、驴头的拆装方式及手刹车的完好情况。

（赵　勇　廖锐全）

【交接井 handover well】 由作业队、采油厂双方指派专业技术人员，按约定日期到施工井场对井场施工前后地面情况、施工前后井场设备情况、施工前后井口采油树、施工前后地面流程、施工前后井场用电设施、施工前后井场安全环保等进行交接。对交接内容要有记录，经双方签字后各存一份。

（赵　勇　廖锐全）

【井下作业设备搬迁 removal of borehole operation equipments】 将施工所用的动力设备、游动系统设备、井口控制装置进行拆卸，用吊装设备从作业基地或者井场吊装、运输至另一个井场逐一卸载摆放的过程。搬迁过程中应注意：（1）用专用绳套挂牢被吊重物，吊杆下不允许站人，经专人指挥，把施工设备缓慢吊装到专用运输设备车辆上，并用钢丝绳或棕绳捆紧、绑牢；（2）超高、超宽的设备在运输途中要注意观察，车上要设有超高、超宽的标志，防止刮碰路上设施；（3）油管、抽油杆、钻杆和方钻杆的外螺纹端要有护丝，平整地放置在专用的运输车辆上，装车和卸车时都要轻装轻放，以免弯曲变形；（4）履带式通井机、推土机等要在拖车司机的指挥下缓慢开上拖车，刹车后打好固定掩木，长途运输要用钢丝绳把待运设备固定在拖板上。

（赵　勇　廖锐全）

【井场布置 wellsite arrangement】 将施工设备和设施按照安全规定合理布置、摆放整齐的过程。摆放要求：（1）值班房、锅炉房、发电房与井口、废液池和储油罐间距不小于30m，相互间距不小于20m，值班房、锅炉房处于季风的上风向。（2）各种容器就位在距井口30m以外便于车辆通行处，并做到水平放置排列成行，井场受限时，应尽可能远离井口。（3）油管、抽油杆、方钻杆卸在油管桥两侧，接箍朝向井口。（4）井场应有醒目的安全警示标志，如必须戴安全帽、禁止烟火、上井架必须系安全带、当心触电、防机械伤人等。（5）井场安全通道畅通并做明显标识，集合点、工作区和生活区标识清楚，在现场容易看到的地方设置风向标（风向袋、彩带、旗帜或其他相应装置）。

（赵　勇　廖锐全）

【修井立井架 erection of derrick】 将修井作业中吊升起重系统安装在井口的过程。立井架应按照井架基础要求、井架绷绳要求、地锚要求及立井架操作规程执行。

井架基础要求：(1) 井架基础可采用钢制基础或水泥预制基础，当井深超过 3500m 时，应打水泥混凝土固定基础。(2) 井架基础最小压强为 0.15～0.20MPa，基础应高于地面 100～150mm。(3) 井架基础应平整坚固，底角螺栓与销子齐全完好，水平不大于 1°；18m 井架基础距井口 1.8～2.0m，29m 井架基础距井口 2.8m。

井架绷绳要求：绷绳直径应不小于 15.5mm，每捻距断丝应少于 3 丝，受力应均匀，正常作业时应设置 6 道绷绳，前 2 道后 4 道，特殊作业时，应设置 8～10 道绷绳。固定式井架绷绳参数与车载式井架绷绳参数见表1、表2。

表1 固定式井架绷绳参数表

代号	根数	最小直径，mm	长度，m	张力，N	绷绳垂度，(°)	钢丝绳曲率半径，m
A	2	15.5	45	4500	152	63.5
B	2	15.5	40	4500	127	57.2
C	2	15.5	36	2200	101	50

注：A—天车至后地锚桩绷绳；B—天车至前地锚桩绷绳；C—井架接口处（12m）至后二道地锚桩绷绳。

表2 车载式井架绷绳参数表

修井机吨位 t	代号	绷绳根数	最小直径 mm	长度 m	张力 N	绷绳垂度 (°)	钢丝绳曲率半径 mm
80	A	4	15.88	56	4540	152	63.5
80	B	2	12.7	48	2270	127	57.2
80	C	2	19.05	32	—	76～101.6	76
80	D	2	19.05	23	—	76～101.6	76
50	A	2	15.88	53	5000	152～254	63.5
50	B	2	12.7	45	5000	152～254	57.2
50	C	2	19.05	33	6000	152～254	76
40	A	4	15.88	24.7	—	76～100	63.5
40	C	2	12.7	17.2	—	—	57.2

注：A—天车至地面绷绳；B—二层台至地面绷绳；C—天车至车头载荷绷绳；D—二层台至车头载荷绷绳。

地锚要求：（1）采用水泥桩或直径不少于73mm、长度不小于1.8m的石油钢管打入地下，系上绷绳后的抗拉力不小于70kN。（2）地锚露出地面不高于100mm，地锚耳开口应朝向井架；地锚销应安装垫圈和开口销进行锁固或使用带螺栓的地锚销上紧。（3）地锚绳套用 $\phi 15.5mm$ 钢丝绳制作，卡不少于3个绳卡子。（4）地锚桩与井口中心距见表3和表4。

表3 固定式井架地锚桩与井口中心距表

井架规格（高度）m	地锚桩			开挡	
	前头道, m	后头道, m	后二道, m	前, m	后, m
18	20±0.5	24±0.5	22±0.5	14±0.5	16±0.5
29	29±0.5	28±0.5	26±0.5	26±0.5	18±0.5

表4 车载井架地锚桩与井口中心距表

修井机吨位, t	前头道, m	前开挡, m	后头道, m	后开挡, m
120	38.5±1	54.6±1	38.5±1	54.6±1
80	27±3	54±3	27±3	54±3
50	23±3	46±3	23±3	46±3
40	12.5±3	20±0.5	12.5±3	20±0.5

立井架可分为立固定式井架和立车载式井架两种，其操作规程有所不同，在立井架过程中应严格遵守操作规程。

推荐书目

吴奇．井下作业监督［M］．北京：石油工业出版社，2014.

（许江文 赵 勇）

【**修井穿大绳** string-up of drilling line】 用钢丝绳将吊升系统的井架天车与游车按要求连接在一起的过程。修井穿大绳前，应将钢丝绳通过一定方式进行"破劲"，防止提取和下放作业过程中钢丝绳打扭。穿大绳要求：（1）选用逆捻钢丝绳，1500m以内的常规作业施工要穿6股绳，用 $\phi 18.5mm$ 钢丝绳；1500m以上的常规作业施工井和处理事故井要穿8股绳，用 $\phi 22mm$ 钢丝绳。每一扭绳随机断丝少于6根，每一扭绳中的一股中少于3根断丝，不能使用有严重磨损、腐蚀、挤压及弯扭的钢丝绳。（2）使用BJ系列井架时，底绳兜绕于井架双腿上，死绳头用5个以上配套绳卡卡固，固结后应有不少于1m以上的余长。使用修井机作业时，死绳固定器应可靠有效。（3）绳头按设备设计要求固定牢靠，游动滑车处于最低位置时，保证滚筒上余绳不少于15圈。

穿大绳操作：将棕绳携带到井架天车部位，将棕绳穿过天车；将大绳固定在棕绳上，拉动棕绳，带动大绳通过天车，再将从井架天车穿过的大绳穿过游动滑车；将大绳反复穿过天车和游动滑车，把钢丝绳的快绳端固定在通井机或修井机滚筒上，死绳端固定在井架底部，即完成穿大绳操作。穿大绳可根据施工需要，穿6股或8股绳，固定在井架底部的一端称作死绳端，在死绳端可以卡上拉力表，用来计量游动滑车上的负荷。穿大绳时要求有专人指挥，上井架天车部位的操作人员要佩戴安全带，所带工具要拴好，以防坠落伤人，防止大绳或棕绳夹住手指；快绳不能摩擦井架，死绳不能缠绕井架；游动滑车空行时，钢丝绳不打扭。

📝 推荐书目

吴奇.井下作业监督［M］.北京：石油工业出版社，2014.

（许江文　赵　勇　廖锐全）

【校正井架 derrick aligning】 通过调整绷绳来调整游动滑车的位置，使天车、游动滑车、井口中心三点在一条直线上的操作过程。

操作过程：（1）吊起一根油管，根据吊起的油管与井内的油管位置调整花篮螺栓。（2）当调整花篮螺栓后仍不能将游动滑车调整到位时，应该调整绷绳（倒绷绳）。调整绷绳时，应该先用绳套将绷绳卡在地锚上，然后方可松开卡花篮螺栓的绳卡，再根据情况把花篮螺栓调长或调短，重新用绳卡子卡在绷绳上。

校正井架要求：（1）校正井架后，前后各绷绳都要绷紧，受力均匀。（2）花篮螺栓的上、下观测孔能看到丝杠。（3）不得利用修井机动力校正井架。（4）不得带负荷校正井架。（5）倒绷绳时，先卡保险绳，防止发生倒井架事故。（6）天车、游动滑车和井口中心在一条直线上，前后偏差小于5cm，左右偏差应小于2cm。

（许江文　赵　勇　廖锐全）

【吊装井口房 hanging wellhead room】 将井口房吊离或转移井口位置的过程。便于作业过程中游动滑车上下移动。操作步骤：（1）拆除清蜡扒杆与防喷管，卸掉与井口房相连的所有管线。（2）清理好井口房基础，检查房顶提升环。（3）用4根长度相等的ϕ16mm钢丝绳套，把井口房顶部四角的提升环系牢，提紧后，吊钩与房盖之间相距2～3m。用ϕ19mm钢丝绳做成牵引井口房的绳套。（4）用吊车提起井口房，使井口房离开井口，大钩下行，平稳放下。

（许江文　赵　勇　廖锐全）

【**拆驴头** dismantling of horse head】将抽油机各种不同类型驴头通过拆卸、侧转或上翻的方式使驴头不妨碍作业的前期准备过程。

拆卸驴头操作步骤：（1）吊装驴头时要有专人指挥。将驴头放至下死点，在光杆上打好底卡子，卸开悬绳器上方的光杆卡子，卸掉驴头的负荷。卸下悬绳器，慢慢松开抽油机的刹车，使游梁处于平衡位置，把刹车刹死。断掉配电箱电源。（2）爬上游梁，固定好安全带，挂好吊升绳套。（3）大钩缓慢提紧吊升绳套，待绳套绷直后停车。卸下驴头销子。（4）大钩吊开驴头，用牵引车拉紧牵引绳套，大钩下行将驴头放下。（5）松开抽油机刹车，使游梁扬起。（6）安装时用绳套吊起驴头，固定在游梁上。

侧转驴头：用棕绳系在驴头上，打开固定驴头的锁定装置，用人力向侧面拉动。

上翻驴头：（1）在抽油机驴头处于下死点时，挂好专用提升绳套和牵引绳。（2）启动抽油机将驴头抬起至上死点后，刹紧抽油机刹车。（3）打开驴头锁紧装置。（4）用游动滑车缓慢提升驴头上的专用绳套，当驴头上翻接近最高点时，拉紧牵引绳，停止上提游车大钩，缓慢下放驴头，使其翻转在抽油机游梁上。

（许江文　赵　勇　廖锐全）

小修作业

【小修作业 minor repairs】 以油气水井维护作业为主的常规修井作业。油气水井生产过程中发生故障或维护油气水井正常生产都需要进行小修作业。通常包括通井、套管刮削、井筒试压、打捞未卡落物、下可钻桥塞、起下可回收桥塞等。小修作业分为以下两类：

（1）维护油气水井正常生产，需要及时维修恢复生产的作业，如冲砂、检泵等。

（2）常规修井作业，如起下管柱、炮眼冲洗、套管刮削、探砂面和解除有机垢、无机垢等。

推荐书目

吴奇.井下作业监督[M].北京：石油工业出版社，2014.

（蒋厚良　庞志学）

【通井 drifting】 用专门的工具验证套管径向尺寸变化及完好程度的作业。通常用钻杆或油管带通井规下入井内探人工井底，清除套管内壁上黏附的固体物质，如钢渣、毛刺、固井残留的水泥等，检查套管是否有影响试油工具通过的弯曲和变形，检查固井后形成的人工井底是否满足试油要求，调整井内的压井液，使之符合射孔排液要求。

无论是射孔完井或裸眼完井，试油作业之前必须用通井规通井。射孔完成的井通井至人工井底，裸眼、筛管完成的井用通井规通至套管鞋以上10～15m，然后用油管带相同外径的喇叭口或笔尖通至人工井底。通井过程中容易发生通井遇阻、管柱堵死、通井顶钻等事故。通井管柱结构自上而下为油管（钻杆）、通井规。通井所需录取的资料有：通井规外径、长度；通井深度、遇阻位置、悬重变化；通井规外形、痕迹变化。

通井作业程序：（1）选择检查通井规，长度为1.2m（特殊情况按设计要求），最大外径小于套管最小内径的6～8mm，无变形，螺纹完好。（2）将通井规接在下井第一根油管底部，并上紧。（3）下油管10根后，装好自封封井器。（4）下油管通井，油管下放速度要求不大于40根/h，通至距人工井底100m左右，要减慢下放速度，仔细观察拉力计。（5）通井规中途遇阻或人工井底，加压不得超过30kN。（6）通井遇阻后，记录下井油管根数，并在最后一根没有完全下入井内的油管上与自封封井器上平面平齐的位置打上标记。（7）起出最后下入井的一根油管，丈量油管方入长度并记录。（8）根据下井油管根数计算井底和遇阻深度H，并复查与钻井所给数据是否相符，如相差较大则请求有关部门指定措施（$H=$最后一根油管方入＋通井规长度＋油补距＋下入油管累计长度）。（9）卸掉自封封井器，坐好井口，连接反循环管线。（10）打开油/套管阀门、总阀门，反循环洗井，直至进出口洗井液一致。（11）起出的通井规要详细检查，如发现痕迹要进行描述绘制草图。

（张顶学　赵　勇）

【通井遇阻　blocking while drifting】　在通井未到人工井底、水泥塞面、砂面而在某一位置下不去的现象。通井遇阻的原因可能是因为油井结蜡严重、水井结垢严重，套管变形缩径变形。通井遇阻时，悬重下降控制不超过30kN，并平稳活动管柱、循环冲洗；若通井失败，起出通井管柱后，应当下入铅模进一步通井检查，在确定井下套管变形或落物情况后确定下一步施工步骤。

（张顶学　赵　勇）

【通井规　drift diameter gauge】　验证套管径向尺寸变化及完好程度的工具。一般规定通井规外径应介于套管最小内径的6～8mm之间。采用裸眼完成或下筛管、尾管完成的井，应根据不同的套管或井眼内径选择适当的通井工具分段通井。若有特殊要求，如试油期间需要下入直径较大或长度大的工具，应选择与下井工具相适应的通井工具，长通井规一般选用薄壁材质加工。

通井过程中下钻应平稳操作，注意悬重变化，避免猛提猛放，通井规下至设计深度后应立即起出，禁止将通井规长时间停放在井内，以防卡钻。通井过程中，若中途遇阻或井底沉砂，应采用与井内性质相同的压井液循环洗井后再逐步下入。

（李东平　冉晓锦）

【洗井　well cleanout】　使用泵注设备，利用洗井液通过井内管柱建立管柱内外循环、清除井内污物的作业。目的是落实试油产出流体的类型、数量，对油井进行循环脱气、降温，清洗井筒内杂物等。洗井所用的主要设备有试油用泵车、橇装式柱塞泵。

洗井方式 在洗井时洗井液的循环方式。洗井液从油管进入，从油套环形空间返出到地面，叫正循环洗井（正洗井）。洗井液从油套环空进入，从油管返出到地面，叫反循环洗井（反洗井）。正洗井和反洗井各有利弊，正洗井对井底造成的回压较小，但洗井液在油套环空中上返的速度稍慢，对套管壁上脏物的冲洗力度相对小些，一般用在油管结蜡严重的井；反洗井对井底造成的回压较大，洗井液在油管中上返的速度较快，对套管壁上脏物的冲洗力度相对大些。

洗井资料录取 包括时间、方式、洗井液名称、密度、洗井泵压、排量、注入量、漏喷量，以及洗井返出物名称、形状、数量。

洗井时，将油管下至设计所定的位置，用清水（或选用合适的洗井液）进行循环洗井。洗井液的用量不少于井筒容积的 1.5~2 倍，排量大于 500L/min，将井内污物及沉淀物清洗干净，达到进出口液性一致，机械杂质含量小于 0.2%。洗井管线连接后试压至设计施工泵压的 1.5 倍，5min 不刺不漏为合格。洗井开泵时应注意观察泵压变化，控制排量应由小至大，同时注意出口返液情况，排量一般控制在 25~30m^3/h，高压油气井喷量控制在 3m^3/h 以内。洗井过程中，随时观察记录泵压、排量出口变化，洗井不通或漏失严重时，应停泵分析原因，采取相应措施，不得强行憋泵。出砂井优选反循环洗井，保持不喷不漏，平衡洗井，若正循环洗井，应经常活动管柱，防止砂卡。洗井过程中需加深或上提管柱时，洗井液必须循环两周以上方可动管柱，并迅速连接管柱，尽快恢复洗井。施工中设备、井口、管线无漏失，施工废液应回收处理，防止井场污染。同时，应密切注意进出口液性及压力的变化情况，计量好进出口液量，对漏失较严重的井一般在洗井前或洗井时采取堵漏措施。

推荐书目

吴奇．井下作业监督［M］．北京：石油工业出版社，2014.

（赵　勇　李东平　冉晓锦）

【酸洗 acid washing】 用酸液作为洗井液来清洗井筒滤饼、结垢等污物以及清除近井地带污物的洗井方法。一般从油套环空注入处理液后，关闭油管闸门，反挤顶替液，使处理液进入需要解堵井段，关井后，处理液与井壁周围污物及地层暂堵带充分反应，再用修井液替出多余处理液，达到清理井筒的目的。

（廖锐全　赵　勇）

【热洗 hot washing】 将高温液体，通常是原油或热水注入井内并循环，用于熔化和去除管壁上结蜡的洗井方法。热洗井需要使用热洗清蜡车。热洗井用水量不低于井筒容积的 2 倍，要求水质清洁，水温不低于 60℃。

热洗前，抽油井应提前停井，对热洗设备、管线先试压，试压合格后方可洗井；热洗井时，要有专人控制排液，若喷势大、气量大，应立即停泵，待排液稳定后开泵循环。

（廖锐全　赵　勇）

【可洗井封隔器洗井 well-flushing with flushable packer】 通过封隔器上的洗井阀建立循环通道的洗井方法。对于有封隔器的油、水井，一般无法建立正常的循环洗井通道。某些特定的封隔器带有洗井通道，可通过打压打开洗井阀后进行反循环洗井。特点是洗井封隔器洗井管柱结构简单，工艺技术成熟，对于地层压力系数高，井浅、分层少的注水井洗井效果好；但对于地层压力较低的注水井洗井时存在以下不足：（1）洗井时对射孔段渗滤面形成不了有效清洗，部分井洗井液可能无返出；（2）对于套管腐蚀严重井，洗井时套管有较高的承压风险；（3）液控膨胀式洗井封隔器要下入的液控管线较长，在下入过程中易磨损，造成封隔器失效。

（廖锐全　赵　勇）

【负压洗井 well-flushing under negative pressure】 洗井时在井筒内造负压使地层实现排液的洗井方法。一般适用于地层压力较低的注水井。一般采用射流泵负压洗井和泡沫、气举负压洗井方式。

射流泵负压洗井　利用射流原理，从油套环空中注入高压动力液，经过射流泵的入口进入喷嘴，在喷嘴出口处形成高速射流，使周围的压力降低形成负压区。地层中的产出液携带堵塞物在地层压力的作用下，流入负压区并从油管返出到地面，达到洗井解堵的目的。

泡沫、气举负压洗井　利用泡沫流体密度低，携带沉砂和清洗井底杂物能力强等优点实施的特殊的泡沫流体洗井作业。

负压洗井具有以下优点：（1）注水管柱的结构简单，适用范围广；（2）可形成一定负压，便于清洗干净井筒；（3）工艺成熟，已有多井次成功应用的经验。同时也存在以下不足：（1）对于套管腐蚀严重井，采用射流泵负压洗井时套管有较高的承压风险；（2）对于泡沫负压洗井，每次洗井都需采用泡沫药剂或制氮设备，费用高；（3）存在泡沫进入储层引起贾敏效应，堵塞地层的风险。

（廖锐全　赵　勇）

【洗井液 flushing fluid】 用于洗井的液体。一般由表面活性剂及溶剂组成，并添加增黏剂和降滤失剂以调整其性能。在选择洗井液时，应选择对储层损害小，携液能力强的洗井液。常用的洗井液有淡盐水、原油、清水、稀酸液、聚合物洗井液等。

（赵　勇　廖锐全）

【压井 well killing】 将具有一定相对密度和数量的液体泵入井内，依靠泵入液体的液柱压力相对平衡地层压力，使地层中的流体不能流入井筒，保证井下作业全过程不喷不漏的施工作业。目的是暂时使井内流体在修井施工过程中不喷出，方便作业。遵守"压而不喷，压而不漏，压而不死"三原则。采取以下四项产层保护措施：

（1）选用优质压井液。
（2）低产低压井可采取不压井作业，严禁挤压作业（特殊井除外）。
（3）地面盛液池灌干净无杂物，作业泵车及管线要进行清洗。
（4）加快施工速度，缩短作业周期，完工后要及时投产。

压井前准备工作　包括：（1）根据井况编制压井施工设计；（2）备洗井用清水，用量为1.5～2倍井筒容积；（3）据设计要求备1.5～2倍容积压井液；（4）备好压井施工时所需要的设备、工具、配件。

压井方式选择　根据油气井压力高低，产量大小，气量大小选择更加合理的压井方式。对于压力高、产量大的井，一般选择反循环节流压井；对于压力低、产量大的井，一般选择正循环压井；在油井无循环通道的情况下，选择挤注法压井。

压井资料录取　包括：压井时间、方式、压井深度；压井液名称、用量、密度及其他性能参数；泵注压力、出口压力、进出口排量、密度变化、漏失或喷吐量。

推荐书目

吴奇.井下作业监督［M］.北京：石油工业出版社，2014.
王志付.井下作业［M］.北京：石油工业出版社，2016.

（赵　勇　蒋厚良　庞志学）

【灌注法压井 well killing by filling】 在井筒灌注压井液，维持井内液柱压力平衡，实现井筒稳定的压井方法。又称吊灌压井法或平衡吊灌压井法。可以根据压力大小选择全灌满或半灌满的压井方式。其特点是压井液与油层不直接接触，可有效避免油层损害。这种压井方法设备简单，操作方便，施工井恢复正常生产快。用于作业井压力不大，储层敏感性较弱，施工较简单，作业周期也短的井，如更换油井采油树总闸门、解除井口附近卡钻事故、焊接井口、更换四通法兰等作业。

（赵　勇　廖锐全）

【循环法压井 well killing by circulating】 将一定密度的压井液泵入井内循环，把井筒液替出井筒，替换为较高当量密度的压井液，平衡地层压力，使井筒稳定的压井方法。关键是确定压井液密度和控制适当的井底回压。可分为正循环和反循环两种压井方式。正循环压井时，把井口进出口闸门打开，将配好的压井液用泵车从油管泵入井内从套管返出，循环至出口与进口的压井液密度和排量一致时说明井已压住。正循环压井适用于低压、产量较大的油井。反循环压井将压井液从油套管环空泵入井内，由油管返出，循环至出口与进口的压井液密度和排量一致时，说明井已压住。它适用于产量较大、压力较高的油气井。反循环压井是从截面积大、流速低的油套环形空间流入截面积小、流速高的油管内，沿程摩阻损失小压降小，压井较易成功。但反循环压井对井底产生较大回压，对油层有轻微损害。

（赵 勇 廖锐全）

【挤注法压井 well killing by squeezing】 在油管、套管无法连通的情况下，将压井液直接泵入井内，将井筒内的侵入流体挤回地层，通过井筒内留置的高密度压井液的液柱压力来平衡地层压力的压井方法。又称平推压井法。适用于高含硫化氢、易漏失无法建立循环通道的井。缺点是：当井筒内的液体被挤入地层时，也可能把井内的脏物挤入地层，造成地层的孔道堵塞。它可以及时解决用循环法、灌注法压不住的油井。

（廖锐全 赵 勇）

【泄压法压井 well killing by blowdown】 打开井口出口阀门，通过泄压使地层流体进入井筒，井筒液体重新平衡地层压力的压井方法。适用于地层供液不足，无法形成自喷的井。常用于工序简单，周期短的维护性作业。

（廖锐全 赵 勇）

【反循环节流压井 well killing by reverse circulating-throttling】 通过节流阀控制出口返出量的反循环压井方法。为避免稠油上返堵塞环空，一般采用反循环压井。将稠油控制在一定深度，出口通过节流控制返出量，施工中密切计量泵入量及返出量，适用于地层有一定能量或是作业周期长的能够建立循环的井（自喷井或大修井）。

（廖锐全 赵 勇）

【局部置换压井 well killing by local substitution】 压井液循环不超过一周的循环压井方法。一种快速建立压井目的层液柱压力的压井方法。其特点是不需要进行加重压井液的操作，循环压井液不超过一周即可把井压住，节约了施工时间和费用，施工安全简便、速度快。不宜在高压液柱下部有低压漏失层的井中作业。

（廖锐全　赵　勇）

【压井液 kill fluid】 在压井作业时，向井内泵入的用于控制地层压力的液体。应根据地层压力大小选择不同密度的压井液；密度小了压不住井，密度大了会把井压漏、压死，伤害油层。进入地层的滤液及各种入井液或固体颗粒均能引起地层内的黏土膨胀和微粒运移，使喉道堵塞降低油层渗透率、伤害油层。为了保护油层要求压井液与储层性能配伍，尽量做到少伤害油层。在实施压井作业前，应确定压井液的密度、循环周期、加重剂的用量等，提前配备充足的压井液（一般为井筒容积的1.5～2倍）。压井液的种类很多，常用的有无固相盐水压井液和聚合物固相盐水压井液等。

压井液选择时应创造安全生产条件，以对油层造成的伤害最低、最经济。压井是靠压井液自身的静压头有效地控制地层流体压力，地层不可避免地受到压井液的影响，其影响程度和压井效果的好坏，取决于压井液柱压力与地层压力的对比关系以及压井液本身的性质，所采用的加重剂最好是溶于该压井液的载体。所有入井流体，均与地层岩性配伍性相一致。

（石善志　蒋厚良　庞志学）

【无固相盐水压井液 solid-free brine kill fluid】 不含固相颗粒，由一种或多种盐类和水配制而成的压井液。加入一定量化学剂能增加黏度降低失水量，不存在固体颗粒入侵地层时堵塞孔道。针对地层敏感程度加入相应的添加剂，可减少对油层的伤害。各种无固相盐水压井液配制密度范围见表。

无固相盐水压井液配制密度表

压井液种类	最大密度范围，g/cm³
氯化钾压井液	1.17
氯化钠压井液	1.20
溴化钠压井液	1.50
氯化钙压井液	1.39
溴化钙压井液	1.39～1.70
溴化钙/氯化钙压井液	1.70～1.80

无固相盐水压井液降失水处理的方法有盐水中加入羟乙基纤维素（HEe）、生物聚合物（XC）瓜尔胶来提高黏度降低失水量。

（蒋厚良）

【聚合物固相盐水压井液 polymer-solid-saline kill fluid】 由暂堵剂、携带液和增黏液组成的压井液。利用聚合物产生适当黏度、切力和降低滤失量，同时优选适合的固体颗粒作暂堵剂，以防止固相或滤液大量漏入储层。暂堵剂应选用降解型的，应利用屏蔽暂堵技术经过试验优选出颗粒的大小尺寸，以适合能够暂堵储层孔隙，形成致密的滤饼，从而控制压井液侵入储层。常用暂堵剂有3种：酸溶性的碳酸钙和碳酸镁颗粒、水溶性的盐粒和油溶性的油溶树脂颗粒。通常多用盐水作携带液，增黏剂一般用羟乙基纤维素。

（蒋厚良　庞志学）

【诱喷 induced flow】 采用人工方法降低井内液柱的压力，使井筒液柱压力低于地层压力，诱导地层流体进入井筒或喷出地面的作业。原理是通过降低井筒内液柱的高度或井内液体的相对密度。降低井筒内液柱压力的方法分为两种：一是替喷，二是排液。

诱喷的强度要根据油层套管和油气层的情况严格控制，如套管的抗外挤强度，油层岩石的胶结情况，底水油层以及油气层的速敏反应等。

推荐书目

吴奇. 井下作业监督[M]. 北京：石油工业出版社，2014.

（李东平　冉晓锦）

【替喷 displaced flow】 用密度较小的液体（如海水、淡水、原油、柴油、液氮等）置换井筒内密度较大的液体，使井底液柱压力小于油（气）藏压力，诱导地层中流体进入井筒或喷出地面的作业过程。

施工程序包括：（1）连接管线，固定出口，试压合格。（2）泵注替喷液，观察出口返液情况，准确计量进出口液量，当有喷势时应控制出口排量。（3）发现井口压力升高，出口排量加大，并伴有油花、气泡，或停泵后井口有溢流时，说明气已诱流至井内，应注意防喷。（4）采用一次替喷，管柱深度应在生产井段以上10～15m。采用二次替喷方式时，先将管柱下至生产井段以下（或人工井底以上1～2m），替入工作液然后将工作管柱调整至生产井段以上10～15m，进行二次替喷。（5）替喷液量一般不少于井筒容积的1.5倍，排量不低于30m³/h。（6）替喷后能自喷，则选择放喷制度，正常生产。若不能连续自喷，待出口与入口液密度差不大于0.02g/cm³时停止替喷。（7）替喷不通时，要上提管柱分段循环或提出管柱查明原因，严禁硬憋，管柱带有封隔器时，要控制泵压和排量，防止将替喷液挤入地层。

资料录取包括：（1）录取时间、方式；（2）替喷液名称、性能、用量；（3）泵压、排量；（4）返出物性质、数量及变化情况；（5）管柱结构及深度；（6）放喷油嘴、油套管压力。

（石善志　赵　勇）

【一次替喷 primary displaced flow】 将油管鞋下至油层中、下部，安装井口，接好循环管线，用泵将地面准备好的替喷液连续替入井内，直到井内压井液全部替出为止的作业过程。适用于自喷能力弱的井。一次替喷施工要求：（1）按施工设计要求，准备符合要求的替喷液。（2）下入替喷管柱。替喷管柱深度要下至人工井底以上 1~2m，下至距人工井底 100m 时，开始控制管柱的下入速度，不超过 5m/min，以免井内压井工作液沉淀物堵塞管柱。（3）连接泵车管线，从油管正打入替喷液，启动压力不得超过油层吸水压力，排量不低于 $0.5m^3/min$，大排量将替喷液全部替入井筒，替喷过程要连续不停泵。（4）替喷后，进出口替喷液密度差小于 $0.02g/cm^3$。

（廖锐全　赵　勇）

【二次替喷 secondary displaced flow】 将油管下至距人工井底 1m 处，装好井口，先用原压井液循环洗井，达到要求后向井内注入清水，注入量等于井底至油层顶部的井筒容积，用压井液将清水替到油层顶部，然后上提油管到油层中、上部，装好井口再按一般替喷法替喷的作业过程。适用于自喷井。

（廖锐全　赵　勇）

【排液 discharge fluid】 通过提捞、抽汲、气举、混气水排液、液氮排液、泵排等方式将井筒内的液体排出，以降低液柱压力的作业。排液施工可应用于油气水井中。

油井排液：（1）油井诱喷；（2）油井酸化后残酸返排；（3）压裂施工将砂及压裂残液返排、诱喷。

气井排液：气井生产过程中，井筒内积液过多导致气井不能正常生产，必须采取强制排液措施恢复气井正常生产。

注水井排液：注水井投注前，先期清除、喷吐油层内的堵塞物、污染物，在井底附近形成适当的低压带，为后期注水创造必要注水条件。

（石善志　李东平　冉晓锦）

【提捞排液 discharge fluid by bailing】 用动力绞车绞动钢丝绳，将绳端所系的提捞筒在井筒内上下运动，把井筒内液体提捞出地面达到油井排液的排液方式。

适用于油井不能自喷，产量较低，液面相对较深的井。但提捞效率较低，目前油田运用较少。

（石善志　李东平　冉晓锦）

【抽汲 swabbing】 抽汲钢丝绳下部带有橡胶皮碗抽子，地面动力用通井机作动力源，通过通井机上的滚筒旋转，钢丝绳在滚筒上缠绕，带动井下的钢丝绳、抽油杆及抽子快速上行，从而将油管内的液体举升到地面，降低井中液柱对油气层的回压，促使地层流体流入井筒。同时，当高速上提抽子时，抽子下面造成低压，对于地层内污染物的排出十分有利，达到解堵、诱导油气流的目的的排液方式。

施工程序：（1）按照施工设计下入抽汲管柱。（2）仔细检查抽汲下井工具，并做好抽汲准备工作。（3）正式抽汲前，先用加重杆通井，并排齐抽汲绳。（4）装抽子缓慢下井，并排齐抽汲绳。（5）抽子沉没度一般在150m左右，最大不超过300m（光管抽汲）。（6）抽汲过程中应做到慢下快起，下放速度小于2m/s，起抽子速度大于3m/s。（7）每抽2～3次对绳帽、加重杆、抽子检查一次，并用管钳上紧。

排液特点：（1）设备简单、成熟，只需要常规动力设备即通井机一台。（2）操作方便，需要人力资源比较少。（3）对储层伤害性小。（4）前期投入少，运行成本较低。（5）抽汲排液深度较浅，一般抽汲深度小于2000m。出现这种状况主要有两个原因：设备限制，通井机滚筒容量在理论上为2600m，而实际缠绕一般为2300m；漏失影响，制约了抽汲深度。（6）工作效率较低。

资料录取：（1）抽汲时间、深度、次数；（2）动液面、油气水产量及累计量。

（石善志　赵　勇）

【气举 gas lift】 使用高压气体压缩机向井内打入高压气体，用高压气体置换井筒内液体的施工方法。目的是大幅度降低井底的回压，使地层中的流体流入井筒。气举一般用在试油施工的诱喷和求产、酸化施工的排酸、气井压井施工后诱喷、低压井压裂后返排等施工。

施工程序：（1）下入气举管柱，一般是光油管。（2）连接气举管线。气举管线一律使用硬管线，出口管线放空出口不允许接弯头，全部管线用地锚固定，防止举通后管线飞起伤人。进口管线长度应大于20m，连接好压风机。（3）倒井口流程。先启动压风机，向管线中打0.5～2MPa压力，防止井内液体进入压风机。打开套管阀门和油管阀门。（4）注入压缩气体。向井内打入压缩气体，直到举空为止。

资料录取包括：（1）时间、举升方式；（2）泵压、油套压变化、气举深度；（3）排量、出口液量；（4）出口液体描述。

📖 推荐书目

吴奇．井下作业监督［M］．北京：石油工业出版社，2014．

（廖锐全　赵　勇）

【气举阀气举 gas lift with gas lift valve】 根据排液深度和井内液面的高度及压风机的排量，在气举管柱上设计多级气举阀，从而实现逐级降低井内液柱回压的气举方式。特点是：工艺简单可靠、配套设备少、对油层和套管的伤害小。

管柱结构主要采用带封隔器的半闭式管柱封隔器位于油层之上，安装在油管底部用以封隔油管、套管之间的环形通道，稳定环空液面，避免注气压力对油层的影响及每次关井后的重复卸载。

（廖锐全　赵　勇）

【连续油管气举 coiled tubing gas lift】 用连续油管动力装置把连续油管下入井内的生产管柱内，然后再把液氮泵车与连续油管相连，液氮泵车把低压液氮升至高压，再使高压液氮蒸发，从连续油管注入生产管柱中，蒸发的高压液氮通过连续油管的底部，从连续油管和生产管柱的环形空间返到地面的气举方式。特点是：可以逐步加深下入深度，逐步降低井底回压，可以减少回压突降对地层造成的伤害，由于氮气与井内天然气不发生化学反应，对地层伤害小，不受井斜限制，掏空深度可达 3000m 以上、速度快、排液方便、效率高。适用于油井射孔后的排液，特别适用于凝析油的气井、大斜度井、气井或预计可能有较大天然气产出的井排液。

（廖锐全　赵　勇）

【混气水排液 discharge fluid with aerated water】 从套管（或油管）用压风机和水泥车同时注气泵水，替置井内液体，随着混气液相相对密度从大到小逐级注入，井底回压也随之下降，通过降低井筒内液体密度的方法来降低井底回压，使地层和井底建立越来越大的压差的诱喷排液方式。

（李东平　冉晓锦）

【液氮排液 discharge fluid with liquid nitrogen】 使用专用的液氮车将低压液氮转换成高压液氮，并使高压液氮蒸发注入井中，替出井内液体的排液方式。是一种安全的气举施工。

施工程序：（1）连接气举管线，连接液氮泵车，在井口管线上可以加一个单流阀，防止井筒流体进入泵车。（2）启动液氮增压泵和高压液氮前，必须充分冷却泵腔，由于工作介质是低温液化气，必须保证泵有足够的正净吸入压头，即泵腔吸入压力应比液氮在泵腔温度下的饱和蒸汽压高一定值。（3）泵腔温度降低达到规定标准后，启动增压泵和高压液氮泵，注入氮气。

资料录取包括：（1）时间、液氮用量；（2）泵压、油套压变化、排液深度；（3）排量、出口液量；（4）出口液体描述。

（赵　勇　廖锐全）

【**泵排** discharge fluid with deep pump】 通过电动潜油多级离心泵、电动潜油螺杆泵、射流泵、深井泵工作的排液方式。

电动潜油多级离心泵排液　采用多级离心泵下入井底，启动泵后将油管中积液迅速排出井口的人工举升方式。具有排量适应范围大、可最大限度降低井底回压、自动化程度高、管理方便等特点。

电动潜油螺杆泵排液　下油管底部携带螺杆泵定子，下抽油杆底部携带螺杆泵转子，对接，地面安装驱动装置，旋转抽油杆，带动转子旋转，转子与定子间是一个个互不连通的封闭腔室，当转子转动时，封闭空腔沿轴线方向由吸入端向排出端方向运移。封闭空腔在排出端消失，空腔内的液体也就随之由吸入端均匀地挤到排出端。同时，又在吸入端重新形成新的低压空腔将液体吸入。这样，封闭空腔不断地形成、运移和消失，液体便不断地充满、挤压和排出，从而把井中的液体不断地吸入，通过油管举升到井口，实现排液目的。特点：（1）结构简单配套成本低，占地面积小，泵效高；（2）对原油黏度较高、出砂井、含气井均有较强的适应性；（3）井口密封可靠，有利于自然环境的保护；（4）运转时排液连续，工作制度能调节。

射流泵排液　射流泵随油管下入井内，封隔器坐封，投泵芯，地面高压泵从油管注动力液清水，当高速清水经过射流泵时产生负压，抽取地层压裂残液，随动力液循环出地面的举升方式。特点：（1）对原油黏度较高、出气井有较强的适应性；（2）可以实现连续排液，有利于保护储层；（3）设备简单，容易操作；（4）可测流动温度、流动压力，实现泵下高压取样；（5）可与多种工艺措施联作；（6）井口密封可靠，有利于自然环境的保护；（7）排液能力强，掏空深度比较大；（8）动力液与产出液混掺，使获得地层液原始属性困难；（9）成本较高、泵效低不适合长期使用。

深井泵排液　在压裂管柱中连接抽油泵筒，待压裂结束停喷后下抽油杆底带抽油泵，地面组装抽油机排液。特点：（1）技术成熟，工作可靠，故障率低；（2）泵效高、运行成本较低；（3）能实现射孔、压后排液与试采一体化；

（4）因需下抽油杆等准备工作，不能连续排液，压裂残液沉淀对储层有伤害；
（5）排液深度受限；（6）不适用大斜度井。

（廖锐全　张顶学　赵　勇）

【**起下管柱** running and pulling of pipe string】 用吊升系统将井内的管柱提出井口，逐根卸下放在油管桥上，经过清洗、丈量、重新组配和更换下井工具后，再逐根下入井内的过程。油气水井生产维修、增产措施作业和大小修等都要起下管柱，是井下作业基本工序。

起下管柱所包含的操作步骤包括压井、卸采油树、安装防喷器、试提、倒油管挂、起管柱、下管柱、倒油管挂、安装采油树。

（1）压井：起下管柱必然要敞开井口，为防止井喷必须进行压井作业。老油田中地层压力低于静水柱压力的井，可不进行压井作业，若设计要求压井，则压井应符合规定。

（2）卸采油树：卸采油树前，缓慢打开油管、套管闸门，见无喷溢现象方可拆卸采油树。将卸下的钢圈、螺栓和钢槽用柴油清洗干净，涂抹黄油，存放距井口5m内固定位置备用。

（3）安装防喷器：按工程设计的要求，选择合适等级压力的防喷器，原则上应不小于施工层位目前最高地层压力和所使用套管抗内压强度以及套管四通额定工作压力三者中的最小者；防喷器的公称通径应与油层套管尺寸相匹配，以便通过相应的井下作业工具；井口四通及防喷器钢圈槽应清理干净，并涂抹润滑脂；在确认钢圈入槽，上下螺孔对正和方向符合要求后，上齐连接螺栓，对角拧紧；防喷器安装后，天车、游车、井口三者的中心线应在一条铅垂线上，最大偏差不大于10mm；有钻台作业时，防喷器组应采用4根直径不小于16mm的钢丝绳在四方对角绷紧、固定；无钻台作业时，防喷器顶部应加防护板；具有手动锁紧机构的液压防喷器应装齐手动操作杆并支撑牢固，手动操作杆的中心与锁紧轴之间的夹角不大于30°，挂牌标明开、关方向及圈数。

（4）试提、倒出油管挂：井口提升短节螺纹无损伤，长度要比井口防喷器长0.5m以上；上紧提升短节，油管挂顶丝退到位；操作台及井口10m以内严禁站人，同时有专人观察地锚和绷绳受力情况；试提用一档缓慢提升，悬重不超过井内管柱悬重200kN，如有遇卡现象，应在安全负载范围内，上下活动管柱，直至悬重正常。当井内管柱提升提起50cm，应刹车暂停上提，检查大绳死绳及拉力表各绳卡受力情况，检查各绷绳及绳卡受力情况，确认正常后倒出油管挂；继续上提管柱，将油管挂提出防喷器，在井内第一根油管接箍下放好吊卡，下放管柱坐在吊卡上；卸掉油管挂，清洗干净，检查完好情况，放在距井口5m内的固定位置备用。

（5）起管柱：井筒灌满压井液，每起10～20根油管灌注一次压井液；起出的管柱必须按先后顺序排列整齐，每10根一组摆放在牢固的油管桥上。起油管过程中，随时观察井筒内的变化、起出管柱和井下工具有无异常、有无砂蜡等情况，并作好记录。起完管柱关闭封井器。

（6）刺洗油管：下管柱前应将井内起出的管柱清洗内外泥砂、结蜡、高凝油等，并检查油管内、外螺纹，凡有弯曲、腐蚀、裂缝孔洞和螺纹损坏均不得下井使用。

（7）下管柱：下入井内的油管必须用相应的油管规通过，丈量油管。打开封井器，每下一根油管，管螺纹必须清洁并涂匀密封脂，螺纹上满拧紧，扭矩符合规定要求；下封隔器等大直径工具时，控制下放速度，防止产生过大激动压力；油管下到设计井深的最后几根时，下放速度不得超过 5m/min，防止因长度误差顿击人工井底，顿弯油管；下入井内的大直径工具在通过射孔井段时，下放速度不得超过 5m/min，防止卡钻和损坏井下工具；油管未下到预定位置遇阻或上提受卡时，应及时分析井下情况，复查各项数据，查明原因及时解决。

（8）倒入油管挂：下完管柱，接上检查完好、清洗干净的油管挂，对好井口平稳坐入四通内，对角顶紧全部顶丝。

（9）安装采油树：如果没有其他作业工序就可拆除防喷器，坐好采油树；安装采油树前，要对损坏或失效的采油树零部件进行更换；清洁四通上的钢圈槽，在钢圈槽内涂抹上黄油，放入擦净的钢圈，将采油树用蒸汽刺净，用钢丝绳套吊起，平稳放在四通上，按设计方位摆正，手轮方向一致；先对角均衡用力上紧四条螺栓，再上紧其余螺栓，连接生产管线；井口为偏心采油树时，测试偏孔应位于驴头的正前方。

📑 推荐书目

吴奇. 井下作业监督［M］. 北京：石油工业出版社，2014.

（赵　勇　蒋厚良）

【组配管柱 composition of pipe string】 按照施工设计给出的下井管柱的规范、下井工具的数量和顺序、各工具的下入深度等参数，在地面丈量、计算、组配的过程。采油、采气、注水、油层改造和修井施工都要下入不同结构的管柱，并通过下入井内的工具来完成施工设计目的。各种不同下井管柱都需要在地面预先组配好，并严格按照下井顺序编号，在油管桥上摆放整齐，按顺序下入井内。

（石善志　赵　勇）

【刺洗油管 stabbing washing of the tubing】 用蒸汽刺洗油管，清除油管壁内外及油管螺纹的结蜡、死油、泥砂、杂物的过程。在刺洗油管过程中，可以检查螺纹是否完好，管体是否有裂痕、孔洞、弯曲和腐蚀。刺洗过的油管必须用内径规逐根通过方可入井。

（张顶学　赵　勇）

【丈量油管 measurement of the tubing】 用标定合格的钢卷尺丈量油管的过程。丈量油管的质量关系到组配管柱的准确性。丈量时，钢卷尺的零点位于接箍上端面，另一端对准油管螺纹根部，普通油管余2扣，玻璃油管余3扣，抽油杆丈量同油管相同，但去掉扣读出油管单根长度，要求两人拉直钢卷尺丈量，一人记录，反复丈量3次，三次丈量管柱累计误差不大于0.02%。将丈量好的油管整齐排列在油管桥上，每10根拉出一根油管接箍长度，以井口方向按下井顺序排列。

（张顶学　赵　勇）

【探砂面 detecting sand bridge】 在井下作业施工中，用管柱或钢丝探测井底砂面深度的作业。施工中应确保油管内畅通无阻，井下无落物。目的是确定是否砂埋油层。砂埋油层后要及时进行防砂和冲砂施工。探砂面常用的方法有硬探砂面和软探砂面。

硬探砂面　利用油管作探砂面工具的探砂面方式。若井内是光油管，可以直接加深油管探测砂面，否则应把原管柱起出，冲洗管柱后，下管柱探测砂面。误差按井深来确定，井深小于2000m误差小于0.3m为合格，井深大于2000m误差小于0.5m为合格。

软探砂面　钢丝下面接上铅锤，通过试井绞车系统探测油管鞋以下的砂面深度。软探砂面数据比硬探砂面的准确度要差一些，受稠油的影响较大，有些黏度大的高凝油井不能采用此法。

（许江文　石善志　廖锐全　蒋厚良）

【套管刮削 casing scraping】 利用刮削器清除套管内壁的水泥块、各种垢及射孔金属毛刺等杂物的作业。这些杂物使套管内径变小或不光滑，妨碍下井工具正常使用。刮削作业时，在油管下端连接刮削工具下入井内，边循环边活动，从上到下进行刮削，使套管内壁光洁、畅通，并且各种测井仪器和封隔器等井下工具能顺利下入井内。套管刮削应遵循的原则：

（1）不要选择刀片顺同一方向排列的刮蜡器，以防管柱脱扣。

（2）不准带大直径工具冲砂。

（3）刮削施工途中，若需要转动管柱，应顺管子螺纹方向转动，防止倒松管扣引发落井事故。

（4）起下刮削管柱，井口装好自封封井器，防止井口落物。

（5）记录起出的刮削器磨损情况。

刮削管柱结构：管柱结构自上而下依次为油管（或钻杆）、刮削器。

刮削录取资料包括：（1）刮削器型号、规范。（2）刮削井段、遇阻位置、悬重变化。（3）提出刮削器描述。（4）循环洗井返出物描述，其他同洗井要求。

刮削技术要求：（1）下管柱要平稳，要控制下入速度为 $30\sim30m/min$，下到距设计要求刮削井段以上 50m 时，下放管柱的速度控制在 $5\sim10m/min$。在设计刮削井段 2m 以上开泵循环，循环正常后，缓慢下放管柱，然后再上提管柱反复多次刮削，直到管柱下放时悬重正常为止。（2）如果管柱遇阻，不要顿击硬下，当管柱悬重下降 $20\sim30kN$ 时应停止下管柱。开泵循环，然后顺管柱螺纹旋转方向转动管柱缓慢下放，反复活动管柱到悬重正常再继续下管柱。（3）管柱下到设计刮削深度后，打入井筒容积 $1.2\sim1.5$ 倍的热水，彻底清除井筒杂物。（4）套管刮削时，要防止刮削器顺着刀片的方向旋转卸扣，最好选择刀片按不同方向排列的刮削器。

推荐书目

吴奇. 井下作业监督[M]. 北京：石油工业出版社，2014.

（蒋厚良　盛江庆　石善志）

【**炮眼冲洗 perforation washing**】 用专用工具实现洗井液对射孔孔眼进行冲洗的作业。射孔孔眼是从套管壁经水泥环再穿入储层的通道，其中存在脏物和失去胶结的流砂，需要通过炮眼冲洗将这些杂物清除，以便在防砂时充填防砂物质，建立起渗透性好、胶结牢固的人工井壁，阻挡出砂，使油井正常生产。

射孔完成的油井、气井、水井，均可针对射孔部位建立正反循环洗井，冲出炮眼内和井筒附近地层中的脏物和流砂。先正循环冲洗炮眼，然后投球憋压打开滑套开关，建立反循环，将脏物从井内全部洗至地面。

（蒋厚良）

【**试压 pressure test**】 采用液体或气体介质，用泵注设备按规定对地面流程、井口设备、下井管柱、井筒套管、井下工具、封层和封堵井段等进行耐压程度检验的作业。

地面流程及分离计量装备直接关系到井场设备和人员的安全，尽管控制设备的各个阀件、管件和连接件经过严格设计，但每次使用之前还应当进行严格的耐压程度检验。

井口采油树及封井器是试油井控的关键装备，新安装或重新安装时，均应按标准进行试压检验。

井下工具、地面设备和管汇等要进行试压、检查验证，不符合要求的要重新整改，直至达到规定的工作压力为合格。

井筒套管和下井管柱的试压应满足下一步作业承压的要求。对已有射开层或裸眼筛管完成的井，应下入封隔器分段、分强度对上部套管试压。

试压方法有正压法与负压法两种，试压强度应满足相应的标准。

（李东平　冉晓锦）

【井筒试压 wellbore pressure test】 为了验证油层套管在规定的承受压力范围内是否有漏失，对套管进行整体试压的作业。怀疑套管漏失就需要对套管进行套管找漏、套管堵漏，因为套管有漏失，油水井就不能被有效使用。井筒试压也可作为堵漏效果的检验方法。常用的方法有：

（1）水力试压方法。在射孔段以上坐好封隔器，对封隔器以上套管进行试压，30min 井口压力下降小于 0.2MPa，视为封隔器以上套管不漏，否则证明套管漏失。采用黄金分割法，将封隔器深度乘以 0.618 求得第二次封隔器坐封深度，坐好封隔器后再试压，如此反复试压，最后找出套管漏失段。

（2）套管掏空液面负压试压方法。在套管允许掏空的前提下，下封隔器与油层隔离开，采用各种方法将套管内液面掏空，下入压力计测液面上升情况，液面上升折合日产液量小于 $0.5m^3$ 可视为套管不漏，否则说明套管漏失。也可仿照水力试压法，移动封隔器求出漏失点。

（蒋厚良　庞志学）

【井下管柱试压 pressure test of downhole string】 为验证管柱（包括油管和工具）密封性、实现油管锚定或其他特殊目的而使用专用设备打压，对管柱进行水压密封试验的作业。试压要求：（1）工作液应与油层物性配伍。（2）管柱试压控制在 10～12MPa 之间，10min 压降不超过 0.5MPa。（3）若井下管柱配有油管锚，打压视静夜面深度按照总体打压不超过油管锚额定工作压力，锚定压力（MPa）= 额定压力 – 静夜面深度（m）/100 进行计算；丢手或其他打压按照设计标准进行操作。

（石善志　廖锐全）

【油井清防蜡 paraffin removal and inhibition for oil well】 将黏附在油井管壁、深井泵、抽油杆等设备上的蜡清除掉的工艺方法。在含蜡原油的开采过程中，虽然采用了各类防蜡方法，但油井仍不可避免地存在有蜡沉积的问题。蜡沉积严重地影响着油井正常生产，所以必须采取措施将其清除。油井常用的清蜡方法有机械清蜡、热力清蜡、化学清蜡等。

（石善志　廖锐全）

【机械清蜡 mechanical paraffin removal】　用专门的工具刮除管壁上的蜡，并靠液流将蜡带至地面的清蜡方法。在自喷井中采用的清蜡工具主要有刮蜡片和清蜡钻头等。一般情况下采用刮蜡片；但如果结蜡很严重，则用清蜡钻头。结蜡虽很严重，但尚未堵死时用麻花钻头；如已堵死或蜡质坚硬，则用矛刺钻头。

有杆抽油井的机械清蜡是利用安装在抽油杆上的活动刮蜡器清除油管和抽油杆上的蜡。油田常用尼龙刮蜡器。在抽油杆相距一定距离（一般为冲程长度的1/2）两端固定限位器，在两限位器之间安装尼龙刮蜡器。抽油杆带着尼龙刮蜡器在油管中往复运动，上半冲程刮蜡器在抽油杆上滑动，刮掉抽油杆上的蜡，下半冲程由于限位器的作用，抽油杆带动刮蜡器刮掉油管上的蜡。同时油流通过尼龙刮蜡器的倾斜开口和齿槽，推动刮蜡器缓慢旋转，提高刮蜡效果，由于通过刮蜡器的油流速度加快，使刮下来的蜡易被油流带走，而不会造成淤积堵塞。

机械清蜡不能清除抽油杆接头和限位器上的蜡，所以还要定期辅以其他清蜡措施，如热载体循环洗井或化学清蜡等措施。

（石善志　廖锐全）

【热力清蜡 thermal paraffin removal】　利用热力学能提高液流和沉积表面的温度，熔化沉积于井筒中的蜡的清蜡工艺。根据提高温度的方式不同，可分为热流体循环清蜡、电热清蜡和热化学清蜡三种方法。

热流体循环清蜡　热流体循环清蜡法的热载体是在地面加热后的流体物质，如水或油等，通过热流体在井筒中的循环传热给井筒内流体，提高井筒内流体的温度，使得蜡沉积熔化后再溶于原油中的清蜡方法。根据循环通道的不同，可分为开式热流体循环、闭式热流体循环、空心抽油杆开式热流体循环和空心抽油杆闭式热流体循环四种方式。热流体循环清蜡时，应选择比热容大、溶蜡能力强、经济、来源广泛的介质，一般采用原油、地层水、活性水、清水及蒸汽等。为了保证清蜡效果，介质必须具备足够高的温度。在清蜡过程中，介质的温度应逐步提高，开始时温度不宜太高，以免油管上部熔化的蜡块流到下部，堵塞介质循环通道而造成失败。另外，还应防止介质漏入油层造成堵塞。

电热清蜡　把热电缆随油管下入井筒中或采用电加热抽油杆，接通电源后，电缆或电热杆放出热量，提高液流和井筒设备的温度，熔化沉积的石蜡的方法。

热化学清蜡　利用化学反应产生的热力学能来清除蜡堵的方法。为清除井底或井筒附近油层内部沉积的蜡，通常采用热化学清蜡方法。例如氢氧化钠（NaOH）、铝（Al）、镁（Mg）与盐酸（HCl）作用产生大量的热力学能。

$$NaOH+HCl \Longrightarrow NaCl+H_2O+99.5kJ$$

$$Mg+2HCl \Longrightarrow MgCl_2+H_2\uparrow +462.8kJ$$

$$2Al+6HCl \Longrightarrow 2AlCl_3+3H_2\uparrow +529.2kJ$$

用这种方法产生热力学能来清蜡很不经济，且效率不高，很少单独使用。它常与酸处理联合使用，以作为油井的一种增产措施。

（石善志　廖锐全）

【化学清蜡 chemical paraffin removal】　利用化学剂抑制蜡晶生成的清蜡工艺。通常将药剂从油套环空中加入或通过空心抽油杆加入，不会影响油井的正常生产和其他作业。除可以起到清防蜡效果外，使用某些药剂还可以起到降凝、降黏、解堵的作用。化学清蜡剂有油溶性、水溶性和乳液型和固体型四种。

（石善志　廖锐全）

【油溶性清蜡剂 oil-soluble paraffin removal agent】　主要由有机溶剂、表面活性剂和少量聚合物组成的清蜡剂。其中有机溶剂主要是将沉积在管壁的蜡溶解，加入表面活性剂的目的是帮助有机溶剂沿沉积蜡中缝隙和蜡与油井管壁的缝隙渗入以增加接触面，提高溶解速度，并促进沉积在管壁表面上的蜡从管壁表面脱落，使之随油流带出油井。部分油溶性清（防）蜡剂加入高分子聚合物的目的是希望聚合物与原油中首先析出的蜡晶形成共晶体。由于所加入的聚合物具有特殊结构，分子中具有亲油基团，同时也具有亲水集团，亲油基团与蜡共晶，而亲水集团则伸展在外，阻碍其后析出的蜡与之结合成三维网目结构，从而达到降黏、降凝的目的，也阻碍蜡的沉积并起到一定的防蜡效果。

优点：对原油适应性较强；溶蜡速度快，加入油井后见效快；产品凝固点低，便于冬季使用。

缺点：相对密度小，对高含水油井不太合适；燃点低，易着火，使用时必须严格防火措施；一般这类清、防蜡剂具有毒性。

（石善志　廖锐全）

【水溶性清蜡剂 water-soluble paraffin removal agent】　由水和许多表面活性剂组成的清蜡剂。现场使用的配方是根据各油田原油性质、结蜡条件不同而筛选出来的。但都是在水中加入表面活性剂、互溶剂和碱性物质。常用的有磺酸盐型、季铵盐型、平平加型、聚醚型四大类。这种清（防）蜡剂可以起到综合效应。其中，表面活性剂起润湿反转作用，使结蜡表面反转为亲水性表面，表面活性剂被吸附在油管表面有利于石蜡从表面脱落，不利于蜡在表面沉积，从而起到防蜡效果。表面活性剂的渗透性能和分散性能帮助清（防）蜡剂渗入松散结构的蜡晶缝隙里，使蜡分子之间的结合力减弱，从而导致蜡晶拆散而分散于油流中。互溶剂的作用是提高油（蜡）与水的互溶程度，可用的互溶剂有醇和醇醚，如甲醇、乙醇、异丙醇、异丁醇、乙二醇丁醚、乙二醇乙醚等。碱性物质可与蜡中沥青质等有机极性物质反应，产生易分散于水的产物，因而可用水基清（防）蜡剂将它从结蜡表面清除，常用的碱性物质有氢氧化钠、氢氧化钾等碱类和硅酸钠、磷酸钠、焦磷酸钠、六偏磷酸钠等一类溶于水，使水呈碱性的盐类。

优点：相对密度较大，对高含水油井应用效果较好；使用安全，无着火危险。

缺点：见效较慢；凝固点可达 $-30\sim-20$℃，但在严寒的冬天使用，其流动性仍然有待改进。

（石善志　廖锐全）

【**乳液型清蜡剂** emulsion-type paraffin removal agent】 将油溶性清（防）蜡剂加入水和乳化剂及稳定剂后形成水包油乳状液的清蜡剂。这种乳状液加入油井后，在井底温度下进行破乳而释放出对蜡具有良好溶解性能的有机溶剂和油溶性表面活性剂，从而起到清蜡和防蜡的双重效果。乳液型清（防）蜡剂具有油溶性清（防）蜡剂溶蜡速度快的优点。由于这种清（防）蜡剂其乳液的外相是水，因而又像水溶性清（防）蜡剂那样使用安全，不易着火且相对密度较大。它的缺点是在制备和贮存时必须稳定，而到达井底后必须立即破乳，这就对乳化剂的选择和对井底破乳温度有着严格的要求，制备和使用时间条件要求较高，否则就起不到清（防）蜡作用。

制备乳液型清（防）蜡剂常用的乳化剂为 OP 型表面活性剂，以及油酸、亚油酸和树脂酸的复合酯与三乙醇胺的混合物。

（石善志　廖锐全）

【**固体防蜡剂** solid paraffin inhibitor】 主要由高分子聚乙烯、稳定剂和 EVA（乙烯-醋酸乙烯酯聚合物）组成的防蜡剂，它可以制成粒状，或混溶后在模具中压成一定形状（如蜂窝煤块状）的防蜡块，将其置于油井一定的温度区域或投入井底，在油井温度下逐步溶解而释放出药剂并溶于油中。作为防蜡剂用的聚乙烯要求相对分子量为5000～30000，最好为20000左右，相对密度为0.86～0.94，熔点为102～107℃，且结晶比较少，或非结晶型为宜。防蜡剂中的EVA，由于具有与蜡结构相似的（CH_2-CH_2）$_n$链节，又具有一定数量的极性基团，它溶于原油中。当冷却时它与原油中的蜡产生共晶作用，然后通过伸展在外的极性基团抑制蜡晶的生长。而溶解在原油中的聚乙烯，当油温降低时，它会首先析出，成为随后析出的石蜡晶核，蜡的晶粒被吸附在聚乙烯的碳链上，由于空间障碍和栏隔作用也阻碍晶体的长大及聚集，并减少EVA与蜡晶体之间的黏结力，从而使油井的结蜡减少，达到防蜡的目的。

优点：作业一次防蜡周期较长（一般长达半年左右），成本较低。

缺点：它对油品的针对性较强，其配方必须根据油井情况和原油析蜡点具体筛选。

（石善志　廖锐全）

【冲砂 sand clean-out】 向井内泵注冲砂液，形成油管与环形空间的循环通道，随着逐步加深油管，冲散积砂，用上返的液体将散砂携带到地面，直至冲到人工井底的过程。冲砂液性能以密度适当，既防喷，又防漏，与地层配伍性好，对地层伤害小而来源广的液体较为合适。常用冲砂方法有光油管冲砂、气化水冲砂、小直径管冲砂和连续油管冲砂。

无漏失井冲砂作业程序：（1）测量压井液（冲砂液）密度；（2）连接正循环（或反循环）冲砂施工管线；（3）起泵，循环泵至工作正常；（4）打开套管阀门，水泥车以小排量向井内泵入冲砂液。观察水泥车压力表，待泵压稳定后加大排量循环洗井；（5）待泵入量与返出量平衡后，专人观察拉力计，指挥作业机手缓慢加深管柱，水泥车同时向井内泵入冲砂液，冲砂至砂面加压小于10kN；（6）如有进尺，则以0.5m/min的速度缓慢均匀加深管柱，一单根冲完后，为了防止在接单根时，砂子下沉造成卡钻，需循环洗井10min以上。同时，把一带有旋塞阀的内螺纹活接头用管钳上在欲接的油管单根上；（7）冲至设计深度后，需用干净压井液彻底循环洗井，直至出口含砂量小于0.2%为合格。

严重漏失井冲砂作业程序：（1）～（5）步同无漏失井冲砂作业；（6）启动压风机与水泥车。要求压风机排量不小于800L/min，水泥车排量不小于230L/min；（7）待出口返液后专人指挥作业机操作手缓慢加深管柱，冲至砂面时加压小于10kN；（8）如有进尺则以0.5m/min均匀的速度缓慢加深管柱；（9）单根冲完后，压风机停机，水泥车继续泵入一倍油管容积的液体；（10）水泥车停泵，接单根后，按以上顺序起泵继续加深油管冲砂，直至冲至设计深度；（11）冲至设计深度后，用混气液（长度）彻底循环洗井，直至出口含砂量小于0.2%为合格。

冲砂资料录取包括：（1）冲砂时间、方式。（2）冲砂液名称、性能及用量。（3）泵压、排量。（4）返出物描述（砂样、砂量）。（5）砂样高度、冲砂井段。（6）漏失量、喷吐量。

📝 推荐书目

吴奇．井下作业工程师手册［M］．北京：石油工业出版社，2017.

（石善志　廖锐全）

【正冲砂 direct sand clean-out】 冲砂液沿冲砂管内壁向下流动，在流动冲砂管口时以较高流速冲击砂堵，冲散的砂子与冲砂液混合后，一起沿冲砂管与套管环形空间返至地面的冲砂方式。正冲砂的特点是：冲砂管直径较小，冲刺力大，易于冲散砂堵，但套管与冲砂管环形空间面积比较大，使冲洗液上返时速度较小，携砂能力弱，大颗粒砂子不易带出。

（石善志　廖锐全）

【反冲砂 reverse sand clean-out】 冲砂液由套管与冲砂管的环形空间进入，冲击沉砂，冲散的砂子与冲砂液混合后沿冲砂管内径上返至地面的冲砂方式。反冲砂特点是：冲砂管内径小，冲砂液上返速度快，携砂能力强，泥砂不易沉淀，所以消除了卡钻的可能性；但液体下行速度较低，冲刺力不大，易堵塞冲砂管。

（石善志　廖锐全）

【正反冲砂 direct and reverse sand clean-out】 采用正冲的方式冲散砂堵，并使其呈悬浮状态，然后改用反冲洗，将砂子带到地面的冲砂方式。正反冲砂是为了利用正冲和反冲各自的冲砂特点，但需在井口准备好可快速转换正反冲砂的闸门。

（石善志　廖锐全）

【光油管冲砂 sand-clean by blank tubing】 采用光油管正循环冲砂时，其油套管环空截面比油管截面大，同样的排量，油管内流速比环空的流速大，冲刺力强，容易将井下积砂悬浮起来，但环形空间上返流速低、携砂能力弱，砂子返出慢。光油管反循环冲砂时，冲刺力弱，砂粒返出快，井筒容易冲洗干净。

（石善志　廖锐全）

【气化水冲砂 sand clean-out with aerated water】 使用压风机和水泥车联合作业形成气化水作为冲砂液的冲砂方法。常用于低压井和漏失井。施工时可以调整混气液的相对密度，冲砂方式采用正冲正洗。用这种方式冲洗，压风机出口与水泥车之间要装单流阀，以防气化液倒流。接单根先停压风机继续开泵5～10min，使液体充满冲砂管柱，返出管线使用硬管线并固定，以防止管线跳动发生事故。此法需在压井成功，井内无天然气的情况下进行。

（石善志　廖锐全）

【氮气泡沫冲砂 sand clean-out with nitrogen foam】　冲砂介质为泡沫流体的冲砂方法。氮气泡沫冲砂所用的冲砂钻具和常规冲砂钻具基本相同，区别在于冲砂介质变为泡沫流体，泡沫流体是气液两相，流动时外力要克服气液两种分子之间的摩擦力。由于两种流体界面间的分子阻力和气体的表面张力比纯气体和纯液体大得多，因而泡沫的黏度很大（可高达100mPa·s以上）携砂能力更强。优点：（1）冲砂初期少量泡沫进入岩石孔隙，产生气阻效应，阻止了流体的继续进入，保护油气层；（2）根据油层压力设计调节泡沫液密度，由于液柱压力与油层压力接近，因而漏失显著降低，能够有效保护储层；（3）由于泡沫流体黏度大，其悬浮能力是水的10倍以上，因此携砂能力强。缺点：需要提前对冲砂井的油层进行分析，采用合适的配伍冲砂液进行作业，短时间不能实现作业。

（石善志　廖锐全）

【小直径管冲砂 sand clean-out with small diameter pipe】　从油管内下入冲砂小管，解除油管内砂堵的冲砂方法。优点是不动管柱，可解除油管内砂桥或油管下有封隔器的井的砂堵，可冲砂到井底；缺点是泵量小，冲砂后要彻底洗井，防止冲砂管砂卡。

（石善志　廖锐全）

【水力喷射泵负压冲砂 sand clean-out with hydraulic jet pump under negative pressure】　利用水力喷射泵强制排砂方法。通过使用冲砂泵车作为动力，连续冲砂，由于动力携砂液不对井筒砂砾造成冲击，仅仅依靠负压将井筒内砂子清出，达到清砂的目的，不伤害油层。

特点：（1）水力喷射泵负压冲砂技术受套变影响小，不对地层造成伤害，能够解决套管变形井、漏失井的清砂问题，能够将井底沉砂冲出，达到清砂目的。（2）该技术能够给水平井清砂、替泥浆提供一有效途径，能够解决水平井出砂、清砂难题。

（石善志　廖锐全）

【连续油管冲砂 sand clean-out by coiled tubing】　利用连续油管作业机直接将连

续油管下入井内，冲砂液通过滚筒轴进入连续油管，连续地边下连续油管边冲砂作业，直至冲到井底。连续管冲砂方式可分为正冲、反冲、正正冲、正反冲。

连续油管正冲　冲洗介质由连续管进入，从连续管与生产管柱环形空间返出的冲砂方式。

连续油管反冲　冲洗介质由油管（或套管）与连续管间的环空注入，从连续管返出的冲砂方式。

连续油管正正冲　同时从连续管和油管注入冲洗介质，从油套环空返出携砂液的冲砂方式。这种冲砂方式适用于在不动管柱时油套畅通的情况下清除管脚以下的沉砂，能冲起粒径较大或含有堵球的沉积物。

连续油管正反冲　同时从连续管和油套环空注入冲砂液，从连续管和油管的环空返出循环介质的冲砂方式。这种方式冲刺力、携砂能力很强，但上返截面积小，对大颗粒冲砂时要慎重选用。

连续油管组合冲砂　在一次完整的冲砂作业中，采用多种冲砂方式完成施工。一般情况下先用正冲或反冲使油套连通，再正正冲或正反冲冲砂。

连续油管旋转冲砂　连续油管接带动力马达和配套的动力钻具、钻头的冲砂方式。在井底有大块沉砂或沉砂固结程度较高时，连续油管旋转冲砂可高效破坏砂桥柱，提高冲砂效率。

（石善志　廖锐全）

【井口转换阀连续冲砂 continuous sand clean-out by wellhead transfer valve】　在井口装专用井口及配合转换阀的连续冲砂工艺。先把冲砂管柱下到预计砂面，然后接上专用井口及地面配合阀门系统。冲砂液有两个井口和一个出口。冲砂单根上都有单流阀，在冲砂时，打开控制冲砂管顶部上的阀门，关上控制井口的阀门。在接单根时，先开控制井口上的阀门，然后关闭控制管柱冲砂阀门。每冲一次单根就得倒一次阀门。每根冲砂单根上都装有单流换向阀。

📝 推荐书目

王丽梅.水平井修井技术［M］.北京：石油工业出版社，2012.

（石善志　廖锐全）

【套管内换向连续冲砂 continuous sand clean-out by changing directions in casing】　在井眼套管中加上中间管柱后井口安装冲砂液转换机构和专用密封井口的冲砂工艺。

在冲砂管柱和井眼套管之间增加了一层中间管柱。连续冲砂主体部分与冲砂管柱连接，下入到中间管柱内，而冲砂头接在冲砂管柱的最下部。在井口大四通上面装有井口密封装置，此密封装置在下钻冲砂时起密封作用。由于连续冲砂工具主体部分是在中间管柱内向下移动的，所以中间管柱长度比砂子埋深多。另外，为防止上提冲砂管柱时遇卡，设计有防卡接头，安装在中间管柱的底部。同时，连续冲砂工具的主体部分以下选用倒角油管，可进一步防止上提遇卡。冲完一根接一根，不用倒阀门，不用停泵，实现连续冲砂。

（石善志　廖锐全）

【旋流连续冲砂 sand clean-out with a continuous counter current】 利用旋流冲砂器、反冲洗阀及普通油管实现水平井连续冲砂的工艺技术。在接单根过程不停泵，防止砂粒下沉和砂卡事故发生，同时能够反循环。旋流过滤连续冲砂工艺技术是利用旋流过滤冲砂器与油管组合，结合活性水冲砂液体系，井口配合连续冲砂装置实施的反循环连续冲砂技术。

旋流连续冲砂工艺配套工具由井口循环工具和井下冲砂工具两部分构成。井下冲砂管柱自下而上为：水力旋流冲砂器＋一根油管＋扶正器＋油管＋安全泄流阀＋油管至井口＋新型反冲洗阀。特点：实现连续冲砂，降低劳动强度，提高冲砂效率，能够破除轻微胶结砂床，适用于松散或轻微胶结砂床冲砂。

（石善志　廖锐全）

【水平井螺杆钻冲砂 sand clean-out from screwdrill in horizontal well】 通过地面泵车泵入一定黏度的瓜尔胶液，利用螺杆钻将液能转化为机械能，带动钻头旋转破碎水平段胶结砂床，同时，利用瓜尔胶液的高携砂性能，将井内砂粒及时携带至地面的冲砂工艺。冲砂钻具组合：铣锥＋螺杆钻具（＋滑套开关）+73mm倒角工具油管+73mm工具油管至井口。该冲砂钻具可有效解决水平段胶结固化砂床不易冲散的问题。

适用于投产时间长、漏失较大、砂床胶结严重的水平井。该工艺实用性强，对胶结砂床、井壁结垢、松散砂床、砂桥及井壁附着异物等效果显著，施工效率高、漏失小，对环境要求低，节约成本。

（石善志　廖锐全）

【捞砂 bailing】 利用通井机或捞砂绞车、捞砂泵或捞砂筒，将井底积砂捞出地面，解除砂堵的作业。应用条件是井深较浅、套管没有变形、砂堵不十分致密的油气水井。适用于漏失严重或低压油井。特点是：可有效避免冲砂液伤害储层。根据使用的设备和工具不同，可分为软捞砂和硬捞砂。

（石善志　廖锐全）

【软捞砂 soft bailing】 利用捞砂绞车、井架和井口滑轮组，将与钢丝绳连接的捞砂工具下到井底，采用传感器检测工具的下井深度，采用机械抽汲与顿击技术冲击砂面，在抽汲负压和井内压力的共同作用下，使井内松散的砂子进入储砂筒，经过一段时间的顿击、抽汲，使进入储砂筒的泥砂被单流阀挡在储砂筒内，并随捞砂工具一起提出井口的捞砂方式。井内积砂多，可重复捞砂，直到捞净为止。软捞砂技术适用于地层压力较低、不能建立循环冲砂作业的油井。

技术特点：（1）清砂较彻底，可延长油井的生产时间，增加油井产量；（2）捞砂作业时间较短，可提高作业时效，增加创效能力；（3）捞砂可避免冲砂液漏失造成的地层堵塞伤害，利于提高原油采收率；（4）捞砂作业可以节省大型设备使用费用，降低修井成本；（5）捞砂可减轻工人起下冲砂管柱的劳动强度。

（石善志　廖锐全）

【硬捞砂 solid bailing】 油管柱下到预计位置，将砂全部捞入捞砂管柱，再提出井口的作业过程。作业施工时，利用抽砂泵连接在带有笔尖底阀的管柱中间，通过不断提放上部管柱，使砂子不断地被吸入到下部管柱内，砂面不断下降，同时井口继续接入油管。主要设备有作业机、井架、油管自封和抽砂泵。硬捞砂管柱结构（自下而上）：笔尖底阀+油管柱+抽砂泵+油管至井口。适用于地层压力较低、不能建立循环冲砂作业，并且井筒积砂较多、砂柱较高的油井。

技术特点：（1）捞砂工艺简单易操作，而且安全可靠，捞砂彻底；（2）捞砂时井筒内的原油不出井筒，减少了资源浪费；（3）捞砂作业不污染地面、不伤害油层，可延长井的生产周期，提高经济效益；（4）硬捞砂技术的适应性强，即使对于井斜达20°～30°的井，也不易发生砂卡事故。

（石善志　廖锐全）

【生产井找窜 channeling looking of production well】 采用仪器、工具和工艺措施找出生产井套管外层与层之间、水泥环与套管之间或水泥环与井壁之间是否窜通的方法。常用的有声幅测井找窜、同位素测井找窜和封隔器找窜。

📖 推荐书目

吴奇．井下作业监督［M］．北京：石油工业出版社，2014．

（石善志　廖锐全）

【声幅测井找窜 channeling looking by acoustic amplitude logging】 用放射性同位素示踪测井曲线解释窜槽位置。方法是向井内射开的地层，用双封隔卡住怀疑窜槽层，挤入含有放射性同位素液体并测得曲线，与未挤入放射性元素测得的自然放射性曲线相比较，判断窜槽位置。特点是可以依据水泥胶结状况，直接分析判断管外窜槽确切位置。用声波幅度测井曲线解释第一界面（套管外壁与水泥环之间的界面）的固井质量，可清楚分辨出好、中、差和无水泥四个等级。用变密度测井解释第二界面（水泥环与井壁之间的界面）的固井质量。

声幅测井找窜录取资料包括：（1）通井规格、长度、通井深度、遇阻情况描述；（2）洗井日期、修井液名称、用量、洗井深度；（3）测井日期及测井资料解释结果。

（石善志　廖锐全）

【硼中子找窜 channeling looking by boron neutron logging】 借助硼溶于水不溶于油和高俘获截面值的特性，在高压作用下，窜槽段有明显的数值异常显示。根据这一特性，在施工时利用泵车将一定浓度的硼酸液挤入目的层段，查找非射孔层段有无明显的数值异常显示，判断层间是否窜通。特点是测井施工繁琐，施工压力对结论影响大，但层间判断窜槽准确，措施效果佳。

（石善志　廖锐全）

【同位素测井找窜 channeling looking by isotope logging】 向井下地层挤入含有放射性元素的工作液，再测得井下的放射性曲线。通过放射性曲线与未挤含有放射性元素工作液前的自然放射性曲线相比较，来判断地层的窜槽情况。放射性同位素具有较强的放射性，当它进入地层中，会导致自然伽马曲线数值明显增大。当存在管外窜槽时，同位素会随高压水流进入窜槽井段，通过测量的异常自然伽马曲线就可以判断管外窜通。

同位素找窜录取资料包括：（1）通井、探砂面、冲砂数据；（2）压井液名称、性能；（3）测基线井段；（4）挤（替）同位素液的管柱结构及完成深度；（5）同位素液替入量、挤入量、总用量、泵压及关井时间；（6）洗井液名称，洗井泵压及进出口量；（7）测同位素结果。

（石善志　廖锐全）

【氧活化测井找窜 channeling looking by oxygen activation logging】 利用脉冲中子与氧元素相互作用，使活化后的氧原子放射出特征伽马射线，通过检测伽马射线来确定仪器周围含氧流体在套管外流量情况，从而判断窜槽的方法。

氧活化水流测井测试方式多元化，工艺简单，受井况、流体性质等客观条件的影响小，测试结果相对准确，测试结果直观。对于不同漏窜类型和位置的井，要求测试管柱下入的深度不同，在基本确定漏失位置的范围后，要重点加密定点测试，最大限度地确定漏窜位置。

（石善志　廖锐全）

【封隔器找窜 channeling looking by packer】 下入单级或双级封隔器注水管柱至欲测井段，然后挤注清水，通过套溢法或套压法所测资料来分析判断窜通情况的方法。封隔器找窜对层间夹层的厚度有一定要求。用封隔器法找窜可以连续找多个窜点，方法简单，但只能对窜槽段定性分析。

套溢法找窜 采用变换注入压力的方法，同时观察与计量套管溢流量来判断窜槽的井下工艺。若套管溢流量随注入压力的变化而变化，则说明此两油层有窜通现象，反之，则无窜通。

套压法找窜 采用高—低—高或低—高—低方式观察挤注压力，同时观察套管压力变化来判断窜槽的井下工艺。若套管压力随油管压力变化而变化，则说明油层之间有窜通；反之，则说明无窜通现象。

封隔器找窜录取资料包括：(1) 通井、刮削、冲砂资料；(2) 找窜管柱结构及示意图；(3) 找窜日期、找窜层位、井段；(4) 修井液名称、性能、挤注泵压，观察时间，注入量，返出量（串通量），油压和套压变化值；(5) 油管及封隔器试漏情况。

（石善志　廖锐全）

【桥塞找窜 channeling looking by bridge plug】 将桥塞下至欲找井段夹层中部，利用入井工具，通过坐封方式将桥塞坐封，然后丢手，起出丢手接头，此时桥塞的自锁胶筒在上下卡瓦的作用下仍处在压缩状态保持密封，再将插管插入桥塞内腔，在允许压力范围内进行试挤验窜，通过套溢法和套压法来判断桥塞上下两层是否窜通。

（石善志　廖锐全）

【生产井封窜 plugging channeling of production well】 对已找到水泥环窜槽井段进行封堵的作业。通常有循环法封窜、挤入法封窜和循环挤入法封窜。基本原理是：将封堵材料（常用水泥）替入或挤入窜槽孔缝内，封堵材料凝固封堵窜槽井段。

封窜录取资料包括：(1) 管柱结构、封窜日期；(2) 进出口层位、井段、封窜井段；(3) 校正的溢流量（窜通量）或套压变化情况；(4) 水泥化验数据；(5) 封窜水泥浆配制量、相对密度、添加剂名称及用量，填料水泥浆配方、相对密度、配制量，各种水泥浆注入量；(6) 顶替液名称、用量；(7) 注入泵压、时间；(8) 反洗井深度、进出口量；(9) 候凝时管柱深度、候凝时间。

📖 推荐书目

吴奇. 井下作业监督[M]. 北京：石油工业出版社，2014.

（石善志　廖锐全）

【循环法封窜 plugging channeling by circulating】 用水泥承转器卡在窜槽井段中间，通过正循环，将水泥浆或化学堵剂循环顶替至油层套管与地层之间环空部位窜槽井段的封窜工艺。多余堵剂返至水泥承转器之上，上提油管反洗井，关井候凝，凝固后钻掉水泥塞（或堵剂）及水泥承转器，验窜。这种方法成功率高，对地层伤害小。另外，循环法封窜还可采用水力扩张式封隔器组成的管柱实施，该方式根据封窜管柱的连接方法和所用工具的不同，又可分为单水力扩张式封隔器封窜和双水力扩张式封隔器封窜两种方法。

单水力扩张式封隔器封窜　采用一个水力扩张式封隔器坐于夹层上，而夹层只露出夹层以下一至两个小段，其他层段采用人工填砂或悬空灰塞的方法掩盖的封窜方法。

双水力扩张式封隔器封窜　采用两个水力扩张式封隔器中间加节流器管柱下入井内，下封隔器应坐于窜通层以下紧靠窜通层的夹层上，上封隔器坐于已窜通的夹层上。水泥浆在封堵时由两级封隔器中间的节流器流出，由窜通的下部油层进入窜通部位。

循环法封窜步骤：（1）下封窜管柱，使封隔器坐于施工设计要求的夹层位置。（2）冲洗窜槽，洗至返出液体不夹带大量泥砂，且泵压平稳时为止。（3）泵入与设计要求相符合的性能和数量的水泥浆。（4）替液至节流器以上10～20m处，并略待水泥浆稠化，稠化时间随水泥、水泥浆的性质、井身位置、井下温度、添加剂的性质和数量而定。（5）解封封隔器上提管柱，使管鞋提至射孔井段以上反洗井，洗出多余水泥浆，洗井液量最少是井筒容积的1.5～2倍。（6）起出20～40m管柱，关井候凝48h。

（蒋厚良　庞志学　石善志）

【挤入法封窜 plugging channeling by squeezing】 在适当压力（低于破裂压力）的情况下，将封堵材料挤入窜槽部位的封窜工艺。窜槽井段上部有高渗透层时，挤入点应选在窜槽层段下部，反之，窜槽井段下部有高渗透层时，挤入点应选在窜槽层段上部。此法适用于窜槽体积较大且形状不规则，但封窜过程中会有封堵材料进入地层，容易堵塞油流通道伤害油层，同时工艺比较复杂，容易造成井下事故。根据井况的不同可采用封隔器法封窜、光油管封窜和桥塞封窜。

（蒋厚良　庞志学）

【循环挤入法封窜 plugging channeling by circulating and squeezing】 循环法与挤入法联合使用的封窜工艺。它先使水泥浆以不憋压的方式进入窜槽，再用挤入的方法使水泥浆充填好。其封堵过程是水泥浆开始进入窜槽时，套管闸门是打开的，以保证水泥浆在憋不起压力的情况下进入地层。当地层窜通内进入足够的水泥浆后，关闭套管闸门，挤入剩下的水泥浆，再替够清水，静止一定时间，上提封隔器至射孔井段以上，反洗井冲去多余的水泥浆，再替够清水，静止一定时间，上提封隔器至射孔井段以上，反洗井冲去多余的水泥浆，然后上提油管 10~20m，关井候凝。

（石善志　廖锐全）

【**填料水泥浆封窜** plugging channeling by filling cement mortar】 在水泥浆挤入并充满窜槽后，接着挤入填料水泥浆堵死窜槽的进口的封窜工艺。这种方法可避免水泥浆反吐，以达到封窜的目的。

施工步骤为：（1）根据电测曲线，定出窜槽的进出口位置及封隔器的位置。进口段应选取渗透性不好的薄油层或误射孔井段。如上述条件不具备时则补孔0.5m，作为进口。（2）下入双级封隔器管柱。（3）验证窜槽，通过试挤的方法进一步核实资料，同时检查管柱。（4）配水泥浆及填料水泥浆，其填料可根据窜通量大小来选定。（5）封挤窜槽。首先向井内连续泵入胶质水泥浆作为前隔离液，将油与水隔开；再挤入普通水泥浆及填料水泥浆（有时再挤入胶质水泥浆作后垫）；替清水使水泥浆自下而上进入窜槽井段，直到填料水泥浆填堵窜槽进口并有明显升压时停泵。清水的替入量等于井内油管与地面管线容积之和。（6）提封隔器，使尾管球座在窜槽顶部以上。（7）关井候凝48h。

（石善志　廖锐全）

【**验窜** channeling test】 油水井经过封窜处理后，验证封窜效果的施工。现场常用的验窜方式主要有声幅测井和封隔器验窜两种类型，其工作原理和施工方法与相应的找窜方法基本相同。

验窜资料录取包括：（1）验窜管柱结构及下入深度；（2）验窜层位、井段；（3）加压值、注入量、返出量或套压变化值；（4）油管和封隔器试漏情况。

（石善志　廖锐全）

【**检泵** pump inspection】 为解决人工举井井下设备故障或清除各种结垢、调整抽油泵参数以及生产测试等需要而进行的油井检修作业。分为作业检泵、计划检泵和躺井检泵。

作业检泵　为清除井下结蜡、结垢、结盐而将抽油泵从井中起出，然后用热力或化学的方法将各种垢清除掉，再按设计要求下入试压合格的抽油泵。

计划检泵　根据录取资料要求，按计划起出抽油泵，下入相应的仪器录取资料。

躺井检泵　在抽油井生产中，井下抽油泵、抽油杆、油管等突然发生故障，或因其他原因使抽油泵不能正常工作，需要及时换泵等不定期的检泵作业。

深井泵、电动潜油泵、螺杆泵检泵时，需要将油管和抽油杆或电缆全部起出。水力活塞泵、射流泵检泵时，如判断油管无问题，可不起油管，仅通过液力循环或打捞的方式起出泵体部分即可。

（蒋厚良　庞志学）

【检泵周期　pump inspection period】两个检泵作业之间的间隔时间。检泵周期直接反映管理水平的高低，也是降低采油成本的一个重要方面。

（叶利平）

【抽油机井检泵　pump inspection of rod-pumped well】为解决抽油机井井下故障或清除各种结垢、调整抽油泵参数以及生产测试等需要而进行的油井检修作业。

抽油机井检泵工程设计编写内容包括：施工井号、施工目的、基础数据（完井的静态数据、目前生产的动态数据）、原井管柱示意图、施工后设计管柱示意图、施工要求及说明、施工后效果预测并在备注中填写本井其他情况。

抽油机井检泵原因包括：（1）油井结蜡造成活塞卡、阀卡，使抽油泵不能正常工作或将油管堵死。（2）砂卡、砂堵。对一些油井采取压裂的增产措施，在下泵抽油过程中，可能会有部分压裂后支撑地层用的压裂砂随油流进入泵筒，有部分砂沉积在阀处或积满了活塞槽，造成砂卡泵。对一些胶结疏松的砂岩地层，在下泵抽油过程中，也可能会有部分砂粒随油流进入泵筒，或因施工过程带入井内的砂粒，都可能造成砂卡泵的现象。（3）抽油杆的脱扣、断裂造成检泵。由于抽油杆受交变载荷、井内液流的阻力和各种摩擦力的作用，使抽油杆螺纹松动，造成脱扣。或由于抽油杆在抽油过程中，不停地受交变应力的作用产生疲劳，或因砂卡、蜡卡造成过载断裂。（4）泵的磨损造成漏失量不断增大，产液量下降，泵效降低。（5）由于产出液黏稠，特别是目前有些油田进入三次采油阶段，注聚合物采出井的采液黏弹性较大，对活塞下行阻力较大，使抽油杆在下冲程中发生挠度变形，抽油杆接箍或杆体与油管壁产生摩擦，长期作用将油管磨坏或将接箍、杆体磨断。（6）油井的液面发生变化，产量发生变化，为查清原因，需检泵施工。（7）根据油田开发方案的要求，需改变工作制度换泵或需加深或上提泵挂深度等。（8）其他原因：如油管脱扣、泵筒脱扣、大泵脱接器断脱等。

抽油机井检泵作业施工工序包括：施工准备、洗井、压井、起抽油杆柱、起管柱、刮蜡、通井、探砂面、冲砂、配管柱、下管柱、下抽油杆柱、完井。

抽油井检泵录取资料包括：泵型、泵径、泵长、泵挂深度；封隔器及工具的型号、规范、下入深度；油管、抽油杆及附件的规范、数量、总长度；管、杆、工具更换情况，新、旧、修复情况；下井部位、防冲距、坐封负荷等。

抽油机井检泵施工效果评价要求：（1）整个作业施工过程按照设计程序要求施工；（2）完工后试抽所测示功图显示抽油泵工作正常；（3）下入的管式泵或杆式泵憋压至3MPa以上，稳压在30min，压降小于0.3MPa达到正常生产的质量要求。

（张顶学　石善志）

【起下抽油杆 rod running and pulling】 用吊升系统配合抽油杆吊卡、管钳、抽油杆防喷器等将油管内的抽油杆、抽油杆扶正器、加重杆、柱塞等油井工具提出井口，逐根卸下放在油管桥上，经过清洗、丈量、重新组配和更换下井工具后，再逐根下入井内的过程。油井检泵维修、增产措施作业和大小修等都要起下抽油杆，是井下作业基本工序。

起抽油杆要求：（1）装有脱节器及开泄器的井，起第一根抽油杆时要缓慢上提，以保证脱节器顺利脱开；保证顺利打开泄油器，遇阻时，不要盲目硬拨。（2）防止造成抽油杆变形和造成井下落物。（3）平稳操作起完抽油杆及活塞。抽油杆桥要求使用4根油管搭成，每根油管至少使用4个桥座架起，起出的抽油杆在杆桥上每10根一组排放整齐，抽油杆悬空端长度不得大于1.0m，抽油杆距地面高度不得小于0.5m。（4）检查抽油杆是否有偏磨，并计算偏磨井段深度。

下抽油杆要求：（1）抽油杆螺纹及接触端面必须清洗干净。（2）按抽油杆旋紧扭矩要求上紧抽油杆柱，平稳、缓慢下放抽油杆，使活塞顺利进入泵筒。（3）装有脱节器的井，对接后提抽油杆不能超高，防止脱节器脱开。装有井下开关的井，按照使用要求打开井下开关。

（张顶学　赵　勇）

【调防冲距 adjustment of shock isolation space】 抽油杆碰泵后，为了防止抽油机在带动抽油杆柱在下行过程中活塞撞击固定阀而上提抽油杆柱的操作过程。上提抽油杆的长度就是防冲距。当发生碰泵时，应调大防冲距。当发生上挂或者活塞脱出时，应调小防冲距。

调防冲距要求：（1）应按油管、抽油杆的实际伸长度计算。防冲距以下不碰固定阀为原则上，其值越小越好，提防冲距长度推荐值见表。（2）调好防冲距，光杆伸入顶丝法兰以下长度大于最大冲程长度，光杆在悬绳器以上漏出0.8～1.5m，上不挂下不碰。

抽油机井防冲距长度推荐值

泵挂深度，m	0～600	600～900	900～1200	1200～1500	1500～1800	1800～2100	2100～2400
防冲距，m	0.5	0.6	0.8	1.0	1.2	1.5	1.7

（张顶学　赵　勇）

【**螺杆泵井检泵** pump inspection of screw pump well】 为解决螺杆泵井下故障或清除各种结垢、调整螺杆泵参数以及生产测试等需要而进行的油井检修作业。

螺杆泵井检泵方案内容包括：井号、施工内容、基本数据填写（包括静态原始数据、施工前的动态生产数据）、泵型、下泵型号及深度、油管锚和抽油杆扶正器深度、施工其他要求及施工后的效果预测等。

螺杆泵检泵主要工序包括施工准备、热洗、压井、起原井管柱、通井、刮蜡、冲砂、下生产管柱、坐封、下杆柱、替喷、安装地面机组、试运转和交井等。

螺杆泵提防冲距推荐值见表。

螺杆泵提防冲距推荐表

泵深，m	700	800	900	1000	1600
防冲距，m	0.65	0.75	0.85	0.9	1.6

螺杆泵井施工效果评价要求：（1）按照设计要求程序施工，下井管柱、螺杆泵型号及工作参数符合设计要求；（2）作业施工完井后电动机属正转，井口防反转装置工作正常；（3）投产运转正常。憋泵达到合格数值标准要求。

📝 *推荐书目*

于宝新，于健勋.油田井下作业施工方案设计与管理［M］.北京：石油工业出版社，2014.

（张顶学　廖锐全）

【**电动潜油泵井检泵** pump inspection of electrical submersible pump well】 为解决潜油电泵井下故障或清除各种结垢、调整潜油电泵参数以及生产测试等需要而进行的油井检修作业。

潜油电泵井检泵方案内容包括：井号、施工内容、基本数据填写（包括静态的原始数据、施工前的动态生产数据）、机组泵型、下泵深度，以及根据生产需要下入其他辅助工具及深度、施工步骤和施工后效果预测。

潜油电泵井检泵工序包括：提电泵、井筒处理（提出原井管柱、套管刮削、通井，根据井况不同，还要进行冲砂、换套管等工序）、下电泵、完井。

电泵井作业施工效果评价要求：（1）整个作业施工过程按照设计程序要求施工；（2）完工后所测下井机组的直流电阻达到 3MΩ 以上，对地绝缘电阻达到 500MΩ；（3）测量电动机正反转属正常，憋压合格，其中：机组排量 150m³/d 时，压力值应达到 7MPa；机组排量 200m³/d 时，压力值达到 8MPa。

（张顶学　廖锐全）

【水力活塞泵井检泵 pump inspection of hydraulic piston pump well】 为解决水力活塞泵井井下故障或清除各种结垢、调整水力活塞泵参数以及生产测试等需要而进行的油井检修作业。

水力活塞泵检泵施工工序包括：施工准备、起泵、压井、提原井管柱、通井、探砂面、冲砂、下生产管柱、试压、投泵。

（张顶学　廖锐全）

【注水井作业 water-injection well operations】 针对注水井下井工具失效、管柱脱落、落物产生遇阻以及对现有层段加以调整重配，全井或层段需要采取油层增注改造措施等进行的井下作业施工。注水井作业内容包括：（1）笼统注水井的试注作业和调整作业；（2）分层注水井的试注、试配水、注水井调整、注水井重配；（3）笼统注水井和分层注水井采取压裂、酸化、补孔、调剖、注微生物、注其他改造油层的增注措施；（4）笼统注水井和分层注水井取套换套、套管整形、套管补贴、侧钻、封堵、报废等大修作业；（5）注水井其他井下作业施工项目，包括换采油树、抬高注水井口等小修作业施工项目。

（张顶学　廖锐全）

【试注 injection test】 注水井在正式投入注水之前，新井投注或采油井改注水的试验过程。目的是确定注入水是否可以注入油层，油层吸水能力、启动压力是多少，吸水指数的相关数据变化如何，最后根据方案对注入量的需求选定注入压力。

试注分三个阶段：（1）排液。一口新井从钻井到完井，钻井液、压井液等侵入地层堵塞了油流通道，直接影响油层的渗透率，经采取排液的方法，可以清楚井底的污染物并在井底附近地带形成低压带，为后续的试注工作创造条件。（2）洗井。通过洗井反复冲洗油层的渗滤面，可以将套管内壁及油管内、外壁黏附的杂质、污物进行清除，以保证将注入水有效注入油层。（3）转注。通过转注获取吸水指数数据，结合油田需要进行定压注水。

注水井试注施工工序如下：起原井管柱、通井、刮蜡、探砂面、冲砂、探人工井底、下试注管柱、洗井、注水。

试注施工效果评价要求：（1）整个试注作业施工过程按照设计方案程序要求施工；（2）在排液期间排液工作做得彻底且没有伤害到油层；（3）洗井质量达到注水要求；（4）转注后地面无刺漏等问题。

📖 **推荐书目**

于宝新，于健勋．油田井下作业施工方案设计与管理［M］．北京：石油工业出版社，2014．

（张顶学　廖锐全）

【**转注** converting production well into injection one 】 油井转注水井的施工过程。随着老油田的持续开采，会出现能量递减、地层亏空加大的情况。为完善注采井网来增加水驱控制程度，有效补充地层能量，减缓递减，把在无注水井的产量低、连通程度高的低效油井转成注水井，以提高水驱程度。

施工步骤为：起原井管柱、通井、刮蜡、探砂面、冲砂、探人工井底、清洗、丈量、组配试注管柱，洗井，释放封隔器，试注、转注。

试注、转注工程方案编写内容包括施工井号、施工目的、本井基本数据（静态数据）及施工方案（下井管柱示意图、测井通知、施工要求等）。油井转水井要注明目前管柱示意图。

（张顶学　廖锐全）

【**试配水** trial water distribution 】 针对各油层不同的渗透性，把注入地层的水，通过封隔工具卡封和配水器选择而达到不同的压力注入的施工过程。

对渗透性好、吸水能力强的层位，适当控制注水；对渗透性差、吸水能力低的层位，则加强注水。目的是尽可能把水有效地注入地层，使注入水在高、中、低渗透油层吸水剖面相对均匀，从而使层间矛盾得到调整，地层能量得到合理补充，控制油井含水上升速度。

试配施工工序为：组配管柱，下管柱，坐井口，安装采油树，反洗井，释放封隔器，投捞堵塞器，验证封隔器密封，转入正常注水。

试配效果评价要求：（1）整个作业施工过程按照设计方案要求施工；（2）检查套管有无变形和损坏，所下保护套管封隔器及各层段封隔器密封（经验封检验合格）；（3）磁性定位测井，管柱下入深度在允许误差范围之内；（4）洗井转注后地面无刺漏等问题。

（张顶学　廖锐全）

【**注水井重配** water redistribution of injection well 】 针对注水井在分层配注后，常常因油层吸水情况发生变化，实际注入量达不到配注要求进行重新配水嘴，换水嘴的施工过程。

在井下工具损坏或失效后，不能进行正常注水时，也要动管柱作业，起出检查更换井下工具。根据下井管柱结构的不同，如果是活动式配水管柱，在封隔器和其他井下工具没有失效的情况下，需要调整水量或检查更换水嘴时，可以不动管柱，而只用小型绞车下入录井钢丝，打捞出活动芯子，换上适合的水嘴即可。如果井下管柱为固定式配水管柱，若需进行上述工作，则必须动管柱作业。

重配效果评价要求：（1）整个作业施工过程按照设计方案要求施工；（2）鉴定原管柱是否存在问题；（3）所下套保及各层段封隔器密封（经验封检验合格）；（4）磁性定位测井检测管柱下入深度在允许误差范围之内；（5）洗井转注后地面无刺漏等问题。

（张顶学　廖锐全　石善志）

【注水井调整 adjustment of injection well】 由于油层吸水情况变化，需要改变原来的配注方案，从而改变配注量和封隔器位置的施工过程。

施工步骤为：（1）抬井口，安装井控装置。（2）试提管柱，当负荷正常，井内管柱无卡阻时，方可起出油管。（3）起油管，注意观察油管有无穿孔漏失或螺纹刺漏。（4）鉴定原管柱。（5）检查、丈量、组配管柱。（6）下配水管柱，油管螺纹涂抹密封脂，上扣扭矩达到质量标准要求。（7）电磁定位校对封隔器卡点深度，准确无误后，即可坐井口，安装采油树。（8）反洗井，按洗井质量要求，洗井至水质合格。（9）释放封隔器。（10）投捞配水堵塞器。如下井水嘴为死嘴，则需捞出死嘴子，投入配注水嘴；如下井的是可溶性水嘴，则待水嘴溶化后即可进行投注验封。（11）验证封隔器密封。（12）按全井配注水量，转入正常注水。

调整效果评价参见注水井重配。

推荐书目

于宝新，于健勋.油田井下作业施工方案设计与管理［M］.北京：石油工业出版社，2014.

吴奇.井下作业监督［M］.北京：石油工业出版社，2014.

（张顶学　石善志）

【注入井分层作业 layered operation of injection well】 用封隔器和分层工具对注入井按设计分层定量注入的作业。油田开发中，注入层存在着渗透率及压力的差异，各层吸收注入介质的量也有差异。若采取多层合注，势必造成水线突进，使高渗透、低压层的水线推进很快，邻近油井首先见注入介质，若不加控制则很快会被注入介质所淹没。而低渗透层吸入量很少，得不到能量补充，邻近井便不见效。为解决这个矛盾，制定分层的定量配注方案，进行注入井分层作业。选择生产井在所对应的开采层进行注水、注天然气、注蒸汽等介质，将分层定量的介质注入地层，实现分层段的水线均衡推进，提高波及体积和最终采收率，实现油田稳产。

注入不同介质的分层作业技术要求如下：

（1）注水井分层作业要求井口和管线耐高压并且防腐、水质合格、井下工具设计合理。

（2）注气井分层作业时所有注气管线、井口和井下工具试压合格，采用密封螺纹，严格防腐，下永久封隔器坐于油层顶部，封隔器以上注入保护液保护套管。

（3）注蒸汽井分层作业井口、工具要耐高温高压。管柱主要由隔热油管、高温高压伸缩管、热采封隔器组成。分层注蒸汽管柱可分为封上注下和封下注上管柱。

分层作业应录取的资料包括：（1）刮削套管管柱结构、规格、深度；（2）通井管柱结构、规格、深度；（3）冲砂管柱结构、规格、深度；（4）验窜资料录取；（5）测定吸水剖面数据；（6）配注水管柱结构、各部分名称与规格、深度；（7）洗井方式、排量、时间。

（石善志　蒋厚良）

【封层作业 capping operation】 油井已射开的层位开采完毕，改采上部油层或报废油层时为了避免各层之间的流体干扰，需要把它封死而进行的作业。属常规井封层。方法有悬空水泥塞封层、电缆桥塞封层、可回收桥塞封层和膨胀管封层。

悬空水泥塞封层　当油井上返新层、找漏堵漏或找窜封窜等作业时，可采用注悬空水泥塞的方法。水泥浆的密度远远大于压井液密度，为了防止水泥浆下沉，一般可采用三种方法：一是填砂至被封层顶部，然后打水泥塞；二是下一个提前用水浸泡过的木塞到被封层顶部，然后打水泥塞；三是在注水泥前将密度比水泥浆高的液体填到被封层顶部，然后打水泥塞，使油井上、下层中间位置形成水泥塞来实现上、下两层分隔的施工作业。

电缆桥塞封层　用于分层试油、采油、找水、堵水等，采用电缆输送定位点火引爆的电缆桥塞坐封于两层之间实现封层。

可回收桥塞封层　采用油管输送并且用专用工具将可回收桥塞坐封于两层之间，达到封堵水层的目的。

　　膨胀管封层　用膨胀管将欲封井段的射孔孔眼堵死，实现封层。

（蒋厚良　庞志学）

【**封井报废作业　P&A operation**】　对开采枯竭已失去生产能力或无法修复以及没有其他利用价值的井采取的永久封井措施。报废井封井时应确保油藏各储层之间不窜通和井下油、气、水不外溢。技术要求为：各油层之间找窜，有窜必封；从人工井底到油层顶部以上水泥返高以下打一个水泥塞；距地面以下100～200m打一个悬空水泥塞。

（蒋厚良　庞志学）

【**报废井　abandoned well**】　由于各种原因不能用于油气田生产的井。分为地质报废井和工程报废井。地质报废井是未钻遇油气层，或在开发过程中，由于地质原因无法继续生产的井；工程报废井是钻井不合格或在开发过程中，由于工程原因造成无法继续生产的井。

　　造成报废井的主要原因有：（1）在钻井及完井过程中，由于操作不慎或措施不当造成事故，且又在处理事故中造成更为复杂的事故，现有的技术设备无法修复。（2）完钻井没有含油目的层，也不能综合利用；采油井经过长期开采，油层已完全被水淹没或油源枯竭失去采油价值。（3）油气开采过程中，增产措施严重破坏套管，井内落物打捞困难或无力打捞。

（蒋厚良　庞志学）

大修作业

【**大修作业** workover operation】 对于存在复杂故障的生产井，为恢复生产和延长生产井使用寿命而采取的各种复杂工艺技术修复的作业。通常指动转盘的修井作业，主要包括套管内落物打捞、管柱解卡、生产井找窜、生产井封窜、套管修复、套管整形、套管补贴、管柱切割、取换套管、钻塞和套管内侧钻等。

📖 推荐书目

吴奇. 井下作业监督[M]. 北京：石油工业出版社，2014.

（杨绍通　盛江庆）

【**套管内落物打印痕** removing objects left in the casing】 将印模下至落物顶部并加一定的钻压（打印）后起出，在印模底平面和圆柱表面留下与鱼顶或套管内壁接触的印痕。通过印痕可判断落物的深度和形态、基本尺寸、位置及套管内壁情况。常见落物印痕形状见表。

常见落物印痕形状

印痕形状	印痕描述	印痕判断
	印痕居中，深浅一致，内、外径均可测出	管类落物在套管内居中
	印痕在印模一侧靠边，部分印痕浅	管类落物斜立于套管中
	印痕在印模一侧，深度不一致，长短轴可测出	管类落物鱼顶变形，倾斜于套管一侧

续表

印痕形状	印痕描述	印痕判断
⊙	印痕居中，深浅一致，可测出外径	杆类落物，直立于套管中
◐	印痕在印模一侧靠边，部分印痕浅可推算出其外径	杆类落物，斜立于套管中
⊖	条形印痕，其中间部分深，两侧浅	杆类落物，弯曲变形
✸	印痕为丝痕	绳类落物，已挤压成团状
⊛	印痕为牙片及六方螺母等物	小件落物

　　印模根据制作材料不同，分为铅模、泥模、蜡模和侧面打印器四种类型。铅模适用于打印不易变形的管类、杆类落物的鱼顶以及套管的内壁；泥模、蜡模多用于小尺寸管类和较容易变形的细长杆类、绳类打印；探测套管内壁需选用侧面打印器。

　　打印录取资料包括：（1）印膜型号、规格；（2）管柱结构、尺寸；（3）油管规格、数量、下入深度；（4）洗井液名称、数量、密度；（5）洗井泵压、排量；（6）打印深度、加压，铅模印痕描述。

（许江文　杨绍通　庞志学）

【端部打印 end print】 用于井下鱼顶端面或错断套管端面打印的作业。一般有两种方式，即管柱硬打印和绳缆软打印。绳缆软打印虽然施工时间短，速度快，但其危险性大，易造成绳缆堆积卡阻，因而其使用受到严格限制。通常只有在井下井况不十分复杂、井况比较清楚的情况下使用，并且在使用时要采取预防事故的措施。管柱硬打印可以用于不压井作业中，其管柱结构（自上而下）为：油管柱（钻杆柱）、工作筒、单流阀、印模（端部打印常用平底带水眼、带护罩式铅模）。

（许江文　石善志）

【侧面打印 side print】 套管内部侧面打印的作业。利用管柱将侧面打印胶膜下至设计深度，然后憋泵 0.5～1MPa，使胶膜在液压下扩张，紧贴在套管内壁上，将套管的孔洞、破裂等破损状况印在胶膜上。管柱泄压后起出打印管柱，卸掉胶膜并清洗干净后，将胶膜连在地面泵，憋压使其扩张到井下的工作尺寸，即可清晰地将井下套管的破损状况直观地反映出来，既有准确的几何情况，又可直接测得破损尺寸。

侧面打印可在不压井状态下进行，其管柱结构（自上而下）为：油管柱、工作筒、胶膜、油管短节、丝堵。

（许江文　石善志）

【井下落物 junk】 形状不规则，且无打捞部位的小件物体。如钻头牙轮、封隔器卡瓦、电缆卡子、刮刀片、井口工具、手工具等。

（许江文　石善志）

【落鱼 fish】 掉落井内并能直立于井中的管状物体。如钻杆、套管、油管、减振器、震击器、动力钻具等。

（许江文　石善志）

【鱼顶 top of fish】 落鱼的顶部。又称鱼头。鱼顶井深指鱼顶所在井下位置的深度。

（许江文　石善志）

【鱼底 bottom of fish】 落鱼的底部。鱼底井深指鱼底所在井下位置的深度，即鱼顶深度加上落物（鱼）的长度。

（许江文　石善志）

【探鱼 fish finding】 利用管柱下带仪器或工具，在井下试探落鱼深度和位置的过程。

（许江文　石善志）

【摸鱼 fish touching】 利用油管或钻杆下带打捞工具，在井下寻找落鱼，拨正落鱼，使之进入打捞工具内的过程。

（许江文　石善志）

【方入 kelly-in】 下井管柱遇阻或达到预定深度时，最后一根管柱进入四通上法兰面的长度。

（许江文　石善志）

【方余 kelly-up】 下井管柱遇阻或达到预定深度时，管柱在四通上法兰面以上剩余的长度。方余与方入是相对而言的。

（许江文　石善志）

【鱼顶方入 fish top kelly-in】 根据鱼顶深度计算的打捞工具端部碰到鱼顶时，所使用的打捞管柱上部的方钻杆进入转盘的长度。

（许江文　石善志）

【造扣方入 making thread kelly-in】 当打捞工具（公锥或母锥）下到可以造扣到造扣结束，或打捞工具（卡瓦打捞筒）下到可以进行打捞的井深时，打捞管柱上部方钻杆进入转盘的尺寸。

（许江文　石善志）

【打捞 fishing】 用打捞工具捞获落井的落物并提出井口的作业。根据井下落物的大小和形状不同应采用不同的打捞工具。在钻完井和修井作业中，钻杆、钻铤、套管、油管柱被卡或折断，钻头牙轮掉井，测井仪器或电缆被卡，电缆钢丝绳被拉断，以及封隔器被卡等，需要用打捞工具进行打捞作业。按照打捞工具所处的打捞位置可将打捞分为外捞和内捞。

外捞　打捞时，打捞工具在落物之外的打捞方式。用于外捞的工具主要有打捞筒、打捞篮、母锥及内钩等。

内捞　打捞时，打捞工具处于落物内的打捞方式。用于内捞的工具主要有卡瓦打捞矛、公锥及外钩等。内捞适用于打捞杆类、管类、绳类落物。

（许江文　石善志）

【套管内落物打捞 fishing for casing】 采用与井下落物相适应的井下打捞工具和打捞工艺将井筒内落物打捞出来的作业。打捞的目的是清除影响生产井正常生产的障碍物，使生产井恢复生产。按落物的形状和大小可分为管类落物打捞、杆类落物打捞、绳类落物打捞和小件落物打捞；按打捞的复杂程度分为一般打捞和复杂打捞。

一般打捞　也称简单打捞，泛指落物在井下未被卡死，落物顶部没有变形情况下的打捞。采用一般的印模打印了解清楚落物情况，用冲洗、合适的打捞工具就能将落物打捞出井筒。

复杂打捞　泛指井内落物被卡死或落物顶部严重变形、重复落物等情况下的打捞。除使用一般打捞措施外，还需要大修工艺中多种技术，有的技术还要多次交替使用才能将落物打捞出井筒。

（杨绍通）

【管类落物打捞 fishing for tubing】 断面为圆环形的钻杆、钻铤、油管、封隔器钢体、管式泵泵筒等管类落物的打捞作业。打捞工具从管类落物的内腔或者外壁将它捞住并打捞出来。打捞工具应根据以下情况选择：

（1）鱼顶为无接箍本体，且本体外径与油层套管内径有足够下打捞工具的空间，可依次选用各种打捞筒，如可退式倒扣打捞筒、可退式打捞筒、卡瓦打捞筒（不可退式）、短鱼头打捞筒、母锥等落物管体外壁打捞工具。如果本体外径与套管内径间隙较小或其他特殊情况，也可选择落物管体内腔打捞工具，如各种卡瓦打捞矛、滑块卡瓦打捞矛、公锥等打捞工具。

（2）鱼顶为母接箍时一般采用内捞工具。依次选择可退倒扣打捞矛、可退式卡瓦打捞矛、接箍打捞矛、滑块卡瓦打捞矛、公锥等打捞工具。特殊情况无法采用内捞时，也可选择某些外捞打捞工具。

（杨绍通）

【杆类落物打捞 fishing for rod junk】 断面为圆形抽油杆、加重杆、铅锤、压力计及某些测试仪器等杆类落物的打捞作业。下打捞工具从杆类落物圆柱外径将它捞住并打捞出来。常用打捞工具有可退式打捞筒、卡瓦打捞筒、组合式抽油杆打捞筒、三球打捞器和开窗打捞筒。

打捞这类落物要尽量避免打印痕（见套管内落物打印痕），若确需打印痕，则尽可能使用蜡模、泥模，打印时钻压尽可能小。当打捞工具下入到接近鱼顶时，打捞管柱要边旋转边缓慢下放，把鱼顶引入打捞工具内。

（杨绍通）

【绳类落物打捞 fishing for rope junk】 用钩类打捞工具将绳类落物捞出地面的作业。绳类落物指断面为圆形或类似圆形且细长的单钢丝或多钢丝编织绳索，如录井钢丝、电缆、钢丝绳等。根据落物可选用外钩、内钩、内外组合钩以及筒式钩类打捞工具进行打捞作业。

打捞作业时应防止下钻速度过快，钻压过大，将落物压实成团。还应防止绳类落物上窜到打捞工具以上的钻柱与套管环形空间内，上提打捞管柱时挤压窜到打捞工具之上的绳类落物形成压实成团卡死在套管内，给打捞施工带来极大困难。一般采取以下技术措施：

（1）当鱼顶深度和状态不清时，忌用打印的检测技术，而只能采用分析、判断与试捞的方法加以处理。

（2）打捞钢丝绳和电缆类的落物时，要在打捞工具之上紧接一大直径的防卡接头或防卡盘，其直径与套管内径之差要小于绳类直径，防止绳类落物窜到打捞工具以上，造成卡钻。

（杨绍通）

【小件落物打捞 fishing for small junk】 用打捞工具将小件落物捞出来的作业。

小件落物指体积、质量小的钢质金属落物和非金属固体落物，如卡瓦牙、螺栓、榔头、扳手、小管钳、碎胶皮、井下机具的散落部件等。

常用打捞工具有磁铁打捞器、反循环打捞筒、一把抓、老虎嘴、开窗打捞筒、钢丝打捞筒等。选用哪种打捞工具要视井内落物情况而定。若井下情况不清楚，则先下铅模打印（见套管内落物打印痕），了解和掌握了井内情况后，再选用打捞工具打捞。

（杨绍通）

【封隔器解卡打捞 freeing and fishing of stuck packer】 下打捞工具将井内被卡封隔器打捞出井筒的作业。封隔器被卡原因主要有：解封机构失效，卡瓦失去控制不能收拢；胶筒老化，不能收缩；封隔器胶筒上部油管和套管环形空间有落物或砂等机械杂质的堆积物；封隔器胶筒上部套管变形、破裂或错断。

封隔器解卡打捞方法：（1）活动管柱。采取上提或正转的方法使封隔器解卡。（2）选用恢复循环解卡。（3）取出卡点以上管柱，然后采用套铣或震击的方法解卡。（4）下左旋螺纹钻柱下带可退式倒扣工具将各部件分解倒出。（5）下磨鞋将封隔器全部磨掉。

（杨绍通）

【电动潜油泵解卡打捞 freeing and fishing of stuck ESP】 采用专用工具和工艺技术将落井被卡的电动潜油多级离心泵打捞出井筒的作业。电动潜油泵机组外径大而长，与 $5\frac{1}{2}$ in 套管的配合间隙小，机组内腔又是封闭的只能采用外捞。再加上电缆、电缆卡子等碎物在油管和套管环形空间的堆积，使得解卡打捞的难度非常大，采用的工艺技术复杂。常用的解卡打捞方法有：

（1）活动管柱解卡。在最大许用提升负荷拉力下争取活动解卡。其间不能旋转管柱和进行紧螺纹，以免使井内电缆缠绕、断裂造成事故复杂化。

（2）取出卡点以上管柱和电缆或交叉进行打捞油管和电缆。如果是蜡卡、稠油卡，切割后采用恢复循环解卡技术进行处理。

打捞管柱或泵组上部堆积的电缆一般使用钩类打捞工具。打捞堆积压实的电缆常用活齿外钩，并把钩身下部加工成螺旋形尖钻头，以便容易进入堆积电缆内部，但要防止电缆窜到打捞工具上方，造成新的卡钻。打捞少量碎电缆和电缆卡子，使用老虎嘴、短套铣筒打捞工具；打捞油管使用可退式倒扣捞矛、捞筒和左旋螺纹钻具，捞住后先活动管柱解卡，无效则进行倒扣。

（3）采用震击解卡技术将井内落物全部捞出。

（4）如果震击解卡无效，捞住后则从电动潜油泵法兰连接螺钉处拔断，然后采用打捞筒进行一节一节打捞，直至捞出全部电泵机组。若鱼顶之上落有小扁电缆、护铁等小件碎物，则要先用套铣筒清洗干净，再用打捞筒打捞。

（5）磨铣打捞。电动潜油泵的电动机外径大，既不能外捞又不能内捞，只能进行破坏性处理。其方法是先用特制工具捞出转子、定子，再用磨鞋磨掉电动机外壳，达到清除井内障碍物的目的。

参见管柱解卡。

（杨绍通）

【变形落物打捞 fishing of deformated junk】 将油井、气井、水井内变形落物打捞出井筒的作业。

常用打捞方法有：

（1）打捞鱼顶严重变形的管类落物，先选用各种鱼顶修理器修好变形鱼顶，然后再采用套管内管类落物打捞技术进行打捞。

（2）打捞严重弯曲甚至压实成团的杆类落物，选用套铣筒套铣打捞技术。其原理是：套铣筒在套铣时将紧贴在套管壁的变形杆类部分磨铣掉，其余部分进入套铣筒内并依靠其弹力卡在套铣筒内，起钻时被打捞出来。把严重弯曲、成团的杆类落物部分打捞出来后，就可以用套管内杆类落物打捞技术进行打捞。套铣筒一般不宜太长，具有一定的壁厚。套铣鞋内径选择比套铣筒内径小4～6mm，使套铣鞋与套铣筒的结合部形成一个台阶，使进入套铣筒内的落物不易掉出来。套铣时最小排量要保证碎屑能携带出井口。在套铣时要经常活动钻柱，预防卡钻。

（3）打捞"压实成团"的绳类落物同样选用套铣筒套铣打捞技术。其原理与套铣筒套铣打捞杆类落物相同。将"压实成团"的顶部绳类落物捞出后，就可用套管内绳类落物打捞技术继续进行打捞。在绳类落物套铣打捞后，井内会出现断碎的绳类落物，可使用老虎嘴、一把抓、反循环打捞篮和强磁打捞工具进行打捞。

（杨绍通　庞志学）

【气井解卡打捞 freezing stuck and fishing for gas well】 针对气井油套压力高、管杆内落物易脱落的特点，选用合适的压井液及专用的工具进行解卡打捞的作业。作业特点是：（1）气层易受伤害，需要使用气井专用压井液压井，在压井方式上尽量选择循环压井，避免挤注压井；（2）气井容易井喷，要求随时补充压井液压井，各项操作要严格遵守安全防喷规定；（3）气井中一般含有H_2S、CO_2等腐蚀气体，严重腐蚀生产管柱而导致管柱强度低，常规打捞工具不适宜，应选用专用打捞工具。

（许江文　石善志）

【**管柱解卡** unfreezing of pipe string 】　采用相关解卡工艺技术将井内被卡管柱整体上提，或分段起出井筒的作业方法。管柱解卡首先要确定卡点深度，然后按先易后难的原则，逐步采取解卡措施。解卡方法包括活动管柱解卡、恢复循环解卡、震击解卡和套铣解卡。

解卡录取资料包括：（1）卡点深度；（2）解卡管柱名称及规格、结构，并画出示意图；（3）解卡下井工具名称、规格、型号及主要尺寸，并画出示意图；（4）提升载荷、管柱伸长量及活动区间，活动及旋转管柱效果情况描述；（5）已活动出管柱名称、规格、根数、长度；（6）倒扣悬重、倒扣圈数及载荷变化情况；（7）解卡后悬重，解卡后上提管柱时指重表显示情况；（8）测卡切割前准备情况（井内油管或钻杆通径情况、通径油管外径、遇阻深度、上提载荷、紧扣圈数、反扭矩），切割方式（化学、聚能、爆炸、机械等），测卡深度及切割深度，切割效果，切割后起出管柱根数、长度，切割的圆滑程度描述；（9）解卡过程中洗井资料录取。

（石善志　杨绍通　庞志学）

【**卡点** free point 】　井内管柱被卡的最高位置点。卡点深度可用计算法和测卡仪测卡法确定。

计算法　在现场将被卡管柱用一定的载荷上提，然后测得被卡管柱的伸长量，代入下式进行计算：

理论公式

$$H_{b1} = \frac{EA_p L_z}{W_s}$$

式中：H_{b1} 为卡点深度，m；E 为钢材弹性系数，一般油管 $E=2.06\times 10^5$ MPa；A_p 为被卡管柱截面积，m²；L_z 为管柱在上提负荷下的三次平均伸长量，m；W_s 为平均三次上提负荷，kN。

经验公式

$$H_{b1} = \frac{KL_z}{W_s}$$

式中：K 为计算系数，见表。

卡点经验公式计算系数表

管类	直径，mm	壁厚，mm	K	管类	直径，mm	壁厚，mm	K
钻杆	73	9	380000	油管	60.3	5	182000
	88.9	9	475000		73	5.5	245000
	88.9	11	565000		88.9	6.5	375000

<u>测卡仪测卡法</u>　被卡管柱卡点以上受到拉、扭时，在弹性范围内应变与应力成一定的线性关系，而卡点以下应力传递不到而无应变。卡点则位于有应变到无应变的显著变化部位。测卡仪能够精确地测出应变值并放大，直接将被卡管柱的深度准确显示到接收面板中，测出卡点深度。

（杨绍通　庞志学）

【<u>活动管柱解卡</u> releasing stuck by moving string 】　在管柱许用提升负荷内，不断反复上提和下放被卡管柱进行解卡的工艺。活动管柱解卡前应先测出<u>卡点</u>深度，并对卡点以上管柱逐段紧扣，尽可能使卡点以上管柱螺纹松紧程度一致。活动管柱时，如果小负荷活动有解卡显示就不宜再增大负荷。如果小负荷活动无效，可在管柱允许的抗拉负荷内适当增加，直到最大许用抗拉负荷。活动时应快速下放，使管柱急速回缩，给卡点以冲击力，有利于解卡。活动管柱时上提最大负荷不能超过提升设备、井架、游动系统、井下管柱及工具的安全负荷，保证施工安全；活动管柱解卡施工必须保证提升系统、井架、游动系统、指重表等重要部位性能完好，牢固可靠。活动解卡适用于各种管柱或落物卡。

（杨绍通　庞志学）

【<u>恢复循环解卡</u> releasing stuck by restorating circulation 】　通过液体压力或液体循环将井内堵塞物松动或循环洗出井筒，达到生产管柱解卡的工艺。

<u>憋压恢复循环</u>　憋压压力由小到大逐步增加，憋到一定压力后如果憋不通就立即放压。憋压、放压反复进行直到憋通。憋通后彻底循环洗井将砂、蜡、稠油洗出井筒，达到解卡的目的。

<u>冲管冲洗恢复循环</u>　下入冲管进行<u>冲砂</u>，一直冲到被卡管柱的底部，将油套环形空间的砂子全部冲出并进行彻底循环洗井达到解卡的目的；生产管柱蜡卡、稠油卡的油井，从油管内下入小直径的冲管，用高温热水长时间循环，待油套环形空间的蜡和稠油熔化后将蜡和稠油洗出井筒，实现解卡。

冲管最下端要有切口，用于冲击砂堵和防止憋泵。冲管直径的选择与油管直径有关。设计冲管时，必须考虑冲管直径与油管内径的配合及冲管自身的抗

拉强度。在浅井内，可下入同一直径冲管，在深井中，选择复合冲管组合，上部采用高强度冲管。

（杨绍通　庞志学）

【**诱喷法解卡** releasing stuck by inducing flowing】 当地层压力较高时，采用靠地层压力引起套管井喷，使部分砂子随油流带到地面而解卡。利用此方法时，井口控制必须灵活、好用，以防造成无控制井喷事故。

（许江文　石善志）

【**长期悬吊解卡** releasing stuck by long-term hanging】 通过上提管柱悬吊，给卡点以上管柱一定拉力解除卡钻的方法。

当判明井下卡钻原因是胶皮膨胀、胶皮块卡钻情况时，可利用胶皮受力后的蠕变性能，在井口给管柱一合适拉力，使胶皮卡点处受拉，在较长的时间内产生蠕变，而逐步解卡。施工过程中，应观察指重表悬重的变化，如悬重缓慢降低，则说明胶皮正在蠕变，可适当增加上提拉力，迫使蠕变继续，直至解卡。在观察指重表变化时要记录真实变化数值，要排除指重表因漏失等原因产生的假象。为了消除假象，可在井口做出方入标志，如果悬重下降，方入减少，则说明蠕变进行，可继续增大上提压力；反之，两者不能统一，则说明是指重表管线漏失下降的假象，排除漏失后方可增加上提拉力。这种方法适用于可发生弹性形变的小件落物卡。

（许江文　石善志）

【**震击解卡** releasing stuck by knocking】 使用震击类工具和管柱，通过在地面的操作，在卡点附近造成一定频率的震击，使被卡管柱解卡。常用管柱结构（自下而上）为：打捞工具+安全接头+震击器+配重钻铤+液体加速器+钻杆。打捞工具采用可退可倒扣式捞筒、捞矛。震击器根据情况选用上击器或下击器，也可上击器和下击器同时使用。同时使用时下击器在下，上击器在上（见震击工具）。

上击解卡　操作步骤：（1）下放钻具到指重表读数小于正常悬重10tf左右，使上击器关闭。上击器关闭过程，可在指重表上显示出来，指针会出现一段静止或回摆，说明上击器已经闭合；（2）上提钻具，一般比正常上提钻具的悬重多提20～30tf，刹住刹把，观察上击器震击瞬间，指重表指针来回摆动，井口可感到震动；（3）确定上击器能正常工作后，重复以上操作，使震击器反复震击，直到解卡。

下击解卡　操作步骤：（1）一般情况下，下击器在井下总是处于"打开"

的位置，需要下击时，司钻下放钻具，除去摩阻力外，压在下击器上的钻压要大于事先调节的震击吨位，然后刹住刹把，观察下击器工作，下击器震击瞬间，指重表的指针摆动，井口可感到震动。（2）需要再次下击时，首先要使下击器重新打开，即上提钻具，直到指重表上显示的悬重证明下击器已打开，再次下放重复步骤（1），直至解卡。

震击解卡适用于砂卡、化学堵剂卡、物件卡及套管损坏卡。

（石善志　杨绍通　庞志学）

【倒扣解卡 releasing stuck by backing-off】 井内管柱被卡，活动解卡无效时，采用机械或爆炸的原理将井内管柱分段或一次倒出井筒的作业，以分解卡点力量的辅助解卡工艺。倒扣的方法有机械倒扣和爆炸松扣两种。倒扣时，应找出卡点准确位置，上提管柱使中和点尽量靠近卡点，争取被卡管柱在卡点处倒开，以便将卡点以上管柱一次性全部取出。

该方法是在被卡管柱经过各种管柱解卡技术无效后一次取出卡点以上管柱的最好方法。其优点是施工时间短，成功率高，操作简单，成本低。

（许江文　石善志）

【机械倒扣解卡 releasing stuck by mechanical backing-off】 利用机械（转盘、动力钳等）动力对井筒内被卡管柱施以反向扭矩，倒扣取出卡点以上管柱。首先要测得卡点的准确深度；其次是自上而下将井内管柱逐段紧扣；最后，选好中和点进行机械倒扣。机械倒扣技术是修井作业中最常用的一种技术。其优点是不需增添设备，施工方便、实用、实施快捷，因而得到广泛应用。

中和点就是上提被卡管柱小于管柱重力时出现的既不受拉，又不受压的位置。中和点计算公式是：

$$L=P/q$$

式中：L 为中和点深度，m；P 为上提拉力，kN；q 为每米管柱在压井液中的重力，kN/m。

计算上提拉力时应根据井身情况，考虑被卡管柱与井身摩擦而附加一定的摩擦阻力。

（杨绍通　庞志学）

【爆炸松扣解卡 releasing stuck by explosion unscrewing】 在被卡钻具施加反向扭矩的情况下，利用炸药爆炸的瞬间振动作用使螺纹迅速倒开的解卡方法。爆炸松扣的关键问题是炸药用量。不同直径、不同壁厚的钻具，其用药量不同。

爆炸松扣操作步骤：（1）测准卡点后，先将管柱上紧，将测卡仪的爆炸杆对正卡点以上管柱的第一个接箍处；（2）按 330m 转动四分之三圈的经验数据反向旋转管柱（大直径的钻杆或套管或卡点距离地面较近时应适当减少转的圈数）；（3）用高电压、低电流的直流电源引爆，倒扣解卡。

（许江文　石善志）

【浸泡解卡 releasing stuck by soaking】 用解卡剂溶解堵塞物的解卡工艺。对卡点注入相溶的解卡剂，通过浸泡一定时间，将卡点堵塞物溶解的解卡方式。浸泡解卡适用于蜡卡、滤饼卡、水泥卡等。

（许江文　石善志）

【磨铣解卡 releasing stuck by milling】 利用磨铣工具，对卡点进行磨铣，以达到解除卡钻的井下工艺。磨铣解卡适用于打捞物在内、外打捞工具无法进入及其他工艺无法解卡时使用。常用于处理水泥卡钻事故。施工时，首先将水泥面上油管设法取出，然后用磨鞋磨去管柱和水泥环。磨铣时，磨鞋上部应接扶正器。磨铣一段时间后，应用磁铁打捞器或反循环打捞篮捞尽碎铁屑，然后再继续磨铣。

（许江文　石善志）

【套铣解卡 releasing stuck by workover】 旋转带套铣工具的钻柱，将油管与套管环形空间的卡钻物（砂、蜡、垢、稠油、落物、堵剂等）磨铣洗出井筒的解卡工艺。套铣解卡钻柱组合（自下而上）为：套铣鞋 + 套铣筒 + 钻杆。套铣鞋与套铣筒连接在一起称为套铣工具。套铣筒要求平直、无弯曲、无裂纹和无孔洞。套铣管柱应密封不漏。套铣解卡使用的洗井液应有所选择；砂卡、垢卡、落物卡和堵剂卡，用普通修井液；蜡卡、稠油卡用高温热水、清蜡剂和降黏剂。

（杨绍通　庞志学）

【管柱切割 string cutting】 将井内被卡管柱用机械或化学的切割方法割断并取出井筒的作业。当使用各种管柱解卡技术无效后，就需要尽可能地靠近卡点切割管柱，将卡点以上管柱取出井筒。常用的切割方法有聚能切割、化学切割和机械切割。

（杨绍通）

【聚能切割 jet cutting】 利用聚能切割弹爆炸后产生高温瞬间熔化、切割圆周方向的管壁，在被卡管柱预提拉力的作用下管柱断开，起出卡点以上管柱的切割解卡的工艺。又称爆炸切割解卡。聚能切割的主要优点是工艺简单，切割点准确，切口较为平整规则，省时省力；缺点是断口直径稍有扩大。

聚能切割技术适用于切割油管，尤其是切割卡点较深的油管。对钻杆，采用爆炸松扣技术无效的井也可采用此种技术。在施工中应注意切割位置要避开被切割管柱的接箍或接头。

（杨绍通）

【化学切割 chemical cutting】 利用化学喷射切割弹从管子内径切割套管或井筒内管柱的工艺。其原理是当化学喷射切割弹引爆后，高压气体使氟气与液氢混合，产生腐蚀性极强的氢氟酸，在高压下由切割弹圆周极小的喷孔喷射管壁，将管壁腐蚀切割，在被卡管柱预提拉力的作用下管柱断开，将卡点以上管柱取出来。化学切割与聚能切割相比，切割出来的断口平整，变形量小。缺点是成本较高。

（杨绍通）

【机械切割 mechanical cutting】 利用转盘驱动或水力驱动旋转切割刀，从内径将套管或井筒内被卡管柱进行切断的工艺。按驱动方式和对管体的作用部位不同，切割刀分为机械式内割刀和水力式外割刀。机械式内割刀从被卡管柱内孔进入，除管柱接箍或接头外，在管内壁任何部位都能进行井下切割，具有操作简单、切口平整的优点。水力式外割刀从被卡管柱本体外壁进行井下切割，但外径较大，被卡管柱外需有足够的空间，才能下至预计的切割处，并且通过被卡管柱的接箍时，很容易出问题，使用范围较小。

（杨绍通）

【注水泥 cementing】 根据不同井径的套管、衬（尾）管尺寸，通过计算，将一定量的水泥浆通过循环的方式顶替出压井液（钻井液），使水泥浆在环形空间（或井筒内）一定高度通过一定时间，与地层（或井壁）有一个相对稳定的环境逐步胶凝、凝固，使其凝结固化，封闭油水层及隔层，达到适应注采需要的目的。实质上注水泥的过程就是用水泥浆顶替井内压井液的过程。

新钻油水井固井，老区油水井由于生产层位调整，大修井下衬管、尾管后均需注水泥。注水泥工艺技术应用于油气水井井内形成新的人工井底，应用于套管、衬管、尾管形成能密封油、气、水层及隔层的人工井壁，从而满足注采需要。

注水泥方法有常规注水泥、分级注水泥、环隙法注水泥和尾管注水泥。应根据不同井况采用不同的方法。

（石善志　许江文）

【常规注水泥 conventional cementing】 将一定量水泥顶替到目的位置（井段）至管外预定的环形空间的一种注水泥施工工艺。常规注水泥法是注水泥的基本方法，其他注水泥工艺都是在此基础上发展衍生。其优点是施工简单，容易掌握。

（石善志　许江文）

【分级注水泥 multistage cementing】 针对水泥封固段长、地层压力系数较低的生产井，为防止固井过程中可能出现井漏，通过一种可打开可关闭的分级箍将一口井的注水泥作业分成二级或三级完成的注水泥工艺。

由于分级箍的不同和使用方法的不同，分级固井工艺可分为多种类型，按施工方式分类：非连续打开式、连续打开式、连续式注水泥式；按注水泥次数分类：双级注水泥工艺、三级注水泥工艺。

分级箍是分级注水泥井的专用工具，可分为机械式、液压式和机械压差双作用分级箍。机械式分级箍：该分级箍主要依靠重力塞打开循环来进行二级注水泥，在直井或井斜角小于25°的井中能起到很好的效果。液压式分级箍：该分级箍主要利用压差憋开循环孔，其打开压力相对较高，可用于任何井型。机械压差式分级箍：将上述两种作用集合于一体，其优点是当重力塞失效时，可直接憋压打开循环孔来完成注水泥作业，其适用性相对较广。

（石善志　许江文）

【环隙法注水泥 cementing by ring gap method】 在井眼与套管环形空间下小直径管柱进行注水泥工艺。多用在管外出油气水而与井内不连通的油水井及水源井，使水泥返高到地面封闭表层。

（石善志　许江文）

【尾管注水泥 liner cement】 油水井大修过程中，下衬（尾）管固井后由于上部需倒开且喇叭口处要试压，而形成的注水泥工艺技术。由于衬（尾）管与井眼环形间隙小，注水泥一方面要保证质量达到试压标准，另一方面上部钻具要起出，井筒内要不留或少留水泥浆，采用双挂钩胶塞能满足衬（尾）管注水泥工艺的需求。

（许江文　石善志）

【注水泥塞 cementing plug】 根据设计要求，将一定量的水泥浆循环替至套管或井眼的某一部位，使其形成满足注采需要的新的人工井底或满足工艺过程的临时封闭某井段的作业施工。又称注灰施工。

在油田井下作业中注水泥塞是常用的工艺技术之一。按其注水泥塞位置，可分为底水泥塞及悬空水泥塞两种。注水泥塞的目的：（1）在新开发井处理钻井过程中的井漏。（2）在开发井为了进行回采、找堵漏、找封窜、上部套管试压等隔开封闭某一层段。（3）堵塞报废井及回填枯竭层位。（4）提供薄壁套管等特殊井测试工具的承座基础。

注水泥塞方法主要有平衡法注水泥塞、倾筒法注水泥塞和双塞法注水泥塞。根据井内压力及施工工艺，又可分为循环注水泥塞和挤水泥塞及循环挤注水泥塞三种方法。

注水泥塞录取资料包括：（1）注灰管柱结构及下入深度，修井液密度；（2）管线试压时间及泵压，循环时间及泵压、排量，出口描述；（3）配制水泥浆时间，清水用量，水泥型号及用量，添加剂型号及用量，水泥浆密度及用量；（4）替水泥浆时间、水泥浆量、泵压、排量、替浆量、前后隔离液液量，出口描述；（5）提管柱时间、根数，管柱完成深度，反洗井时间、用液量、泵压、排量、出口描述，关井候凝时间；（6）探塞面时间、探塞面次数、负荷，塞面深度；（7）提管柱时间、根数，完成深度；（8）井筒试压方式、试压时间，泵压，试压结论。

（许江文　石善志）

【平衡法注水泥塞 cementing plug for balance method】 将干水泥、缓凝剂用清水在地面配制好，用水泥车顶替至预定深度的施工过程，保证井筒液柱平衡（不溢不漏）的注水泥塞施工方法。是现场常用的注水塞方法。

循环注水泥塞施工程序：（1）将注水泥管柱下至预计水泥塞底部以下0.5～2m并循环洗井到井内稳定。（2）按设计配制好水泥浆后按清洗液、水泥浆、隔离液、替置液顺序注入井内。（3）替置到注水泥浆管内外液压平衡，上提管鞋至设计水泥面以上2～3m反循环洗井，反洗出多余水泥浆。（4）起出部分或全部管柱、灌满压井液、候凝。

（许江文　石善志）

【倾筒法注水泥塞 cementing plug for dump bailer】 利用倾斜筒等工具将一定量水泥浆装入倾斜筒内，由电缆或钢丝绳送至注水泥深度，通过电流法和机械方法使倾筒开关打开，上提倾斜筒使水泥浆留在设计深度的工艺方法。

（许江文　石善志）

【双塞法注水泥塞 cementing plug for two-plug method】 双塞法与一次注水泥的双塞法固井相似，不同的是双塞在钻杆内，水泥浆在两塞之间，利用井口泵压突增判断水泥浆是否顶替出的工艺方法，其优点是可控制水泥浆回流。

（许江文　石善志）

【溢流井注水泥塞 cementing plug for overflow well】 针对有溢流的生产井进行

注水泥塞的施工工艺。可采用提高井筒内液柱压力平衡地层压力的方法和采用井口回压和井液液柱压力的方法（平推挤入法）完成注水泥。

提高井筒内液注压力的方法：（1）增大水泥浆密度和用量提高井内液柱压力，适用于有一定的层间距，且井口测压不超过 0.9MPa 的井，该方法操作简单，易实现。（2）使用压井液提高井内液柱压力。该方法适用范围广，但施工繁锁，隔离液用量、顶替要求准确。

平推挤入法：将管柱下至设计灰面以上 50~100m，坐好井口，正循环替水泥浆至管鞋，然后挤水泥至设计水泥浆高度，带压关井候凝，依靠关井后产生的反压力来平衡地层压力，从而完成注水泥塞施工。适用于所封层上部无其他生产层且上部套管完好、封堵层具有良好的吸水性。该种方法操作简单，但对套管、井口要求高，必须经试压合格，无刺漏。

（许江文　石善志）

【**漏失井注水泥塞** cementing plug for lost circulation well】针对有漏失的生产井进行注水泥塞的施工工艺。对漏失井进行注水泥塞封层，可通过优化注水泥工艺，一是采用填砂阻降法，采取填砂的方法将漏失层掩埋，然后进行注水泥；二是压力平衡法，在保持井筒压力平衡的状态下，采用倒灰筒倒水泥的方法进行封层。

填砂阻降法　从人工井底至待封层位以上 15m 之间填满建筑砂，人工建立低渗通道，降低水泥浆漏失速度，同时保证水泥浆不侵入待封层，保证一次注水泥的成功。工艺特点：受井筒内径限制程度小，重新打开已封层时冲砂存在一定难度，因为已封层位为漏失层。

压力平衡法　目前地层压力值 p 可折算为井筒内密度为 $1.0g/cm^3$、高度 h 的修井液（$p=\rho gh$），当井筒内修井液液体高度大于 h 时，井漏才会发生。故可以在井筒内压力平衡后（作业井液面为静液面）用倒水泥的方式进行封层。工艺特点：施工井段必须为直井段，且井筒完好程度要求高；对于一般漏失井都适用；设计水泥塞厚度为 10m，可分次倒水泥，大于 10m，可先倒水泥一次，待凝固后再按常规注水泥方式进行打水泥塞。

（许江文　石善志）

【**挤水泥** cementing】将水泥浆挤入环空间隙、地层裂缝或地层孔隙的作业。为具有修补固井质量差的井、封堵地层、修补有问题的套管井和井口挤一段水泥起到悬挂套管的作用。按挤入方法分为挤入法挤水泥、循环挤入法挤水泥和控制挤入法挤水泥；按挤封结构分有空井筒、钻具（油管）、封隔器等。

挤水泥的工艺方法较多，在确定具体施工方法时应综合考虑油层物性，挤封层段、位置、套管完好情况、井况等诸因素，有针对性地选择挤入法。

挤水泥时需用的水泥量与地层物性、生产历史、挤封目的、各种挤封井况等有关，应综合考虑。水泥浆用量根据挤封目的不同所选用公式各不相同。

挤水泥施工要求：（1）挤水泥过程中，最高压力不得超过套管抗挤强度的70%。（2）整个施工时间不得超过水泥初凝时间的70%。（3）挤水泥后需留水泥塞时应高于封堵井段30～50m或达到设计位置。（4）候凝时间24～48h。

📝 **推荐书目**

吴奇.井下作业监督[M].北京：石油工业出版社，2014.
聂海光，王新河.油气田井下作业修井工程[M].北京：石油工业出版社，2002.

（许江文　石善志）

【**挤入法挤水泥** cementing by squeezing】 在井口处于控制状态下，通过液体的一定挤入压力将水泥浆挤到目的层的方法。通常分为套管平推法挤水泥、油管（钻杆）挤入法挤水泥、单封隔器挤水泥法、双封隔器挤水泥法。

套管平推法挤水泥 井筒中无挤水泥管柱，利用生产井套管作为挤水泥的通道，将水泥浆从井口沿套管通道挤到目的位置的挤水泥方法。优点是施工简单、安全可靠。不足点是不能分层作业，套管壁上易留下水泥环。多用于油、气、水井上部套管损坏有漏失点，需封堵或因地质工程因素报废井的挤封。

油管（钻杆）挤入法挤水泥 利用油管（钻杆）作为挤入通道的挤水泥方法。将油管下到挤封井段设计位置，从油管注水泥浆直至挤入目的层。优点是挤入过程不动钻具，施工较简单，可反洗井，套管壁不会有大段残留水泥环。不足点是不能挤封中间层段的封堵或窜槽。适用于中深井作业，多用于中深井堵漏，封堵顶部水层，或与填砂、注水泥塞相结合，挤封油层顶部窜槽。

单封隔器挤水泥法 挤水泥管柱中使用一个封隔器来保护挤封层段以上层位或套管的挤水泥方法。将封隔器下至被保护套管以下而挤封层段以上，从油管注水泥浆直至挤入目的层。该方法井下结构简单，挤水泥针对性强，使非挤封层得到较好保护，避免了上部套管承受高压，做到了有目的挤封。适用挤封底部油层，与填砂、注水泥塞相配合可挤封层间窜槽、挤封高含水层，特别适用于上部套管有破漏井段的挤水泥作业，但往往需要进行填砂或注水泥塞施工而增大了作业工作量。

双封隔器挤水泥法 挤水泥管柱中使用两个封隔器来保护挤封层段上下两端的层位或套管的挤水泥方法。双封隔器挤水泥法，其下封隔器还可采用电桥或桥塞替代挤水泥塞或填砂作业，减少作业量。针对施工作业需要，利用双封隔器挤水泥可分层作业，有利于保护非挤封层，不足的是双封隔器挤水泥法对井况要求高。适用于油水井封窜及油层中部挤封作业。

（许江文 石善志）

【**循环挤入法挤水泥** cementing by circulating】 将一定数量的符合性能要求的水泥浆循环到设计位置，然后上提工具柱，再施加一定液体压力，使水泥浆进入目的层的挤水泥方法。多适用于井况较好，井筒内相对稳定的油水井作业。采用循环挤入法重点解决两方面的问题：第一，对挤封层段多，易单层突进的油、气、水层，采用循环挤入法能使水泥浆较均匀进入各挤封层，从而提高挤封效果。第二，对吸收量小，挤入压力高的层段，采用循环挤入法一方面能有效控制挤入压力，另一方面节约了水泥浆并达到挤封的目的。

（许江文 石善志）

【**控制挤入法挤水泥** cementing by controlling】 在井口采用井控装置与井下结构配套，使挤水泥前后即使是在活动钻具的情况下，井口与环形空间均受控的一种挤水泥方法。采用控制挤入法扩展了挤水泥工艺技术，特别对地层压力较高，砂埋油层的油水井可冲开出砂层后，有的放矢地进行防砂作业，从而进一步提高挤封效果。

（许江文 石善志）

【**特殊井挤水泥** cementing for special well】 针对薄壁套管井、高压高含水井、严重出砂井、低漏失井所采用的挤水泥方法。

　　薄壁套管井挤水泥 薄壁套管由于多为有缝管，承受压力低，加之注采过程油水的运移，受各种应力的影响极易变形破漏。因此薄壁套管挤水泥，解决挤封过程中套管承压问题是一个关键。为了解决承压问题，在对薄壁套管进行挤水泥作业时，应在挤封段以下注水泥，上部用封隔器保护上部套管或用双封隔器卡住挤封段。施工中采用低压挤注或循环挤入法，水泥浆加入一定添加剂，提高水泥浆流动性，降低水泥浆密度，以控制施工压力。一般压力控制在 10MPa 左右，施工完毕后，不能长时间憋压，应及时活动井内管柱并起出。

　　高压高含水与严重出砂井挤水泥 对高压高含水与严重出砂井挤水泥，除保证水泥浆进入目的层外，关键应有一个稳定的使水泥浆凝结固化的环境。由于受注水开发的影响，高压出水层有一个源远流长的水源。油层由于受水冲刷，胶结物被破坏又造成地层坍塌，严重出砂，地层亏空。因此多采用控制挤入法挤水泥，且考虑地层亏空，挤水泥前在管外填砂，垫稠钻井液或先挤部分水玻璃。在井控装置及管柱止回阀的配合下，满足了水泥有相对稳定的凝结硬化环境的条件，从而提高施工成功率。

低漏失井挤水泥　对地层致密、吸收量较小的漏失段挤封，一般采用循环挤入法挤水泥，既要保证水泥浆有效地进入地层，又要防止挤入压力过高挤毁套管。施工作业中将水泥浆密度控制在 1.7g/cm³ 左右（根据井深浅选择水泥类型，可采用低密度水泥）且加入部分减阻剂，将配制好的水泥浆循环到目的层顶替后，在一定泵压下挤入，漏失井段应留有水泥塞。

（许江文　石善志）

【钻塞 drilling-out of cement plugs】 利用钻具钻去井筒内的水泥塞或可钻式桥塞的作业。当油井需要下返回采、修井封窜、堵漏、挤水泥作业时，施工前或施工后都需要钻去井筒内多余的水泥塞或可钻式桥塞。

钻水泥塞施工要求：（1）钻头（磨鞋）下至距水泥塞面 5m 处开泵正循环，加压 5~10kN 开始钻磨，工作液用清水时，环空上返速度不小于 0.8m/s。（2）动力水龙头钻塞时，钻头（磨鞋）下至距离 5m 处开泵正循环，循环正常后启动动力水龙头，其转速正常后缓慢下放钻具，加压 7~15kN，转速控制在 40~60r/min，工作液用清水时，环空上返速度不小于 0.8m/s。（3）转盘钻水泥塞时，钻头（磨鞋）下至距离水泥塞面 5m 左右开泵正循环冲洗，循环正常后启动转盘，转盘旋转正常后缓慢下放钻具，加压 10~25kN，转速控制在 60~120r/min，工作液用清水时，环空上返速度不小于 0.8m/s。（4）每钻进 3~5m 划眼一次，接单根之前，循环不少于 15min。（5）钻至设计深度，应充分循环替出井内钻屑。（6）钻进无进尺时应停钻分析原因，采取合理措施。（7）钻塞后应下入刮削、通井工具，通刮至设计深度并彻底洗井，确保井内无残留水泥环。（8）钻塞井段为射开高压层时，应有防喷措施。

钻桥塞施工要求：（1）螺杆钻具钻桥塞时，管柱下放速度控制在 30m/min 以下，下至距塞面 50m 时，缓慢下放至悬重下降 10~20kN 探塞面，做标记，核实深度。上提管柱离塞面 1~2m，开泵循环以液体速度不小于 0.8m/s 进行冲洗，缓慢下放管柱，控制钻压 5~10kN，转速 60~100r/min，按设计要求钻除桥塞并将其残余部分捞出或推至井底。（2）动力水龙头钻桥塞时，管柱下放至距桥塞面 50m 时，缓慢下放探塞面，悬重下降 5kN 探塞面，作标记核实深度后，上提管柱离塞面 1~2m，开泵循环正常后，下放管柱，控制钻压 7~40kN，转速 80~100r/min，出口返液正常，直至钻铣达到设计要求。（3）转盘钻铣桥塞时，管柱下至距离桥塞面 50m 时，缓慢下放探塞面，悬重下降 5kN 探塞面，作标记核实实深度后，上提管柱离塞面 1~2m，开泵循环正常后，下放管柱，控制钻压 7~40kN，转速 80~100r/min，出口返液正常，直至钻铣达到设计要求。

（4）通井、洗井达到设计要求。

钻塞录取资料包括：（1）钻具名称、规范；（2）塞面深度；（3）泵压、排量、钻压、钻速；（4）钻塞时间、井段、进尺；（5）工作液名称、性质、用量、喷漏量；（6）洗出物描述（名称、颜色、粒度、数量）。

（许江文　石善志）

【套管损坏检测 casing damage detection】 用井下工具或测井仪器检测套管的损坏形态。套管技术状况检测是油水井套管损坏防治的重要措施。进行套管检测不仅有助于确定套管损坏的类型、损坏部位及程度，为修井措施的制定与实施提供切实的依据和必要可靠的技术数据。套管技术状况检测还可对井下套管损坏及产生和加速损坏的环境及原因进行研究分析，为采取预防措施提供科学依据。套损检测可分为机械检测和测井检测两种形式。

机械检测　通过使用井下机械工具的办法确定套管损坏形态的方法。主要采用通井规、印模检测（见套管内落物打印痕）、井筒试压检测等分析判断套管损坏程度、部位和形状。

印模法检测：利用专用管柱或钢丝绳下接印模类打印工具，对套管损坏程度、几何形状等进行打印，然后对打印出的印痕进行描绘、分析、判断，最后提出套管损坏部位的几何形状、尺寸、深度位置，为修井措施、修井施工设计提供必不可少的有效依据。印模法可适用于套管变形、错断、破裂等套损程度、深度位置的验证，井下落物鱼顶几何形状、尺寸及深度位置的核定，以及在作业、修井施工过程中临时需要查明套管技术状况等其他情况。印模法检测不受环境条件和井况的限制，随时可在修井施工过程中进行，对作业、修井队来说相对方便、快速，而且印证结论可及时在现场得到。因此印模法是目前得到广泛应用的套管损坏检测技术之一。

井筒试压检测：用双封隔器加节流器机械法试压找漏施工。参见套管找漏。

测井检测　利用专门的测井仪器检测套管的损坏形态。一般利用多臂井径仪测井、井壁声波成像测井和井下摄像电视测井等方式来检测套管损坏程度、部位和形状。

套管检测录取资料包括：（1）通井、打印资料录取；（2）套管试压管柱结构描述（包括封隔器名称、规格、型号、结构并画出示意图）；（3）井径测量情况（井段、井径、变形部位深度）；（4）井下电视测试情况（井段、变形部位深度、变形情况描述）；（5）测井情况（解释穿孔井段、怀疑严重腐蚀井段、井温测试异常井段）。

（张顶学　廖锐全　张景云）

【**套管找漏** leak detection of casing】 确定油气水井套管漏失位置的作业。套管质量差、螺纹不密封、受电化学腐蚀而穿孔、施工措施不当等均会造成套管漏失。常用的找漏方法有<u>套管试压找漏</u>、<u>工程测井找漏</u>、<u>静温梯度测试找漏</u>、<u>测流体电阻法找漏</u>、<u>木塞法找漏</u>、FD 找漏法、<u>井下电视成像找漏</u>等。

（蒋厚良　庞志学）

【**套管试压找漏** leak detection by casing pressure testing】 将封隔器及配套工具下入井内，利用封隔器将可能漏失的井段与产层分隔，根据找漏目的从油管或套管内打压，通过压力变化来确定套管漏失情况。又称封隔器找漏。套管试压找漏施工简单，结论准确可靠，成功率高，是一种有效的找漏方法。

套管试压找漏施工：下找漏管柱，管柱结构自下而上为底部球座、水力扩张式封隔器、定压阀、油管。将水力扩张式封隔器下至射孔段顶部以上，正循环液面至井口，投球堵死球座，关闭套管阀门，正打压至工作压力的 1.2 倍，若有漏失，则说明封隔器以上套管有漏失点。然后按黄金分割法优选封隔器坐封点，即封隔器深度乘以 0.618 得出第二次坐封点。重复打压，若无漏失，则说明封隔器以上套管无漏失，漏失点在两次封隔器之间，将两次封隔器深度之差乘以 0.618，得出第三次封隔器坐封点，若有漏失，则说明漏失点在第二次与第三次封隔器坐封点之间。再用双封隔器卡住漏失段，继续找漏，依此类推。用此方法继续测试漏失点，一般不超过 5～8 次就可以找到漏失点和漏失程度。

套管试压找漏录取资料包括：（1）找漏时间、次数、找漏方式；（2）工具名称、型号；（3）卡点深度，丝堵深度；（4）上提或加深管柱根数及长度；（5）泵压、稳压时间，压降值，漏失深度。

（张顶学　廖锐全）

【**工程测井找漏** leak detection by engineering logging】 多臂井径测试找漏技术。多臂井径成像仪主要利用触臂上提运动过程中内径改变量来反映套管现状的测井技术。内径改变量通过触臂传感器传输至测筒内压力杆轴上，然后模拟信号被转变成输出的电压信号或数字信号；在地面电脑人工操作下，完成对信号的编译和解码，最终计算出油管、套管内径的变化量，达到套管现状的检测目的。仪器同时带有定位仪，可以确定井斜角和方位角，多臂井径测试技术可录取套管最大内径、最小内径、剩余壁厚三个参数，可对套管的变形、腐蚀、破损等工况进行检测，可以定量解释。

（张顶学　廖锐全）

【静温梯度测试找漏 leak detection by static temperature gradient test】 测量井身剖面的温度变化趋势找到漏点。原理：在油井关井（或井口不出液）条件下，生产层一般无液体产出，此时井筒内压力和温度应保持相对平衡。如果存在套管损坏，套管损坏处地层流体与井内流体压力、温度场不同，发生套管渗漏和向产层倒灌，打破原有平衡，导致渗漏点压力上升、温度梯度下降，温度梯度在渗漏点会出现明显拐点。

（张顶学　廖锐全）

【流量法找漏 leak detection by flow method】 借鉴注水井分层测试工艺原理，施工时由地面连续向施工井内注水，在注水量恒定不变的前提下，自下而上用流量计测出各个设定点的流量。若套管未发生破裂、穿孔、错断等，上下层位所测的流量恒定不变；若相邻两点流量发生锐减，则在此区间内必然发生漏失，即可判定漏点的存在。

（张顶学　廖锐全）

【测流体电阻法找漏 leak detection by measuring fluid resistance】 利用井内两种不同电阻的流体，采用流体电阻仪测出不同液面电阻差值的界面，决定其漏失位置。

（张顶学　廖锐全）

【木塞法找漏 leak detection by wooden plug】 用一个比套管内径小 6～8mm 的木塞，木塞两端带有胶皮，且两端胶皮比套管内径大 4～6mm，把二者的组合体投入套管内，安装好井口后替挤清水作业，当木塞被推至破损点以下后，泵压下降，流体便从套管破损处排出管外，木塞因为压力减小而不再下行，停泵后测得的木塞深度，即为套管破漏位置。

（张顶学　廖锐全）

【封堵找漏 leak detection by plugging】 施工时只需要适合套管尺寸的堵塞器或皮碗封隔器，提放式开关，井口坐封有封井器或防喷器即可，将油层以上套管当作液缸，堵塞器或皮碗封隔器作为活塞，防喷器或封井器密封环空，根据液体不可压缩的原理，通过堵塞器（皮碗封隔器）在套管内的往复运动，从套管、油管压力表的压力值的变化来判别和计算漏失量和漏失深度。

（张顶学　廖锐全）

【井下电视成像找漏 borehole televiewer for leakage】 井下摄影机所摄取到的图像经井下仪器内电子系统处理存储、频率转换，将原图像改变成适宜电缆传输的数码信号，沿电缆传递至地面仪器，地面接收器接收、处理复原为模拟视像信号，最后录制并打印。

（张顶学　廖锐全）

【**套管堵漏** sealing of casing】　对已找到套管漏失位置的井进行的堵漏作业。各种因素造成的套管破漏均会影响油井正常生产。因此要恢复油井正常生产必须堵漏。堵漏前应确定漏失的类型、漏失位置、漏失压力和漏失量，以便于确定堵漏方法和提高施工效率。堵漏方法有挤水泥堵漏和综合化学堵漏剂堵漏。

挤水泥堵漏　利用液体压力挤入一定规格、数量的水泥浆，使之进入地层缝隙或多孔地带、套管外空洞、破漏处等目的层，达到在地层或地层与套管之间形成密封带，以承受各种压力，满足油井、气井、水井注采需要及生产措施的一种工艺技术。

综合化学堵漏剂堵漏　在挤水泥浆基础上加速凝剂或填砂堵漏等措施的堵漏方法。堵漏成功的关键取决于堵剂在套管破漏处管外的运动状态。堵剂在破漏管外流动时，没有将破漏处管外的环形断面均匀灌注，而在破漏处管外呈舌状推进是造成封堵失败的主要原因，因此改变堵剂的反应速度，改变堵剂在破漏管外的流向，可以提高封堵效率。

自验封双封隔器卡堵　在套管漏失井段下入自验封双封隔器堵漏管柱（自验封封隔器+油管+自验封封隔器），上封隔器下至漏失井段上部位置，下封隔器下至漏失井段下部，中间使用油管连接，达到封堵套管漏失井段的目的。自验封双封隔器的使用，实现了液压双封隔器管柱下封隔器自行验封的功能，较大提高了超深井封堵效果。

（张顶学　廖锐全　蒋厚良）

【**套管修复** casing repair】　对井筒套管损坏部位进行修复的作业。目的是恢复破损套管的承压功能和井筒通道的畅通，满足生产需要。修复方法主要有套管整形、套管加固、套管补贴和取换套管4种。

套管的损坏程度不同所采取的修复方法有所不同。对套管的变形缩径，采用套管整形工艺；当套管轻微弯曲、穿孔、破裂等漏失影响正常生产时，采用套管加固的方法修复，恢复生产；对套管的变形缩径较大及管体错断的套管损坏，通过套管磨铣整形和套管加固或套管补贴的方法恢复正常生产；对于套管严重损坏，采用取换套管的方法修复。爆炸整形技术、各种加固技术和各种补贴技术的采用，是损坏套管得以修复的主要手段，而油井、气井、水井取换套管技术是套管修复最彻底的手段。

（张景云）

【套管整形 casing reshaping】 利用各种技术措施对弯曲、缩颈套管进行整形修理的作业。目的是恢复套管使用功能，满足油井、水井、气井生产需要。按施工方法分为胀管器整形、套管爆炸整形和套管磨铣整形。套管变形缩径后，首先选用胀管器整形修复。使用胀管器的优点是不需剔除套管内壁的金属，使修复好的套管强度可以得到较大限度的保证。当套管有较大变形缩径时，用套管爆炸整形后再用胀管器整形修复。当胀管器整形达不到目的时，应考虑使用套管磨铣整形修复。

（张景云　庞志学）

【胀管器整形 casing reshaping by pipe expander】 利用直径大于套管变形最小通径的胀管器做冲击胀头，利用全井管柱的动能对套管的变形部位进行多次冲击或旋转、挤压使其膨胀，把套管被挤小的变径重新撑开，达到正常套管内通径尺寸，从而达到扩大内通径的目的。按施工方法分为冲胀法整形、旋转碾压法整形和旋转震击法整形。

冲胀法整形　梨形胀管器上接配重钻铤，通过钻柱的快速下放，对套管缩径部位猛烈冲击整形。梨形胀管器底部为锥状斜面，这个斜面由胀管器的高速下冲产生侧向分力，实现对缩径套管壁的挤压冲击。

旋转碾压法整形　采用的工具是偏心辊子整形器或三锥辊子整形器。这两种工具也是靠对缩径部位的挤胀完成整形。采用这两种辊子整形器的操作方法是用转盘驱动钻柱带动整形器旋转，整形器对套管的缩径部位做连续不断的敲击碾压，最终使该缩径部位达到所需的扩径要求。

旋转震击法整形　利用转盘驱动钻柱旋转，带动一个旋转震击式胀管器转动，该胀管器的整形头端为一个螺旋曲面，该曲面被等分为三个高低不同的台面。钻柱每旋转一周，工具的锤体对整形头产生三次冲击。而整形头也对套管缩径部位产生三次挤胀，最终使套管缩径部位得到扩张恢复。胀管器上部连接刚性钻铤会加强工作中的冲击能力，使整形效果更加显著。为了避免使用胀管器时发生卡钻事故，钻铤上部应连接震击器以便及时对卡钻事故进行处理。（见套管整形工具）

胀管器整形特点：（1）施工周期短、修复费用低廉。（2）操作比较简单、对设备能力和工人的操作技能的要求比较低，仅用普通的施工作业设备和简单工具经多次分级起下胀管器便可打开通道、完成整形，对全井的任意井段均可修复。（3）对套管变形类型及特点有一定的要求，适用于普通大通径（一般套管变形后的最小通径大于100mm）、短变形段的套管变形井的修复。（4）这种修复工艺只能解决最简单的套管变形问题，无法解决变形井段较长及套损比较复杂的井况，如套管腐蚀穿孔的井段。（5）有时也会产生更严重的套管损伤，例如套管破裂、密封失效等。

胀管器整形录取资料包括：（1）胀管器名称、规格、型号；（2）下胀管器管柱结构、管柱遇阻深度、通胀次数；（3）通胀过程中指重表显示；（4）钻压、扭矩、蹩跳情况；（5）修复后检验情况。

（张顶学　廖锐全　张景云　庞志学）

【**套管爆炸整形** casing reshaping by casing explosion】 利用炸药爆炸瞬间产生的高压气体的冲击压力使井筒内套管的缩径部位做径向扩张，以达到生产管柱能畅通下入井内的目的。适用于套管变形后通径较小，用胀管器、磨铣类机械整形工具难以修复的情况。

爆炸整形效果取决于药性和药量的计算。而药性和药量的选择又以套管变形部位套管能通过的最小直径为依据，保证药柱能下入套管损坏部位，使套管的内缩部位得以扩张。

套管爆炸整形资料录取包括：（1）下药管柱深度、用药量、爆炸情况描述；（2）套管修复后检验方式；（3）爆炸整形结论。

（张景云　庞志学）

【**套管磨铣整形** casing reshaping by milling】 在井筒内利用铣锥、铣鞋等磨铣工具对缩径部位的套管内壁进行切削、磨铣，使该部位套管内径扩大，以达到生产管柱能顺畅下入井内的目的。这种方法在胀管器不能完成套管整形时采用，铣锥连接在钻具的下端，通过转盘带动方钻杆驱动井内钻具旋转，铣锥对套管缩径部位做旋转切削，边旋转边施加钻压切削缩颈套管（也称段铣），缩径部位不断被扩大，被切削的铁屑被洗井液循环出井口。在磨铣过程中要保证铣锥不偏离套管轴线，磨铣钻具要接入钻铤及扶正器，防止偏离原井眼，造成整形失败。磨铣整形时如果磨穿生产套管，应经过套管内衬或套管补贴将损坏套管修复好。

（张景云　庞志学）

【**套管加固** casing reinforcement】 在套管的漏失井段采用内衬或外衬一定规格的管子或管类工具，并使加固管支撑于漏失部位达到密封的作业。分为套管内衬加固和套管外衬加固等。套管加固修复的实施要求是：套管损坏部位径向变化小，损坏部位套管上下轴线对中。当套管损坏部位不能满足加固修复的要求时，应对其先行整形。套管加固中的内衬管与套管间的密封充填物可以是水泥、树脂和其他充填材料，而外衬管与套管间的密封充填物一般只是水泥浆。内衬管的使用深度在井内没有限制，而外衬管的使用只限于距井口较近的部位。套管加固修复技术大部分采用的是内衬方法。

（张景云　盛江庆）

【**套管内衬加固** casing reinforcement by internal lining】将符合技术规范要求的管材置于套管损坏部位内部，使该管体对套管损坏部位实现有效的覆盖支撑和密封，防止套管损坏部位再度变形损坏的作业。内衬加固修复主要有水泥浆充填内衬加固、筛管内衬加固、丢手封隔器内衬加固等形式。

内衬加固方法的主要特点：（1）用于套管损坏井段位置比较深的套管损坏井的修复，能够将破损的套管井段及套管损坏部位以下井段全部封堵，能够充分利用该井段以上部位的套管和井孔。（2）能够修复套管有漏点的井或多点套管损坏的井，如套管破裂、错断或腐蚀穿孔的井，并可实现长井段修复或连续套管损坏井段的修复。（3）对设备能力和操作人员技术水平的要求适中，用简单的水泥车配合普通的作业设备即可完成加固工作，之后须利用固井和射孔设备。（4）加固器部位以下产生缩径井段，修复后该井须使用特殊的小直径工具生产作业。（5）对于修复浅井部位时修复费用较高。如果利用此办法修复油井、水井上段套管损坏，则由于小套管材料费和全井固井费用、后期射孔与作业等费用的增加而变得昂贵。（6）对在生产油层以上部位开始衬管加固的套管损坏损坏井，修复后由于缩径影响产量。（7）对于套管损坏部位内通径小于衬管最大外径的井况，修复工作较为复杂和困难。

水泥浆充填内衬加固　用可钻丢手悬挂器下接内衬管，下至欲加固部位，坐挂后在内衬管与套管间注入水泥浆，再投球使输送管柱与悬挂装置脱手，上提管柱，反洗井，候凝，再下钻头钻穿加固管内水泥塞，使井筒畅通。衬管与套管间的密封情况应经试压、验窜检验合格。这种方法悬挂器内径较小，影响各种作业实施。

筛管内衬加固　当油层射孔段出现套管破裂损坏时，可以对油层部位下入筛管内衬。筛管底部用盲管或卡瓦支撑，筛管上部连接有左旋螺纹接头，可以倒扣脱手。这种方法只能解决内衬加固问题，不能解决密封问题。

丢手封隔器内衬加固　对套管损坏部位下一个丢手封隔器下部带内衬管，使其内衬于套管损坏点。这种方法既缩小井筒内径又不能解决密封问题，使用的局限性较大。

（石善志　许江文　张景云　盛江庆）

【**套管外衬加固** casing reinforcement by outer lining】将内径大于油水井套管接箍外径的管体外套于套管损坏部位，使其覆盖于套管损坏井段，并在外衬管与损坏套管之间注入水泥浆达到密封试压标准，以保证油水井正常生产的作业。

套管外衬加固修复技术常常要经过对原套管外部套铣后才能实现。适用于套管损坏较浅的油水井。最大优点是原套管损坏处被修复后，内径不变小，利于以后各项油水井措施的实施。缺点是施工相对复杂，当修复后，若该部位附近再度发生套管损坏而需要换套管时，使取套工作难以进行。

（张景云　盛江庆）

【套管不密封加固 casing reinforcement by unsealing】 加固管上连接丢手接头和加固器，投送管柱将加固管和加固器送至已扩径的套管损坏井段后，投球打压，使加固器中的防掉防顶卡瓦张开，紧紧咬住套管内壁，同时丢手接头在压力作用下脱开，可与投送管柱一起起出，加固管和加固器则留在加固井段中，起到对套变点加固作用的作业。

（石善志　许江文）

【套管液压密封加固 casing reinforcement by hydraulic seal】 地面泵车提供的压力通过加固器工具内的导压孔作用于活塞上，使活塞向上移动，缸体相对向下移动，产生两个大小相等、方向相反的作用力，推动上下胀头工作，将加固管两端的特制胀体挤贴到套管完好处，上提管柱剪断连接套，使管柱与加固管脱离，完成丢手，达到密封加固目的的作业。

（石善志　许江文）

【套管燃气动力加固 casing reinforcement by gas-fired power】 利用加固器端部的锥体使加固管端部的锚体扩径，完成密封加固的作业，加固管本身内径不变。原理是利用气缸内的火药燃烧产生的高温高压气体作动力，气体推动活塞运动，活塞带动中心拉杆与活塞外缸套做上下相对运动，拉杆与缸套的轴向力转换为锚体的径向力，在极短的时间内，使锚体由弹性变形向永久塑性变形转变，达到锚体与套管过盈配合，实现密封加固。

（石善志　许江文）

【套管补贴 casing patching】 在井筒内将符合技术规范的特殊管材下至套管损坏部位，通过机械力或爆炸力的作用，使管材紧密贴附在损坏套管处的内壁上，达到试压标准，满足恢复生产需要的工艺技术。适用于生产井内的套管部分损坏或误射孔造成出水的油井。常用的套管补贴技术有套管爆炸补贴、波纹管补贴、软金属衬管补贴和膨胀管补贴。

套管补贴要求套管在损坏部位上下轴线对中，不得有偏离。套管损坏点上部套管无缩径、无弯曲变形，套管内径从上到下，包括套管损坏部位内径要满足补贴工具的顺利通过。套管补贴在实施前要用长于补贴管 1~2m 的通井规通井。要对补贴部位及上部套管进行清蜡、除垢和对补贴部位进行反复刮削。

套管补贴录取资料包括：（1）通井、刮削、洗井资料录取；（2）波纹管规格、补贴管串结构及各部位深度；（3）加长杆、胀头、安全接头等工具规格、型号，补贴井段；（4）憋压次数、泵压、时间；（5）黏合固化时间；（6）补贴后试压情况：泵压、时间、吸收量、液体性质。

套管补贴自 20 世纪 70 年代初以后被中国各大油田应用，在技术实施的过程中对该工艺技术不断改进，逐渐向高强度和长井段补贴发展，成为一项具有特色的套管损坏井的修复技术。

（张景云　曾凡芝）

【**套管爆炸补贴** casing patching by explosion】 在井筒内利用爆炸产生的高压气体，直接胀压金属衬管补贴损坏套管的一种套管补贴技术。把预先装好炸药的补贴工具下至套管补贴位置的金属衬管内，引爆炸药产生高压、高温气体，使衬管的密封部位与损坏处套管紧密接触，实现密封粘贴或利用爆炸产生的高压气体作机械传动动力，推动金属胀头使内衬管膨胀与损坏处套管紧密粘接在一起。爆炸补贴修复技术按补贴管与套管的粘接方式，分为爆炸挤压粘接式和爆炸挤压类焊接式。

爆炸挤压粘接式　通过火药爆炸产生的高压气体推动活塞运动，使胀头压缩补贴管的软金属，实现补贴及补贴后的密封。粘接材料一般是软金属（铜或铅）。

爆炸挤压类焊接式　通过瞬间产生的两次爆炸完成补贴。第一次爆炸产生的高压气体排出补贴管与套管环形空间的液体，使之形成气体环状段塞，为焊接提供了实施的环境。第二次爆炸骤然发生，产生的高温高压气体使补贴管外表皮及套管内表皮的金属氧化膜被剥离，形成了两个新鲜的金属层面并牢牢的粘接在一起，称为类焊接。它是无粘接材料的补贴。它的密封性靠的是补贴管与套管的撞击粘合。这种补贴是两层新鲜金属面的紧密结合，它们之间的密封性是比较可靠的。

（张景云　盛江庆）

【**波纹管补贴** corrugated pipe patching】 用波纹管补贴井下损坏套管的一种套管补贴技术。用波纹管补贴工具（见图 1）将横截面为多瓣花状的波纹管（见图 2）下至井筒套管的补贴位置，通过地面提供的液压使井下波纹管补贴工具的水力锚与套管锚定，同时高压液体进入活塞底部，使活塞上行并带动活塞拉杆、拉伸管上行，迫使刚性胀头和弹性胀头向上移动，使波纹管径向胀大，变为圆柱形管体并紧密贴于套管内壁，覆盖套管损坏处。补贴管与套管间的密封靠补贴管外侧的树脂材料实现。

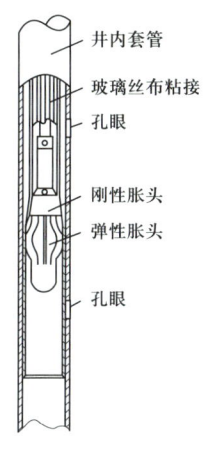

图 1　套管补贴

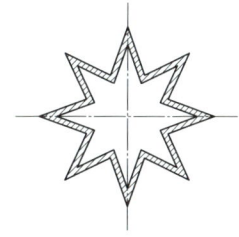

图 2　波纹管断面示意图

波纹管补贴工具由三部分组成：一是锚定部分。它依靠压力使锚牙锚定在套管内壁上，保证液压伸缩工具的上部固定。二是液压伸缩工具部分。它利用地面泵注入液体产生向上的拉力，拉动弹性胀头，使波纹管胀开，并使胀头脱出。三是波纹管部分。为了将补贴管顺利下入补贴位置，特将补贴管压成波纹形态以缩小外径。在波纹管外壁涂有树脂类密封材料，补贴施工完毕后，波纹管与套管粘接在一起，覆盖套管损坏处而留在井内。

波纹管补贴所使用的管材厚度较小，补贴后较其他修复方法所形成的内径大。但补贴管厚度较小，比原套管的承压强度低。适用于不缩径不弯曲的套管。现场一般用于套管腐蚀穿孔和套管误射孔眼的补贴。波纹管补贴是在原套管内加了一层材料贴在套管内壁上，在起下作业时有可能会撞坏波纹管的上端或下端台阶。

（张景云）

【**软金属衬管补贴** soft metal liner patching】　利用液压将两端带有软金属的补贴管膨胀粘接在损坏套管上的一种套管补贴技术。用补贴工具（见图）将补贴管下入井内预定补贴位置，然后利用液压使液缸推动上、下两个刚性胀头向中间移动，当锥体胀头大端挤压衬管两端的软金属密封体胀大密封固定在套管上时，刚性圆锥体胀头停止运动，继续提高压力使液缸推动力将拉断套拉断丢手，实现对套管的密封补贴。

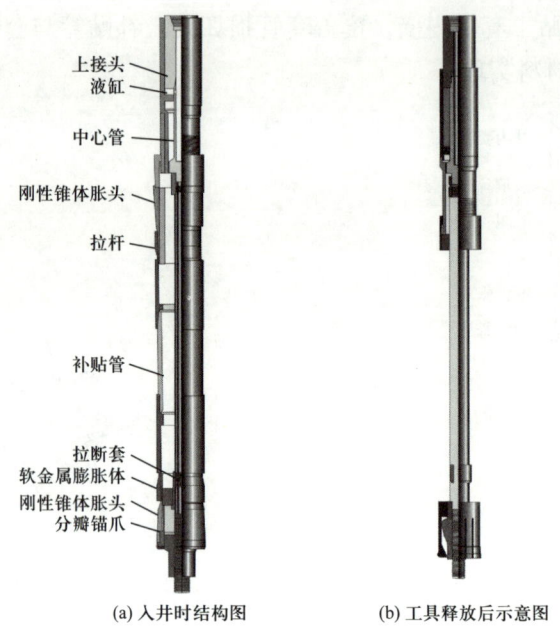

(a) 入井时结构图　　(b) 工具释放后示意图

液压衬管补贴工具

　　补贴工具由液压动力机构、锚定补贴机构和丢手机构三大部分组成。液压动力机构主要包括活塞、缸体、中心管等部件。锚定补贴机构主要包括上、下刚性锥体胀头、补贴管，上、下软金属密封膨胀体等部分。丢手机构包括拉杆、拉断套、分瓣锚爪等部件。补贴管一般使用比损坏套管内径小 10mm 以上的小套管，软金属材料选用铅、低碳钢及记忆金属等，较多选用低碳钢。一般用于套管外漏型破损井和套管错断经扶正后上、下轴线可以对中井的套管补贴，还可以用于为解决井内层间矛盾的调整性套管补贴，用于封堵高含水层。软金属衬管补贴工艺具有施工简单、成功率较高、补贴部位强度高等优点，但补贴后内径变小。

（张景云　曾凡芝）

【膨胀管补贴　bulged tube patching】　利用液压或机械力使可膨胀的直缝钢管膨胀粘贴在损坏套管上的一种套管补贴技术。对套管损坏井段进行整形或磨铣处理，尽可能恢复套管通径，用油管将膨胀管管柱下至需补贴加固的井段，在地面用高压泵向油管内打压，当达到一定压力后，膨胀锥下部的高压液体作用于膨胀锥底面，驱动膨胀锥上行胀大膨胀管，当膨胀锥上行至膨胀管上端时，油管、套管连通，泵压下降，膨胀管完成整体膨胀，紧贴于套管，使膨胀管两端的密封圈与套管形成密封，锚定力可达 350kN。然后起出油管、钻掉膨胀管柱下丝堵，完成修复套管工序。

补贴工具由下丝堵、膨胀锥、连接杆、膨胀管、密封圈、油管、打压接头等部分组成，见图。

作业技术要求为：（1）对错断、破裂、缩径的套管进行磨铣扩径，尽可能恢复原套管通径。（2）用刮削器刮铣补贴井段，刮削至起下时悬重无变化为合格。（3）模拟通井，用直径大于或等于膨胀管直径，长度比膨胀管长的通井规进行通井，保证膨胀管顺利下入；膨胀管下端外径较大，一般小于损坏套管内径2.6～3.5mm。（4）入井油管要有足够的承压强度，上紧螺纹。（5）补贴完成后要钻掉下丝堵，并对膨胀管上端进行修口，钻丝堵和修口一次完成。其钻柱结构为磨鞋＋钻杆＋上修口器＋钻杆，磨鞋至上修口器的距离要大于膨胀管的长度。

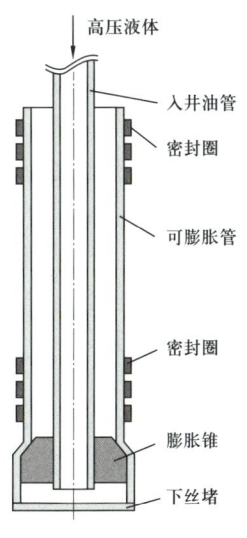

膨胀套管补贴工具

一般用于套管外漏型破损井和套管错断经扶正后上、下轴线对中井的套管补贴，还可用于为解决井内层间矛盾的调整性套管补贴。这种补贴工艺施工简单，成功率较高，内通径大，密封可靠且机械强度高。

（张景云　曾凡芝）

【取换套管 pulling out and exchanging the damaged casing】 利用套铣的方法取出井下损坏的套管，并更换成合格套管的作业。将已损坏的套管取出并下入合格套管后，应利用套管补接技术将下入的合格套管与井内剩余套管对接起来。适用于套管严重变形、套管破裂和套管错断井的修复，是一种彻底修复套管的办法。

取换套管修井工艺一般包括整形、保鱼头、示踪加固、取换套管四个步骤。整形是为打开套管通道及下部施工做准备的，套管整形分为机械整形和燃爆整形两种工艺。保鱼头是取换套管修井的关键。示踪加固是在整形施工后下入衬管，保证套管变形点上下套管形成一体，为下部取换套管施工创造条件。取换套管是利用套铣钻头、套铣筒、套铣方钻杆等配套钻具，应用合理的钻压、转速、排量等施工参数，对损坏的套管进行适时切割、取套，完成对套管外水泥帽、水泥环、岩壁及扶正器的分段套铣，取出套损的套管，下入新套管串补接或对扣并完井。

取套换套修复方法的特点：（1）适用于套损井段位置比较深的套损井的修

复，能够将破损的套管井段及套损部位以下井段全部封堵报废，能够充分利用该井段以上部位的套管和井孔。(2)能够修复套管有漏点或多点套损的井，如套管破裂、错断或腐蚀穿孔的井，并可实现长井段修复或连续套损井段的修复。(3)能够解决大部分的套损井修复问题，在限定范围内对各种类型的套损井均可利用该工艺修复，并且修复率较高。(4)对设备能力和操作人员技术水平的要求较高，需要提供大扭矩的修井设备、固井设备及一系列的配套设施，要求现场技术人员和操作工人有一定的技术水平和丰富的经验。(5)修复费用昂贵，由于该项工艺施工过程比较复杂，因此必然造成修复成本的提高。

取换套录取资料包括：(1)外套铣管柱结构；(2)外套铣鞋名称、规格、型号，外套铣深度、外套铣施工参数（钻压、泵压、转速）；(3)套管倒扣上提载荷，倒扣显示，倒出套管根数，每根长度和总长度，新换套管底部引鞋规格；(4)对扣加压载荷，对扣圈数和试提显示，对扣后套管试压情况（试压管串结构、泵压、时间、吸收量、液体名称和密度）；(5)新的油补距和套补距数据。

（石善志　许江文）

【**套铣取套** casing pulling by milling】利用套铣工具，对原井套管进行外套铣，并在套铣筒内将套管取出的作业。套铣套管其实就是套铣套管外水泥帽、水泥环及岩壁扩径，使套管被套铣干净完全裸露出来，有利于被切割取出或倒扣取出，为下一步新套管串的下入创造良好的井眼通道。套铣的施工步骤包括套铣管外水泥帽、加深套铣无水泥封固井段（即岩壁扩刮井段）、适时取套、套铣水泥环（水泥封固井段）等项内容。取套的方法分为切割打捞取套和倒扣取套两种。

切割打捞取套 利用机械切割或爆炸切割的方法对被套铣一定深度的套管进行切割，并同时打捞出已切割套管的工艺。

(1)爆炸切割。将炸药用电缆下入套管内，经过磁定位校深，在预计深度对套管进行切割，起出电缆，下钻杆带捞矛捞住套管，捞出割断的套管。

(2)机械切割。利用机械式内割刀与套管捞矛组成的标准组合管柱，对套管进行切割并同时捞出。管柱结构（自下而上）为：机械式内割刀+套管打捞矛+配重钻铤+开式下击器+钻杆+方钻杆。

倒扣取套 利用套铣管串套铣到一定深度后，下入反扣钻杆底带套管倒扣捞矛，抓住套管后上提一定负荷，启动转盘倒开套管螺纹，将套管取出的工艺。管柱结构（自下而上）为：倒扣打捞矛+反扣钻杆+下接头为左旋螺纹的方钻杆。

在全部套铣取套过程中，切割取套和倒扣取套都应在套铣筒内完成，始终保证被套铣的套管鱼顶不被丢掉。

（石善志　许江文　张景云　盛庆江）

【**套管补接** casing repair】 取出损坏套管后，应下入底带连接工具完好的套管与井内套管密封连接。套管对接方法有套管对扣对接、密封式套管补接器补接和铅封注水泥式套管补接器补接三种方法。

　　套管对扣对接　在下入的完好套管的底部带对扣接头，到位后与井内套管螺纹旋紧连接。一般在井内套管螺纹完好的井内使用。

　　密封式套管补接器补接　下入完好套管，底部连接密封式套管补接器，当补接器临近井下套管鱼顶时，缓慢下放并转动管柱，使井下套管鱼顶进入补接器内，顶出密封圈保护套。鱼顶顶住上接头，密封圈双唇张开，实现套管密封封隔，上提套管管柱，使补接器内卡瓦卡紧井内套管鱼顶。对补接套管试压合格后起出套铣筒，并完成井口部位对井内套管的悬挂支撑，完成修复作业。

　　铅封注水泥式套管补接器补接　下入完好套管，下接铅封注水泥式套管补接器，当补接器临近井下剩余套管顶部时，缓慢下放并旋转管柱，井下剩余套管顶部完全进入抓捞卡瓦内后，井下套管被捞住。上提套管柱，压缩铅封实现密封。补接后起出套铣筒，然后缓慢下放套管柱，使补接器受压70～90kN，打开注水泥的循环通道进行固井。候凝完后，完成井口部位对井内套管的悬挂支撑，完成修复作业。特点是结构复杂，操作繁琐，而且需要固井、钻水泥塞等施工程序，施工费用高。

（张景云　盛庆江）

【**打通道** opening channel】 使错断、严重变形的套管有通径或扩大套管通径的工艺技术。打通道工序可分为找通道、扩通道和校直通道三个阶段。这种技术适用于常规整形技术无法修复的套管损坏井，分为锥铣打通道、凹磨打通道、笔尖打通道、聚能切割打通道、锻铣打通道。

（赵　勇　廖锐全）

【**侧钻** sidetrack drilling】 在井筒的某个预定井段通过一定措施侧向偏离原井眼，另钻出新井眼的工艺。侧钻分套管内开窗侧钻与裸眼侧钻。

（石善志　许江文）

【**套管内侧钻** sidetracking through casing】 在套管井内对选定深度的套管开窗或磨铣掉适当长度的套管，然后通过此处向套管外侧钻，并进行完井的整个作业过程。

主要工序有套管开窗或套管锻铣、裸眼钻进、定向钻进、侧钻完井。现场已将套管内侧钻应用于大修作业。

套管内侧钻作业适用于：（1）因油层部位套管损坏严重而不能生产的井；（2）因油层坍塌砂埋而不能生产的井；（3）因油层部位或油层上方附近机械物堵塞又无法捞出而不能生产的井；（4）用于完善井网、层系，起到更新井、调整井的作用。

套管内侧钻可以充分利用老井窗口以上井眼和套管，以及地面生产设施，提高经济效益。套管内侧钻的关键技术有定位开窗、定向斜井、随钻测斜等。

（张景云）

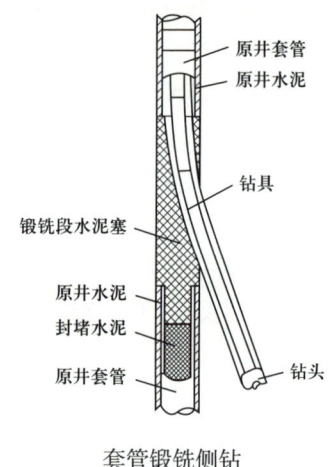

套管锻铣侧钻

【套管锻铣 casing mill】用水力锻铣工具将设计深度的一段套管切割磨铣掉，形成裸眼井段的作业。目的是为下步侧钻提供由套管进入地层的通道。一般要求被铣掉的这一段套管长度为15~20m。套管锻铣侧钻见图。

锻铣工具（装有3片铣刀，铣刀可以开合，既有侧刃又有底刃）下至设计深度后，开泵循环并逐步升压，该工具在升压过程中刀片张开。最初的工作状态是定点磨铣，刀片的侧刃紧贴套管。通过旋转切削，套管壁不断变薄直到铣穿套管，这时定点磨铣过程结束，开始下放钻具加压磨铣。加压磨铣时刀片的底刃对套管进行切削。随着钻具的不断下放，被磨掉的套管长度不断加大，直至达到设计要求的锻铣长度。

套管锻铣的优点是下井工具简单，操作简便，适用于各种套管尺寸，下井工具成本低，套管锻铣部位对以后的钻井、完井作业无妨碍。缺点是作业时间长、套管切削量很大，对高强度套管、深井及高温井效果较差。

（张景云 曾凡芝）

【套管开窗 window cutting on casing】在设计深度的套管侧面磨铣出一个椭圆形孔眼的作业。目的是为下步侧钻提供由套管进入地层的通道。工艺过程是下入带铣锥的钻具，在动力的驱动下，铣锥进行加压旋转，沿着导斜器斜面切削套管内壁，直至套管侧面铣出一个椭圆形孔眼（见图）。开窗作业时铣锥在加压旋转中，切削导斜器斜面的同时，靠导斜器斜面将铣锥推向套管，切削套管内壁，达到开窗的目的。套管开窗分为定向开窗和非定向开窗。

开窗录取资料包括：（1）开窗或修窗工具名称、规格型号；（2）磨铣导斜面上凸起时间、参数（泵压、钻压、排量、转速、进尺）、修井液名称、密度、黏度；（3）开窗工具遇阻深度、磨铣时间、磨铣参数（泵压、钻压、排量、转速）、累计开窗进尺；（4）返出物描述。

套管开窗相较套管锻铣的优点是：作业时间短，起下钻次数较少，套管切削量比套管的铣切削量小；能一次穿过两层套管；切屑比较细小容易带出地面。缺点是下井工具多；若窗口铣的质量不好，会给下一步作业造成困难。

（张景云　曾凡芝　石善志）

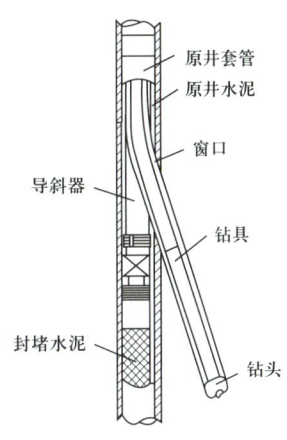

套管开窗侧钻

【**导斜器 deflector**】一个带有一定斜面，具有一定强度和几何形状的圆柱体，是开窗侧钻的关键工具，在侧钻过程中起到造斜、导斜和定向的作用。又称定斜器或斜向器。导斜器的主体是一个带一定斜度的半圆体，其斜面斜度一般3°～5°，以3°居多，斜面断面形状有弧面和平面两种，斜面长度一般在2m左右，斜面硬度一般与套管硬度相近。

（石善志　许江文）

【**定向开窗 directional window cutting**】在预定深度的套管内按设计方位铣出窗口的作业。定向开窗施工方法主要有定向键开窗和固定接头定向开窗两种方法：

（1）定向键开窗方法。① 导斜器上连接一个含有内键的定向接头。这个内键称之为定向键。当定向接头与导斜器的芯管上端接头连接并上紧螺纹后，测出定向键与导斜面中线之间的偏角差值。这个差值是计算导斜器斜面方位的依据之一。② 井内测导斜面方位。将连有定向接头的导斜器用钻杆连接送入井内。下入陀螺仪确定定向键方位。根据定向键与导斜面中线偏角差值，确定此时的导斜面方位。若该方位不是预定方位应旋转钻柱，直至导斜面满足预定方位为止。应当注意的是此时导斜面方位必须是消除钻具扭矩时的方位，如果钻柱中的扭矩没有消除，该导斜器在最终被固定时，导斜面方位可能偏转。消除钻柱的扭矩应反复活动钻柱。③ 坐挂导斜器。当导斜面方位最终被确定后，应将导斜器通过投球后液体打压（有的直接用液体打压）或其他方式予以坐挂固定。④ 下入开窗铣锥，磨铣完成窗口。

（2）固定接头定向开窗方法。固定接头与导斜体是分离的。① 下入固定装置将其固定在预定深度的井内。② 下入仪器测量固定装置接头内的定向键方位。

该定向键对导斜器斜面的摆放方位起到重要的关联作用。③ 计算出自锁接头与导斜面的偏角值。自锁接头是一个带缺口的接头，该接头下方的缺口与井内定向键可以吻合，下入井后可以与井内固定键接头自锁且不会发生偏转。该接头上方螺纹可以和导斜体相连接。既然井内固定装置的定向键接头确定了方位，那么地面待下井的自锁接头缺口与导斜体中线的偏角值就容易算出。④ 将自锁接头的上方接头与导斜体连接，调整好相互间偏角值，这时自锁接头与导斜体的螺纹连接部位因为两者要调整偏角的关系是松动的，调整好两者偏角后，应将该部位螺纹间隙焊接牢，使二者不再发生相对偏转。⑤ 将下带启始锥连接的自锁接头的导斜体钻柱下入井内。自锁头与固定装置上接头接触后，缺口部位与定向键相吻合，同时该接头与定向键接头实现自锁，两者固定牢，实现导斜面朝向预定方位。⑥ 下压钻具剪断启始锥与斜面体的连接销钉，开泵循环旋转钻具，进行开窗作业，直至窗口完成。

（张景云　曾凡芝）

井下措施作业

【井下措施作业 well stimulation】 为维持和改善油、气、水井的生产能力,对油气储层或注入层所采取的技术措施的总称。

在油田开发过程中,有些油气层储量很多,但油井产量很低,其原因是多方面的。如果是由于储层的物性原因如渗透率过低,油品性质原因如原油黏度大,储层受到伤害如出砂、水淹、污染等,需要对油气储层或注入层采取技术处理,以改善或提高生产井的生产能力。

现场常用的措施包括压裂、酸化、酸压裂、防砂、油气井堵水、注水井调剖,以及利用物理或化学方法增产等。井下措施作业工艺技术的发展,使得特低渗透油藏、高凝高黏度油藏等难动用的储量得以有效开发。

(马双才)

【防砂 sand control】 针对油、气、水井出砂,为控制出砂而采取的工艺技术措施。每一个疏松砂岩油藏的开采,自始至终都会有出砂问题,开采的每一个阶段都需针对油藏的地质动态及油田的具体条件选择和确定相应的防砂方法。各种防砂方法都是利用砂桥理论,将油层中 90% 的粗砂阻挡在油层中,防止油层孔隙结构被破坏;允许少量的细砂随产出液排出地面。这样既不会破坏储层结构,又能提高近井地带的渗透率,是油气田开发中一项重要稳产技术措施。

出砂原因 油、气、水井出砂的主要原因有:(1)未胶结或胶结不好的地层,地层流体渗流时砂粒被产出液携带出来。(2)油气井产水后溶解地层中的胶结物,降低固结强度,使油气井出砂。(3)地层压力下降,使胶结物和岩石破碎产生出砂。(4)酸化措施使胶结物破坏。(5)生产时采油强度过大造成出砂。(6)开发井工作制度改变,使稳定的砂桥、砂拱破坏导致出砂。

生产井出砂危害 油气水井出砂会给石油开采带来一系列危害,如砂卡泵、砂堵油嘴、砂堵油管、地面管汇和贮油罐积砂、砂埋等，从而都会造成被迫停产。油井出砂还会磨损抽油泵等井下机具、输油泵等地面设备，甚至刺漏采油树、被迫停产进行设备维修。最严重的是随着地层出砂的不断增加，到一定程度后引起地层结构破坏，盖层塌陷，套管受塌陷地层的影响和地层应力变化的作用，受力失去平衡而产生变形或损坏，严重时会直接导致油井报废。

地层出砂预测　在编制油田开发方案时，就要判断被开发的储层是否会出砂，是否需要采取防砂措施，这个过程称之为地层出砂预测。通常要对储层进行密闭取心，获取有代表性的储层岩心，以便在试验室研究其物理、化学性质，进而预测出砂可能性。但多数出砂层的岩心十分松软，甚至无法进行岩心实验。这时可利用声波测井和密度测井来确定岩石的机械性质、应力状态，预测地层是否出砂。最常采用的预测出砂方法是与同一层段、同一区块、同一油藏的其他井进行类比推理的办法。假设某油田已经开采，而其开采的井深、层位、储层性质又与新井大体相近，则可以根据已开采井的出砂情况类比推理新井出砂。再通过单井试油，逐步增加产液排量，直到地层出砂为止，或是直到可接受的确定出砂的最低产液量为止。如果此井试油期间出砂，可直接定为出砂井，并编制防砂方案。

防砂方法　分为机械防砂和化学防砂。机械防砂又分为衬管防砂、砾石充填防砂和压裂防砂。化学防砂又分为人工井壁防砂和化学溶液防砂。

一般来说，化学防砂适用于渗透率相对均匀的单一薄层段，在粉细砂岩地层中的防砂效果优于机械防砂。但是，化学防砂对地层的渗透率有一定的伤害作用，且成功率、有效期不如机械防砂，相对成本较高，其应用程度远不如机械防砂。选择防砂方法，通常应综合考虑以下因素：

（1）完井类型及完井井段长度。如裸眼井不适于采用化学防砂，而应采用筛管砾石充填防砂。下套管井短井段适于化学溶液防砂、筛管砾石充填防砂，长井段不适于化学溶液防砂。小井眼、多层完井和异常压力的井，不适于砾石充填，而适于采用化学固砂。

（2）井底温度的高低直接影响化学防砂中各种化学剂的反应速度、施工安全及防砂质量。

（3）产能的影响。砂拱防砂对产能影响最小，但常常要限制产量。机械防砂中衬管防砂对产能影响最大，管内筛管砾石充填次之。裸眼砾石充填可获得最高产能，但受完井方式的限制。化学防砂都不同程度影响产能，压裂防砂能提高产能。

（4）地层出砂程度。化学溶液防砂适用于油井先期或早期防砂，而出砂量较多的油井则适于选用人工井壁和筛管砾石充填防砂。

（5）施工设备、防砂费用、经济效益等都是应该考虑的因素。

（马双才　曾凡芝）

【地层砂筛析 formation sand sieve analysis】 使用标准筛按筛号大小顺序排列筛选地层砂，以描述粒径分布特征的实验方法。是各种防砂措施的理论基础，也是砂桥理论的基础资料，而且是砾石充填防砂设计的科学依据。它包含三项内容：获取真实地层砂样品；在实验室用标准筛筛析样品并绘制筛析线；计算粒度中值和不均匀系数。

取得砂样后送实验室筛析。如果砂样是整块岩心，先小心解聚（注意不要压碎砂粒），然后清洗、烘干。取100g砂样，放入一组按大小顺序排列的10个标准振动筛中，振动15min后，用天平精确称重每一级标准筛剩余的砂样并记录，再计算每一级累计质量百分比。以累计质量百分比为纵坐标，以每一级砂粒尺寸及对应的标准筛号为横坐标，标绘到半对数坐标纸上，得到S形筛析曲线（见图）。在图中的纵坐标50%对应砂粒尺寸为地层砂的粒度中值。

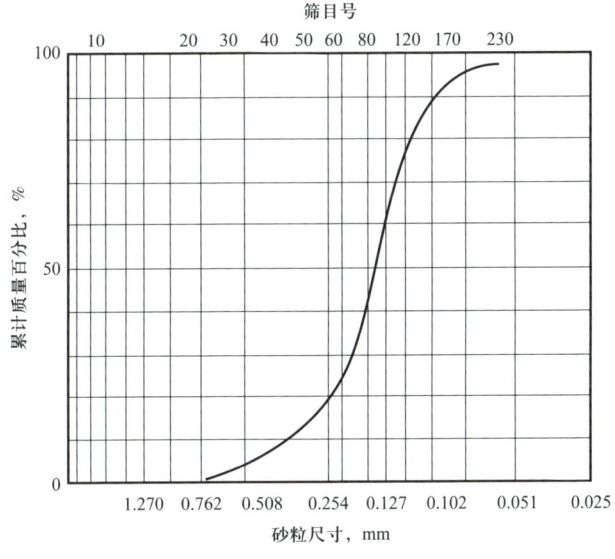

S形筛析曲线

（马双才　曾凡芝）

【化学防砂 chemical sand control】 利用化学材料胶结地层砂、阻挡地层出砂的方法。分为人工井壁防砂和化学溶液防砂两大类。特别适用于单层或相对较薄的油层，且施工后井筒没有任何障碍物，有利于生产井实施其他措施作业。这种方法在中国发展十分迅速，种类很多，应用很广。化学防砂的优点是在不改变套管通径的情况下进行各种井的防砂，缺点是易造成地层伤害。

（马双才　曾凡芝）

【**人工井壁防砂** sand control by artificial borehole wall】将防砂颗粒在地面用胶结剂拌匀，使得颗粒表面都覆盖一层胶结剂，用液体携带至井下，通过炮眼挤入油层出砂部位，在地层条件下固结，形成具有一定强度和渗透率的防砂衬段，从而阻止地层砂流入井内的方法（见图）。

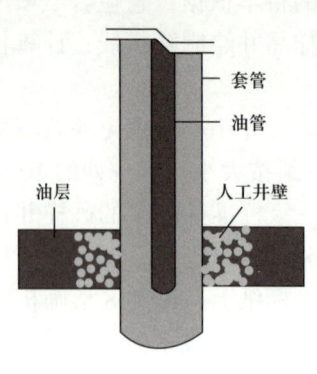

人工井壁防砂示意图

这种方法是一种后期防砂方法，特别适用于脆性砂岩油藏的单层防砂。由于地面搅拌砂浆能力所限，不适于长井段或多井段防砂。但是因为施工后井筒内无障碍物，有利于后续其他措施施工。人工井壁防砂应根据不同出砂井，使用不同的颗粒填料和不同的胶结剂。水泥砂浆人工井壁防砂，用水泥作胶结剂，石英砂作颗粒填料，在施工现场加水按比例调配均匀，用油携带挤入地层；树脂核桃壳人工井壁防砂，用酚醛树脂作胶结剂，核桃壳粉碎加工成需要的粒度作颗粒填料，在施工现场按比例搅拌均匀，用携砂液携带挤入地层。塑料预包砂人工井壁防砂是在工厂将石英砂表面包覆一层具有特殊性能的树脂，经干燥、筛选后，加工成塑料预包砂，施工时通过泵车用液体携带至地层，在地层温度或固化剂作用下胶结成人工井壁。这项技术的关键是包覆在石英砂表面的树脂薄膜具有二次软化、固化性能，塑料预包砂挤入油层后，树脂将重新软化、粘结，在地层温度或固化剂作用下进行胶结，将单粒的预包砂胶结成整体。中国使用的树脂多为特制的环氧树脂类和酚醛树脂类。

现场施工时，设计施工压力应小于破裂压力；颗粒填料的用量是该井累积出砂量的 0.75～1.2 倍，以填饱为止。

（马双才　盛江庆）

【**化学溶液防砂** sand control by chemical liquid】从地面向易出砂地层挤入有机或无机的液体胶结剂，在一定的条件下，将靠近井筒附近松散的地层砂胶结起来，形成具有一定强度和渗透率的人工胶结岩层，达到防止油气井出砂的目的（见图）。液体胶结剂应具备如下特点：固化时间具有较大幅度的可调性，保证施工安全；与地层砂表面较好润湿，确保在地下恶劣条件下能够把地层砂胶结起来；固结后，具有良好的耐酸、耐碱、耐油、耐水、耐盐性能，以保持较长的寿命；黏度应足够小，确保可泵性，减少泵送过程的摩阻并使之顺利渗透到砂粒中间。现场应用的液体胶结剂有环氧树脂、酚醛树脂、脲醛树脂、不饱和树脂、水玻璃—氯化钙等。这种防砂方法适用于完井之后，油气生产之前，即油气层未受到破坏之前，又称之为先期防砂技术。

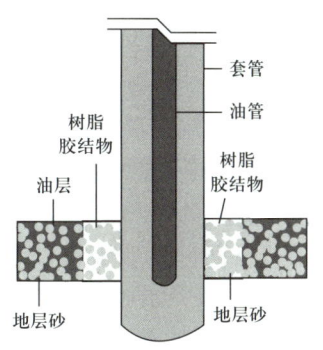

树脂溶液防砂示意图

油气层的地层砂表面包裹着原油、垢及石蜡，化学溶液防砂时，无论是有机还是无机的液体胶结液均难以把地层砂胶结起来。在向油气层挤入液体胶结液前，必须对欲胶结半径内的地层砂进行清洗，尽量使砂粒表面清洁，保证固结强度。这种用来清洗地层砂表面油污的液体叫清洗液，又称预处理液。在挤入液体胶结液后，产生化学反应前，还必须挤入增孔液。增孔液是为保持人工胶结砂层的渗透性而注入的一种液体，一般为惰性液体，与液体胶结液混合而不与液体胶结液产生化学反应，其作用是一方面将多余的固砂液体胶结液推开，另一方面占据部分空间，由此保证胶结后的砂层有良好的渗透性。

化学防砂录取资料包括：（1）探砂面管柱结构及深度，通井（刮削）管柱结构及深度，完成防砂管柱结构及深度（包括井下工具名称、规格、深度）；（2）防砂层位、层号、井段；（3）防砂剂名称、规格、用量；（4）粘结剂名称、规格、用量；（5）防砂液名称、规格、用量；（6）前置液名称、用量；（7）携砂液用量，顶替液用量；（8）施工参数：泵压、泵排量、携砂比；（9）反洗液名称、用量，反洗深度，洗出砂量；（10）候凝时间，探砂面方式，探砂面深度；（11）冲砂方式、冲砂深度。

（石善志 马双才 盛江庆）

【**机械防砂** mechanical sand control】 将防砂装置安装于出砂地层所在位置的井段中，当地层产出的流体通过时，将流体中携带的地层砂阻挡于防砂装置之外的防砂方法。防砂装置能阻挡住一定粒度的固体砂粒，而又允许流体通过，由具有相当机械强度的管状过滤器及配套工具组成。机械防砂可分为衬管防砂、砾石充填防砂和压裂防砂三类。世界各油田平均每年防砂施工总井数的80%～90%为机械防砂，其中砾石充填防砂又占机械防砂总井数的90%以上。

衬管防砂方法简便易行，但是防砂管柱的缝隙容易被进入井筒的细砂堵塞，效果差、寿命短。衬管主要有金属棉衬管、水泥砂衬管或环氧树脂砂衬管等。

压裂防砂是一种将压裂技术与防砂技术相结合的防砂方法。利用压裂支撑剂作为防砂颗粒，事先将割缝管下到出砂层位，防止填入的防砂颗粒吐出，也可选择合适的涂敷砂代替尾支撑剂进行封口。这种方法可发挥压裂增产的优势，减少防砂影响产量。

绕丝筛管或割缝筛管砾石充填防砂方法能有效地控制地层出砂，并能使地层保持稳定的力学结构，防砂效果好、寿命长。

机械防砂录取资料包括：（1）探砂面管柱结构及深度，通井（刮削）管柱结构及深度，完成防砂管柱结构及深度（包括井下工具名称、规格、深度）；（2）防砂液名称、规格、用量；（3）前置液名称、规格、用量；（4）加砂量，砂比；（5）顶替液名称、规格、用量；（6）施工参数：泵压、排量；（7）施工过程描述。

（马双才　石善志）

【衬管防砂　liner sand control】 在出砂井下入并固定衬管防砂装置进行防砂的方法。衬管防砂装置的管状过滤器能阻挡住一定粒度的固体砂粒而又允许流体通过。油气井生产过程中，带砂流体通过炮眼进入井筒，开始会有少量粉细砂随流体通过衬管排出地面，此时油气井的流体中虽然含有少量的砂子但不影响正常生产。对生产影响较大的粗砂粒将滞留在井筒及衬管表面，一直到堆满环形空间和炮眼形成砂桥，从而起到防砂作用。至于应用何种结构的衬管、允许多大粒度的地层砂通过，要根据各出砂地层的砂粒大小、地层压力和产量进行设计。一般情况，可参照生产厂商提供的说明书选择适用的衬管。

常用防砂衬管结构为：（1）单层筛管外部固结防砂层，如粉末冶金防砂衬管、树脂砂衬管和可溶性水泥砂浆衬管等。（2）双层筛管内填防砂材料，防砂材料有金属棉、砾石等。

衬管防砂施工比较简单，常规的修井作业设备即可满足要求。对于已经出砂较多，形成亏空的地层或砂子粒度很细的地层，为了提高防砂的效果，有时还需要对地层进行预充填一定数量的砂砾。地层填砂量一般按地层统计累计出砂量的0.75～1.2倍计算，所填砂子粒度按地层砂的粒度中值的5～6倍设计，质量要符合有关标准。

衬管防砂方法简便易行，施工成本很低，但是防砂管的缝隙容易被进入井筒的细砂堵塞。对于出砂严重的地层，防砂衬管外部被地层砂充填，分选差，渗透率低，防砂施工后初期效果较好，很快产量逐步降低。

（马双才　曾凡芝）

【砾石充填防砂　sand control by gravel packing】 针对出砂油层射孔井段下入并固

定好金属绕丝筛管或割缝筛管后，在筛管外的空间再填充并压实具有一定渗透率的砾石进行防砂的方法。砾石充填防砂方法能有效地控制地层出砂，并能使地层保持稳定的力学结构，适用于地层砂的粒径中值大于 0.07mm 的各类地层及直井、斜井、水平井等各种井型的油气井。总体表现为防砂效果好，一般情况与防砂前的产量相比，降低幅度不大于 20%。寿命较长，有效期可保持在 10 年以上。

防砂机理　用筛管阻挡并稳定填充的砾石，由填充的砾石阻挡地层砂，从而构成了一个双道防线坚固的高渗透的防砂屏障。对于射孔完成的井，筛管外面的空间包括筛管与油层套管的环形空间、射孔孔眼内的空间以及套管外砾石充填油层的空间（见图 1）。

对于裸眼完成的井，筛管外面的空间指筛管外表面与扩孔后的井壁之间的空间。

砾石选择　通过地层出砂的粒度中值来确定砾石充填防砂所用的砾石颗粒尺寸和性能，要求小于所选用砾石尺寸的颗粒含量不得超过砾石总质量的 2%；砾石的圆度和球度均不低于 0.6；在标准土酸中的酸溶度小于 1%；水浊度不大于 50 度。据不同防砂砾石粒度中值（D_{50}）与地层出砂粒度中值（d_{50}）的比值和渗透率的关系试验绘制出图 2 所示，当 $D_{50}/d_{50} \leq 6$ 时，充填砾石的渗透率保持不变，砾石与地层砂界面清楚，砾石挡住了地层砂，油井、气井基本不出砂；当 $6 < D_{50}/d_{50} \leq 14$ 时，充填砾石的渗透率大幅度下降，地层砂部分侵入砾石充填层，造成了砾石与地层砂互混，尽管油井、气井不出砂，但产量下降；当 $D_{50}/d_{50} > 14$ 时，充填砾石的渗透率又开始上升，地层砂可以自由通过砾石充填层，砾石渗透率虽然得到恢复，但油井、气井防砂无效。充填砾石的粒度中值应是地层出砂筛析试验粒度中值的 5～6 倍。

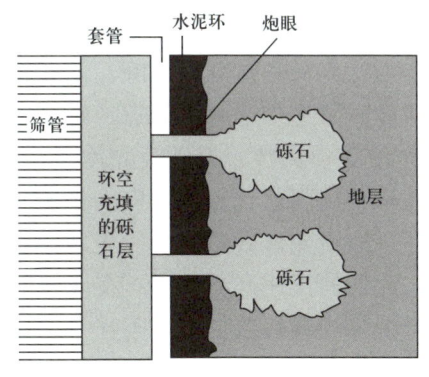

图 1　砾石充填层结构剖面示意图

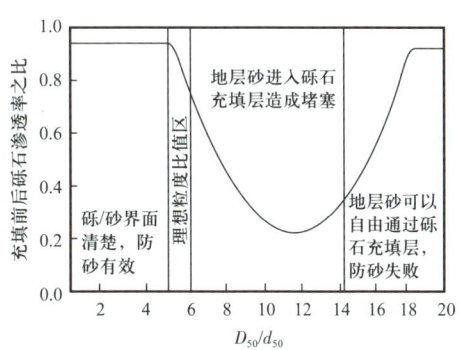

图 2　D_{50}/d_{50} 比值与砾石渗透率曲线

筛缝选择 通过砾石充填防砂所用的砾石最小颗粒尺寸来确定金属绕丝筛管或割缝筛管缝宽尺寸大小及形状。砾石充填防砂时使用的滤砂装置，一般是金属绕丝筛管（见图3）或割缝衬管（见图4）。金属绕丝筛管是将梯形金属丝缠绕在圆管形金属骨架上，梯形的短边向内，长边在外。割缝筛管是在金属钢管上用铣刀或陶瓷刀切割出若干条缝隙，这些缝隙按一定的设计形式排列。无论使用哪种筛管，都要根据充填砾石的粒度来设计或选择缝形、缝宽。金属绕丝筛管大多为水平的缝型。割缝管大多使用垂向错开式或垂向整齐排列式的缝型。选择缝宽尺寸是依据充填层的砾石绝对停止运移为原则，原则上只要缝宽尺寸与要充填的砾石中最小颗粒尺寸相等，就能满足充填的要求。但在实际应用中常选择比砾石中最小颗粒尺寸小一些，有些专家认为缝宽尺寸应为砾石中最小颗粒尺寸的1/2～2/3。

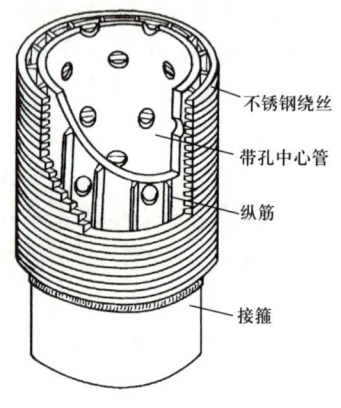

图3 绕丝筛管

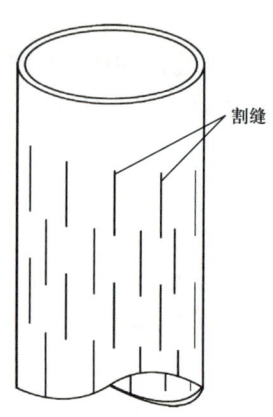

图4 割缝衬管

砾石充填大斜度井或水平井时，在斜井段易形成砂丘，最终会堵塞通道，砾石不能完全进入筛管与套管的环形空间，致使防砂施工失败。解决的途径主要有三方面：一是使用高黏度的携砂液，令砾石充分悬浮难以沉降。但是携砂液的黏度高了之后，如果不能立即降解，即使砂浆进入了筛管附近，砾石由于有后沉降效应，还是难以填满、填实，同样使充填失败。携砂液黏度应适中，使之起到既能控制砂丘长高，又能使砾石在筛管周围起到堆积填实的作用。二是提高砂浆的流速。其目的是允许出现砂丘，但不允许砂丘长高。当砂丘长高到一定程度时，由于过流断面的面积减少，此处的流速升高，砾石在高速液流的冲击下，被剥离带走的砾石颗粒数将高于沉降的颗粒数，迫使砂丘只能保持在一个可以接受的平衡高度，使充填过程得以继续。三是在生产筛管的末端加信号筛管，增加充填过程的透明度。

砾石充填方式　一般分为：

（1）管内砾石充填。钻完井后，下入油层套管固井后射孔打开油层，在套管内填砾石的方法。

（2）裸眼砾石充填。下技术套管后裸眼完成，在原井眼的基础上扩大孔眼后，再充填砾石的方法。在油层部位扩眼有两重作用：一是增加了砾石的填充厚度；二是增加了流体的渗流面积。比其他的防砂方法具有较高的产能但分层开采比较困难。裸眼砾石充填多用于油气井的先期防砂。

砾石的充填方法　在地面选好砾石用液体携带至井内，充填于筛管外的空间并将其压实。这是砾石充填防砂方法成败的关键。依照施工工艺的不同，可分为：

（1）正洗法砾石充填。先在井筒填入一定数量的砾石，然后下入筛管，同时用液体向下冲洗，使砾石悬浮起来，将筛管下到预定的位置，随后停泵，使砾石自然沉降于筛管和套管的环形空间，再下筛管与套管环空的密封装置完成施工的工艺方法。

（2）正循环砾石充填。又叫转换法砾石充填。先将筛管下入预定位置，然后把砾石用携砂液携带并通过油管泵入，经转换通道进入油管与套管的环形空间。此时携砂液将经过筛管进入冲洗管上行，再经过转换总成进入上部的油管和套管的环形空间返出地面。而砾石将滞留在筛管外逐步堆积起来。当充填压力显著升高时，说明生产筛管及顶部的信号筛管周围都填满了砾石。最后将转换工具与冲洗管从井中起出，完成施工的工艺方法。

（3）反循环砾石充填。用携砂液携带砾石，从油管与套管的环形空间进入井底，携砂液将通过筛管进入冲洗管并经油管返出地面。而砾石被筛管阻挡在筛管周围，逐渐堆积。当泵压显著升高时，证明已把筛管全部埋没填实，最后将冲洗管及油管从井中提出，再下筛管与套管环空的密封装置完成施工的工艺方法。

（4）挤压法砾石充填。主要有两种工艺：第一种叫丢手法挤压砾石充填，它是先把筛管送到预定位置，投球丢手后，上提管柱20～30m，然后用携砂液携带砾石沿油管进入筛管和套管的环形空间，并以高压挤入地层，当地层填饱后，再把环空填实。此时下放管柱到原丢手处，倒开丢手末端的丝堵，最后下密封皮碗，完成施工。第二种叫循环法挤压砾石充填，是利用类似于正循环砾石充填的转换工具，先将防砂管柱底部的信号筛管填实，再将地层及射孔孔眼填实，然后上提冲洗管柱到生产筛管处，按正循环砾石充填相同的方法，将套管与筛管的环形空间填实，最后把转换工具及冲洗管全部从井中提出，完成施工的工艺方法。

（马双才　盛江庆）

【压裂防砂 fracturing for sand control】 为了解决防砂对油层的伤害所降低的产能，而采用压裂技术与防砂技术相结合的一种防砂工艺。利用油层压裂后液体沿着具有高导流能力的裂缝渗流，在近井地带将径向流改变为双线流动，大大降低驱替压差，扩大了渗流面积，降低了渗流速度，从而减轻出砂程度。

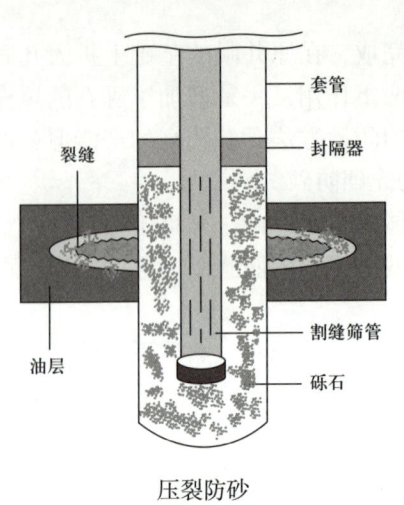

压裂防砂

压裂液通过油层套管和筛管的环形空间通道进入地层，压开裂缝，割缝筛管用于阻挡压裂支撑剂返出或根据地层砂粒径选择合适的涂敷砂代替最后泵入的支撑剂进行封口。这种工艺一次施工，既达到了压裂增产目的又达到了防砂的目的（见图）。

易出砂地层压开裂缝的关键是要获得宽、短裂缝，现场采用了端部脱砂技术。端部脱砂是让支撑剂在裂缝的前端沉积下来，阻止裂缝继续向前延伸，这时裂缝内的压力会逐渐升高，迫使裂缝增宽，最后将裂缝、筛管与油层套管的环形空间都充填满支撑剂。

（马双才　曾凡芝）

【注水井调剖 injection well profile control】 在层状注水开发的油田，为了控水稳油，对注水井采取注入对储层有调整吸水能力的化学剂（又称调剖剂或调驱剂），以调整层段间吸水能力差别的技术，全称为吸水剖面调整。

中国大部分油田属于陆相沉积，层内和层间都存在剖面及平面非均质现象，注入水波及体积非常不均匀。为了改善层状注水油田开发效果，提高采收率，采用注水井调剖这项重要的技术措施。

注水井调剖主要内容包括调剖井选择、测试吸水剖面、大孔道识别、调剖剂选择、调剖工艺和调剖效果评价。

（1）首先要测试吸水剖面，了解各层段吸水分布情况，以便对症采取措施。

（2）大孔道识别。吸水层段纵向或平面渗透性差异大的非均质油层以及层间渗透性差异较大的多层系注水开发的油田，它们的层内以及层间的吸水能力存在较大的差异，随着注水时间的延长，高吸水层段由于注入水的冲刷、溶解，地层的骨架结构易被破坏，大量砂砾流失，使油水井之间容易形成连通的管流孔道。另外，裂缝性油藏中注入水也容易沿着较大裂缝窜流向油井，注入水在这种裂缝中的流动也同样表现出管流的流动特征。水流大孔道的形成及大裂缝的存在严重降低了注入水的波及体积,甚至造成注入水与油井之间的长期无效循环,不仅达不到驱动油气的目的,还使部分油井暴性水淹,使油井产量递减、油田的采收率降低,影响油田的正常开发。现场判定大孔道的方法主要有:① 示踪剂法。通过在注水井的注入水中混入放射性同位素示踪剂或化学示踪剂,在产出井采集见示踪剂时间和累计产液量,求出水流方向和推进速度,从而校正地层原始物性参数和判别流动通道。② 专家智能识别方法。通过对已发现存在大孔道的注采井组资料收集研究及形成大孔道的内在原因、大孔道的注采井组表现的特征,进行定性判别。③ 电位法井间监测。以电法勘探的基本理论为基础,以被测井为圆心,在不同半径布三周电极,先测量基础电位,然后注入高电离能量的工作液到目的层,再测量电位的变化值,以此来解释大孔道的流向和方位。

(3) 通常要根据调剖工艺选择性质优越的调剖剂。

(4) 调剖工艺。分为层内调驱和层间调剖两种。① 层内调驱是利用调驱剂调整吸水剖面,具有调剖和驱油的双重作用,有效地提高油层的动用程度。是深部调剖的发展。② 层间调剖是指对于层间吸水差异大的多油层注水井,采用封隔器分层施工管柱,针对高渗透、高吸水层注入调剖剂进行封堵,降低其吸水量,以提高低渗透层的吸水量。这种方法注入堵剂用量少,处理半径小,又称层间小半径调剖。常用的调剖剂为高强度的颗粒类调剖剂,如水泥浆、水泥/黏土(石灰、粉煤灰等)分散体系、水膨体颗粒等。

(5) 调剖效果检测。调剖施工后应根据电测法和注采井组动态资料综合判定其效果。通过电测法可确定施工前后吸水剖面的变化情况以及水线推进速度、水线推进方位是否有明显改变,结合注采井组动态资料,注水压力上升幅度对应的油井含水率下降、日产油量保持稳定或者油井含水率不变日产油上升,可判定调剖施工是否有效。如果是对一个区块进行整体调剖,那么区块的自然递减应得到有效控制或自然递减幅度减小、整个区块的产油量上升。最终要看累积增产油量,分析波及体积扩大的程度来评价调剖效果。

注水井调剖应录取的资料包括:施工管柱结构、规格,下井工具型号、规格;调剖层号、井段;前置液、调剖剂、顶替液用量,材料名称及用量;挤注参数,即注入流体名称、注入压力、注入排量、注入时间、注入量。

(代劲光 盛江庆 张顶学)

【浅层调剖 shallow profile control】 通过向注水井注入调剖剂对近井地带的高渗透通道进行封堵的调剖技术。它可以提高低渗透的吸水能力,改善吸水剖面,提高注入水波及体积。浅层调剖针对不同启动压力的储层具有选择性,调剖剂在注入过程中优先进入高渗透通道，不受注水井况、隔层等条件限制，可以作为分注难度大的井分层注水的补充工艺手段。但对于经多次的小半径调剖的注水井，近井地带的吸水剖面得到多次改善，剩余油分布已经很少，再次调剖效果就很不理想，就需要将调剖剂注入油层深部，对油层深部进行调剖。

（张顶学　赵　勇　廖锐全）

【深部调剖　deep profile control】 将调剖剂注入地层深部，在深部施行封堵的技术。使堵水剂深入油藏内部封堵高渗透带，迫使液流转向，使注入水波及以前未被波及到的中、低渗透区，改善驱替效果，提高采收率。深部调剖技术的调剖半径相对于小半径调剖距离更大，常常与调驱技术相结合，调剖剂的用量较大。深部调剖技术的应用，主要是将调剖剂注入地层深部，在深部施行封堵。改善油层深部的非均质性问题，扩大后续注入水的波及体积。针对平面非均质性严重的地层，只有采取对地层进行深部调剖才能有效治理平面非均质性严重的问题。

（张顶学　赵　勇　廖锐全）

【PI 决策技术　pressure index decision technique】 以注水井井口压降曲线为依据的压力指数决策技术。是复杂断块油田高含水期整体调剖的优化决策技术。进一步优化了调剖设计方案，提高了断块油田区块调剖效果。

决策方法：首先必须测取各注水井的 PI 值，$PI=1/t\int_0^t p(t)\mathrm{d}t$。

注水井关井 90min 后所测的压力指数值，记作 PI_{90}，为使注水井的 PI 值与区块中其他注水井的 PI 值相比较，应将各注水井的 PI 值改正至相同的 q/h（选用区块注水井 Q/h 平均值的归整值）值情况下，为确定区块相同的 q/h 值，可以先计算区块的 q/h 平均值，然后就近归整，再按下式计算 PI 改正值：

PI 改正值 =PI 值 /（q/h）　（q/h 平均值的归整值）

若区块各注水井注水厚度相差不大，PI 值也可按区块 q 平均值的归整值进行改正，然后将区块各注水井按此 PI 改正值的大小进行排列，用于 PI 决策。

通过上述计算，PI 值低于区块平均值的注水井为调剖井，高于区块平均值的注水井为增注井，在区块平均 PI 值附近，略高于或略低于平均值的注水井为不处理井。

PI 决策技术主要解决以下问题：（1）判断区块调剖的必要性；（2）确定区块上需要调剖的井；（3）选择适合区块调剖的堵剂类型；（4）确定调剖剂的用量；（5）确定区块调剖间隔时间，即调剖周期；（6）评价区块整体调剖的效果。

（张顶学　赵　勇　廖锐全）

【吸水剖面 water injection profile】 注水井的注水量在各个吸水层段的分布情况。吸水剖面是确定对注水井是否进行调剖施工的一项重要依据，也是注水井调剖后，检查验证调剖工艺措施成功与否的主要证据。测试吸水剖面有机械方法和电测方法两种。

（1）机械方法测吸水剖面是采用封隔器分层，在相同流动压力条件下，测出分层吸水量。

（2）电测方法测吸水剖面有：① 井下流量计法，是采用井下流量计直接测出各层吸水量。② 示踪法，即先在井筒沿吸水剖面测 γ（伽马）曲线作基线，再注入放射性同位素，然后测放射性强度变化曲线。两条曲线不重合部分的异常面积代表了小层的相对吸水量。③ 井温法，即正常注水时测得井温剖面，然后注入异常温度的水，再测井温剖面，通过测井温剖面确定各层吸水量。

（代劲光　曾凡芝）

【单液法调剖 profile control by single-fluid process】 向目的层注入一种液体的调剖工艺技术。这种液体所带的物质或随后变成的物质可封堵高渗透层。单液法是较典型的工艺流程，注入顺序为前置液、调剖液、顶替液。

（张顶学）

【双液法调剖 profile control by two-fluid process】 向油层注入由隔离液隔开的两种可反应（或作用）的液体的调剖工艺技术。若两种液体可发生反应，则把这两种液体称作第一反应液和第二反应液。当将两种液体推至一定距离，隔离液将变薄而不起隔离作用，两种液体便可发生反应（或作用），产生封堵地层的物质。由于高渗透层吸入更多的堵剂，故封堵主要发生在高渗透层。双液法调剖施工顺序是前置液、第一反应（甲）液、隔离液、第二反应液（乙）液、顶替液。

（张顶学　赵　勇）

【微生物深部调剖 deep profile control by microorganism】 利用微生物在油层中生成的生物聚合物及生物残骸可大幅度地降低储层渗透率，堵塞高渗透层带的调剖技术。向油层中注入特定的细菌和营养液，该细菌能够在油藏环境下，大量繁殖形成菌落并产生类似聚合物的产物。菌落吸附在岩石颗粒表面不断地繁殖和代谢产出生物聚合物，最终形成具有一定强度的生物团块，对高渗透通道起到封堵作用，使后续注入水改变流向，增加注入水的波及体积，转而向中、低渗透层渗流，提高水驱效率。

（张顶学　赵　勇）

【含油污泥调剖 oily sludge profile control】 通过向油田采出污泥中加入各种添

加剂，配制成具有一定黏度的调剖剂体系，再把该调剖体系注入地层的调剖技术。由于污泥来自油藏，其化学组分与油藏相近，能够与地层表现出良好的配伍性。不但解决了污泥处理问题，同时也将污泥变废为宝，将其配制成调剖剂回注于地层，减少了环境污染和含油污泥固化费用。该调剖技术已在各大油田大范围推广。

含油污泥调剖的封堵机理是：在水中加入一定比例的污泥和添加剂，制成乳化悬浮液，当乳化悬浮液进入地层一定的深度后，被地层水冲刷和稀释，所形成的悬浮体系在油层中开始分解，污泥中的泥质成分吸附胶质沥青和蜡质，并与它们相互黏合聚集成为具有较大粒径的"团粒结构"，并沉降在大孔道或裂缝中，减小高渗通道的渗透率，迫使后续注入水改变流向，提高注入水波及体积、均衡水驱。该技术适用于纵向上渗透率差异大、有高吸水层段、启动压力低的注水井。

（张顶学　赵　勇）

【泡沫深部调剖　deep profile control by foam】 泡沫在地层孔隙中发生形变，而对液体流动产生阻力，即贾敏效应，这种阻力可以叠加，从而使目的层发生堵塞的调剖技术。在油藏条件下，泡沫同时具有一定的黏度，能够优先进入高渗通道，依靠贾敏效应对地层进行封堵，有效地控制注入水的窜进，降低水相渗透率，迫使液流转向。除此之外，泡沫调剖剂在高渗透层还具有水洗作用，在进行封堵的同时，也具有一定的驱替作用。泡沫破裂后，产生的气体也能形成气驱。但即便泡沫调剖剂存在许多优势，泡沫调剖剂的长期稳定性仍然较差，很难做到对地层的持续封堵。

（张顶学　赵　勇）

【纳米材料调剖　profile control by nano materials】 在传统的水驱油的基础上，向地层中注入较小浓度的纳米 MD 膜水驱替液，使原油脱离岩石表面，形成纳米级的 MD 膜驱油的调剖技术。粒径大小在 0.1～100nm 统称为纳米，纳米材料在石油领域中的使用主要是纳米 MD 膜驱油技术。目前，纳米级材料已在油田调剖领域得到应用，包括颗粒类调剖剂的纳米级化以及纳米微球有机无机高分子聚合物材料。

（张顶学　赵　勇）

【组合调剖　composite profile control】 将多种调剖剂或者调剖工艺组合使用的调剖技术。组合调剖技术包括调剖剂的组合、调剖工艺的组合、调剖段塞的组合。充分发挥各自的优势，使其适用范围广，能够对油层深部挖潜，目前组合调剖技术在现场得到大范围的推广和应用。

（张顶学　赵　勇）

【调剖剂 profile control agent】 注水井调剖时所用的化学剂。应根据调剖井储层特性和调剖工艺选择合适的调剖剂。油田使用的调剖剂习惯采用按分子结构分类和按选择性分类。按分子结构可分为无机化学类调剖剂和有机化学类调剖剂两大类：（1）无机化学类调剖剂，也称颗粒型调剖剂，主要有黏土、水泥、粉煤灰等。属于高强度、凝固型调剖剂。主要用于层间调剖，也可用于堵水。（2）有机化学类调剖剂，也称聚合物凝胶型调剖剂，以聚丙烯酰胺凝胶为主，交联体系可选用有三价金属离子的络合物、能产生三价金属离子或醛的氧化还原体系等。有凝固型和黏弹体型，凝固型用于层间调剖，黏弹体型用于层内调驱，也称调驱剂。

按选择性可分为选择性调剖剂和非选择性调剖剂：（1）选择性调剖剂。其选择性通常利用孔隙大小选择或油水选择，属于凝固型调剖剂，多用于层间调剖或堵水，也称堵剂，属于黏弹体型调剖剂，多用于调驱。这类调剖剂可分为：① 聚合物冻胶类堵剂，主要有聚丙烯酰胺（PAM）堵剂、部分水解的聚丙烯酰胺（HPAM）堵剂、丙烯铣胺（AM）地下聚合堵剂、部分水解聚丙烯腈（HPAN）堵剂。② 多元共聚物凝胶堵剂，除具有凝胶的共性外，还具有其他特性（两性离子、阴阳非离子等）。CAN-1堵水剂就属此种类型。此类堵剂挤入高渗透水层后，遇水膨胀，产生机械堵塞，实验室测得堵水率在95%以上。微粒在油中收缩，堵油率小于10%。③ 改性淀粉堵水剂。淀粉经熟化以后，以丙烯腈或丙烯酰胺接枝改性，可用于油田调剖堵水。④ 硅酸钠堵剂。这种堵剂可与钙、镁离子反应产生相应的沉淀，用于封堵钙、镁离子含量高的地层水。⑤ 对烷基酚—乙醛树脂堵剂，这种树脂是用地下合成法产生。方法是将对烷基酚、乙醛和催化剂注入地层，在100℃左右可产生一种支链型的高分子，它溶于油不溶于水，是一种选择性堵剂。⑥ 超细油基水泥，即将水泥掺入混有表面活性剂的油基载液中，泵入待堵地层，该浆液溶于油，只与水反应，可实现选择性堵水。⑦ 稠化油堵水剂，稠化油是由高黏原油和表面活性剂组成，即加入了W/O型乳化剂的具有一定黏度的稠油。⑧ 复合选堵剂，复合选堵一般是由价格低廉的无机堵剂加上聚合物溶液，形成既有一定强度又有一定选择性的复合选择性堵剂。⑨ 水膨体堵剂，这种堵剂遇水只能溶胀而不能溶解，遇油不发生变化，有一定的选择性。（2）非选择性调剖剂。属于凝固型，主要用于封堵油井层间水。可分为：① 树脂型堵剂，由低分子物质通过缩聚反应产生的不溶的高分子物质，如酚醛树脂、脲醛树脂、三聚氰胺—甲醛树脂等。② 凝胶堵剂。

③ 复合离子共聚物堵剂，加强聚合物在带负电的砂岩上的吸附而在聚合物中引入了阳离子。一个聚合物分子上有许多阳离子，就好像有许多锚一样，这些锚抛在砂岩上使聚合物不易被流体所冲刷。

（张秋红　曾凡芝）

【水基堵剂 water-based plugging agent】 选择性堵剂中应用最广、品种最多、成本较低的一种堵剂，包括各类水溶性聚合物、泡沫、水包油型乳状液及某些皂类等。其中最常用的是水溶性聚合物。

（张顶学　赵　勇）

【油基堵剂 oil-based plugging agent】 通常由柴油、两性聚合物、交联剂 SCT、O/W 型表面活性剂 PO、增稠剂 BCI 等组成。

（张顶学　赵　勇）

【硅酸盐沉淀调剖剂 silicate precipitation profile control agent】 硅酸盐遇到地层中的钙镁离子会发生反应生成硅酸钙（镁）沉淀，现场施工中利用该反应来封堵出水层位。硅酸盐—氯化镁（钙）堵剂体系是油田常用的硅酸盐沉淀型堵剂体系，用来实现大孔道或高渗透层的封堵。

（张顶学　赵　勇）

【硅酸盐凝胶调剖剂 silicate gel profile control agent】 在硅酸盐溶液中加入盐酸、硫酸铵等胶凝剂后，反应初期形成单硅酸，然后发生缩聚反应生成具有空间网状结构的多硅酸凝胶的调剖剂。

（张顶学　赵　勇）

【硅酸盐复合凝胶调剖剂 composite silicate gel profile control agent】 将水玻璃与聚合物、改性树脂、泡沫等复配，形成硅酸盐复合凝胶体系，有比单一体系强度高、封堵能力强、封堵效果好的优点。

（张顶学　赵　勇）

【硅酸盐颗粒调剖剂 particle silicate profile control agent】 由≤0.8mm、0.8～1.2mm 和≥1.2mm 3 种不同粒径的硅酸盐颗粒组成的调剖剂。使用过程中，颗粒粒径可以根据地层孔喉大小进行匹配。

（张顶学　赵　勇）

【聚合物凝胶类调剖剂 polymer gel profile control agents】 通常包括主剂聚合物、交联剂以及缓凝剂，成胶后的性能取决于各种组分的结构和用量，尤其是聚合物和交联剂。该类型的调剖剂主要由低浓度的高分子聚合物在交联剂的作用下形成。形成后的凝胶具有空间三维网状结构，具有较大的强度和较好的可泵性；在油藏条件下，呈现出低流动性，能够同时做到调剖调驱的作用。弱凝胶类调剖剂主要以聚丙烯酰胺（HPAM）作为主剂，浓度为 0.1%～0.35%。交联剂目前使用较多的为有机交联剂和无机金属离子交联剂，有机交联剂包括酚醛复合体、树脂预聚体、乙酸铬、乳酸铬等。凝胶类调剖剂的强度可以根据实际油藏状况，通过改变各组分的浓度进行调整，油田调剖常用的凝胶强度一般为 1000～25000mPa·s。但该类调剖剂性能影响因素也较多，如油藏温度、矿化度、剪切速率等，不适用于矿化度在 160000mg/L 以上、温度大于 90℃油藏。一般适用于低矿化度中高渗透层的调剖作业，而对低渗透层进入能力较弱。

（张顶学　赵　勇）

【体膨颗粒类调剖剂 bulk granule type profile control agent】 也称为预交联凝胶颗粒。通过调剖剂体系在地面预先发生交联反应，备出一系列的凝胶颗粒，凝胶分子中含有大量亲水基团，一定条件下能显著吸水膨胀，常可以达到几十到数百倍。该类调剖剂预先加工形成，主要由聚合物、交联剂以及其他添加剂交联形成，然后经过候凝、控水、粉碎等工艺过程，形成一定粒径的体膨颗粒。通常可以调整体系各组分的浓度和加工工艺技术，改变体膨颗粒的吸水率、膨胀时间，以及膨胀后的强度和粒径大小，以满足不同油藏地质的需要。

体膨颗粒在油层中遇油不膨胀，在水中吸水变软，吸水后具有一定的黏弹性，在外力作用下可发生变形运移到地层深部，在裂缝或大孔道等优势通道中进行物理封堵或者架桥封堵，使后续注入水分流转向，均衡注水方向，提高注入水的波及体积，改善水驱开发效果。

体膨颗粒的特点：（1）体膨颗粒是由在地面预交联而成，避免了在油藏复杂环境下，交联体系受油藏温度，矿化度等影响而不成胶的弊端，具有很好耐温、抗盐性能；（2）体膨颗粒膨胀倍数和强度可控，根据实际需要可以生产不同强度和膨胀倍数的体膨颗粒；（3）体膨颗粒在吸水后，拥有较高的弹性，具有较好的可泵性和封堵性能；在一定强度下，可以改变自身形态通过多孔介质，能够达到油藏深部，扩大油层调剖范围；（4）体膨颗粒主要靠物理膨胀封堵和架桥封堵，针对高渗裂缝型油藏，具有很好的封堵性能；（5）体膨颗粒深部调剖施工工艺简单、灵活、风险低；（6）体膨颗粒使用范围广，可用于与聚合物凝胶类调剖剂的组合使用，也可单独用于裂缝型高渗通道的调剖。

（张顶学　赵　勇）

【黏土胶聚合物絮凝调剖剂 clay polymer flocculation profile control agent】 把膨润土配成溶液，水化后的膨润土可以形成颗粒，聚合物溶液与颗粒形成可以具有调剖作用的絮凝体系。主要调剖机理有：（1）絮凝堵塞。聚丙烯酰胺溶液中的亲水基团与钠土颗粒表面的羟基相遇后，通过氢键产生桥接作用，产生足以封堵大孔道的絮凝体。（2）积累膜机理。积累膜的厚度随 HPAM 溶液与钠土悬浮体交替处理次数的增加而增加，因此在封堵高渗透层时，只要增加处理次数，就可产生用单一钠土悬浮体处理所得不到的效果。（3）机械堵塞。

（张顶学　赵　勇）

【微生物调剖剂 microbial profile control agent】 将细菌注入地层，或激活地层内的微生物，使之大量繁殖，菌体细胞及其代谢产出的生物聚合物对高渗透层带起到较好的选择性封堵作用。

（张顶学　赵　勇）

【含油污泥调剖剂 oily sludge profile control agent】 由含油污泥为主剂，复配悬浮剂、分散剂和稳定剂等形成的悬浮乳液体系，具有"进得去、堵得住、可运移"等特点，与凝胶体系配合使用。含油污泥分为固体状和流体状两种。固体状如果在常温下不加任何添加剂，只加现场水，基本处于不溶状态；流体状本身为流动状态，故不需要加入原油，直接加入表面活性剂、聚合物等物质即可分散。

（张顶学　赵　勇）

【泡沫调剖剂 foam profile control agent】 由起泡剂、稳泡剂、聚合物与一定量的交联剂水溶液在气体的作用下发泡形成。作用原理是利用泡沫可以封堵孔喉，进而迫使注入水流向发生变化，改变高渗层水流的水线推进速度，增大注入水的波及体积，以此来提高采收率的一种技术。用于水井调剖的一般有凝胶泡沫、二元复合泡沫、三元复合泡沫和蒸汽泡沫深部调剖剂。其优点是几乎对地层不造成伤害，对温度没有特别要求，试验表明对高渗透油藏的调剖效果最为明显。不足之处是施工工艺复杂，有效期短，封堵压力低，难以达到预期效果，而且对水窜几乎没有任何控制能力。

（张顶学　赵　勇）

【调驱剂 displacement profile control agent】 注水井用于层内调驱时所用的化学剂。参见调剖剂。

（陈宪侃）

【油气井堵水 water shut-off in oil & gas well】 利用机械、化学等方法封堵油气井出水层来缓解层间干扰，使未见水层和低含水层充分发挥作用的技术措施。利用各种找水方法确定出水层位，采取相应的堵水措施，尽可能采出剩余油，减少出水量。

油气井出水，可分为层内出水和层间出水两种类型：（1）层内出水指储层部分层段水淹，水淹层段与出油层段之间没有隔层。如果封堵出水层段，水会很快经未水淹层段窜入井内，如果将全层堵死，会损失大量的可采储量。对这类出水层不能采用堵水措施，只能从注水井采取调驱措施。（2）层间出水指油层全部水淹或夹于油层之间的含水层中窜入油井中的水，这类油气井可以进行堵水措施。首先要进行油气井找水，确定出水层位和水量，选择合适的堵水方式来完成堵水作业。

堵水要选准时机，堵早了影响堵水层发挥作用，堵晚了影响其他层发挥作用。另外还要避免"堵后难采""堵后无采"的现象出现。油井堵水作业可分为化学堵水和机械卡水。

（于永生）

【**油气井找水** water detection in oil & gas well】 找出油气井出水层位和流量的工艺技术。油气井出水后应找出出水的层位，然后采取堵水或调剖措施。找水方法主要有：

（1）综合对比资料判断出水层位法。对出水井的地质情况、采油和注水过程中的动态资料进行综合分析找出出水层位。

（2）水化学分析法。把采出水的化学分析结果与地表水、注入水和原始地层水资料进行对比来判定地层出水位置。

（3）地球物理测试资料判断法。利用地球物理方法，如井温梯度微差测井、流体电阻识别测井和放射性同位素示踪注水剖面测井等测试资料判断出水层或层段。

（4）机械找水法。油气井出水后，下入井下工具将各层分开，分层求出产量和液性，确定出水层位和出水量。

（5）找水仪找水法。在油井正常生产情况下，利用专用找水仪确定主要出水层位和流量。找水仪主要由电磁震动泵、注排换向阀、皮球截流器、涡轮流量计、油水比例计等几部分组成。当仪器下到预定位置后，电磁震动泵开始工作，井内液体使皮球膨胀，从而密封仪器和套管的环形空间，使液流全部通过仪器，由地面记录仪记录涡轮转动频率，从而得到该层油和水的总液量。

（于永生　杨振威）

【**机械堵水** mechanical water shut-off】 用封隔器、套管补贴等技术将要封堵的高含水层堵住。

机械堵水施工工序：（1）洗井，起出原井管柱；（2）刮削、通井、冲砂；

（3）验窜；（4）下堵水管柱；磁性定位；释放封隔器；丢手，起出丢手管柱；（5）下完井管柱。

机械堵水录取资料包括：（1）堵水方式；（2）堵水管柱结构及深度；（3）堵水层位、井段；（4）下井工具名称及型号规定；（5）磁性定位测试结果；（6）封隔器坐封或丢手情况；（7）完井方式。

（张顶学　赵　勇）

【**化学堵水** chemical water shut-off】 用高压注入泵将堵水剂挤入出水层，在一定的条件下堵水剂在出水层段的水流通道及孔隙内胶凝或固结，达到封死出水层的方法。堵水剂采用有机或无机的化学材料配制成。这种方法只适合于储层全部水淹时使用。

根据堵水剂对油层和水层的堵塞作用，可分为选择性堵水和非选择性堵水。根据堵水施工方法可分为单液法堵水和双液法堵水。

选择性堵水 利用堵水剂对水敏感的特性，当其进入水层时立即产生化学反应，形成凝胶或固体，将水流通道堵死；或者能够改变岩石的界面张力，极大地降低水层渗透率。但进入含油层段的化学水剂仍保持原来状态并能够随油气流出地面，不影响油气产出。这种方法非常适用于封堵全层水淹的井。

非选择性堵水 将配制好的堵水剂打入井内挤入欲封堵的水淹层，在水淹层内发生化学反应，形成堵塞。一般用于层间堵水。可分为单液法堵水和双液法堵水。

单液法堵水 将实验室选配好的一种或几种化学物质混配在一起，在一定的时间内和常温常压条件下，这些物质不发生或极缓慢地发生化学反应，堵水剂保持良好的泵注状态。当堵水剂进入到被封堵层位后，由于温度、压力升高，时间延长，几种物质相互间快速发生反应，形成堵塞物质，达到封堵出水层的目的。

双液法堵水 把两种化学堵水剂用惰性液体隔开，先后注入地层，当这两种物质在地层混合后立即反应形成堵塞物，达到封堵水层的目的。

化学堵水录取资料包括：（1）堵水日期、方式；（2）堵水管柱结构；（3）堵水层位、井段；（4）试挤、试压情况，堵剂化验数据；（5）前置液名称、用量、注入泵压；（6）堵剂名称、用量、注入泵压，添加剂名称、用量；（7）顶替液名称、用量、注入泵压；（8）反洗深度、进出口液量、候凝时的管柱深度、候凝时间。

（于永生　曾凡芝　张顶学）

【人工隔板法堵底水 water shut-off by artificial barrier method】 为防止和减少底水油藏油水界面在靠近井底时呈锥形升高，底水向井底锥进，在油水界面以上高渗透层段注入化学封堵剂，形成"人工隔板"，将底水与井底隔离开的化学堵底水措施。特别适用在浅井能形成水平裂缝的井。在油水界面附近，用水力压裂的方法压出水平裂缝，向裂缝中挤入凝固性堵水剂形成人工隔板（见图）。

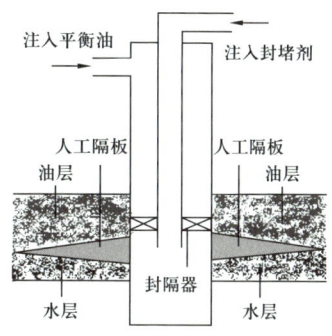

（于永生　杨振威）　底水油层打人工隔板示意图

【机械卡水 water shut-off by mechanical device】 在油气井内下入封隔工具封堵出水层位的方法。油气井的出水层位确定后，采用封隔器与配产器组成卡水管柱，用封隔器封隔油层和水层，油层的油通过配产器产出，从而达到封堵水层开采油层的目的。适合于水淹层内还有相当数量的剩余油，临时将出水层封闭，待未水淹层也出水时，再起出封隔器合采。

（郭　群）

不压井作业与连续管作业

【不压井作业 downhole operation without well killing】 在井筒内有压力的情况下，利用不压井井设备，使用一套控制装置来克服管柱的上顶力，在油井、气井、水井井口实施安全起下管杆、井筒修理及增产措施的井下作业工艺技术。又称带压作业。核心功能：一是通过防喷器组控制油套环空压力；二是利用堵塞技术控制油管内部压力；三是对管柱施加外力，克服井内上顶力，实现管柱带压起下。

不压井作业实现了对油气层真正意义上的保护，在不放喷、不放溢流的情况下带压作业，既解决了污水排放问题，又降低了注水成本，在控水、稳油等方面起到了很好的效果。对于油气井来说，与传统井下作业相比，由于带压作业没有外来的流体入侵，油气层就没有外来液体、固体和气体的破坏，更有利于油气井修复后安全、高效、稳定的生产。

不压井作业可以分为注水井带压作业、抽油机井带压作业、气井带压作业、热采油/蒸汽井带压作业、电泵井带压作业。

（廖锐全 赵 勇）

【不压井起下钻装置 round trip equipment without well killing】 在不压井作业使用的作业机及配套装置。主要组成部分有：游动卡瓦系统、固定卡瓦系统、液缸组、固定连接系统、液压泵站、操控系统。作业前，先将其安装固定于钻台面，通过操控系统控制游动和固定卡瓦系统分别开启与关闭，实现对管串的抱紧与松开，利用液缸的升降实现管串的起下。

（廖锐全 赵 勇）

【注水井带压作业 operation under pressure for injection operation】 针对注水井采用不压井作业的井下工艺。

注水井采用带压作业的原因：注水井一个区块有若干个注水泵站。当单口注水井关井作业时，其余周围注水井还在注水，地层中岩层孔隙是相通的，因而若单口注水井停止注水，则注水井压力不易释放，而且防喷泄压还会造成周边注水井的压力下降，进而造成该区块的油井产液量下降，由于各岩层性质不同，注水井的压力也不同，一般为 5~20MPa，无法直接进行常规作业，因而必须采用不压井、不放喷的带压作业。

工作原理：首先在配注管柱尾管和工具段内投放桥塞或堵塞器控制油管内部压力，然后利用注水井带压作业机自身配置的防喷器组控制井口油套环形空间的压力，应用卡瓦组和举升液缸协调工作，实现带压起下油管和工具段。

（廖锐全　赵　勇）

【抽油机井带压作业 operation under pressure for rod-pumped well】 针对抽油机井采用不压井进行施工的井下工艺。

抽油机井井口压力均较低，但由于受注水效应的影响，部分油井会有 1~5MPa 的井口压力。另外，当油管上提过程中，井下油管减少，油水位下降，浅层气会喷出造成环境污染，为了安全环保原因，对抽油油机的带压作业要采取密封—分流—集中—收集的办法。提出抽油杆及其扶正器，采用胶皮挡板—升高降压泄油—集中回收办法，确保油水不落地，对油管采用密封办法起出。

工作原理：利用抽油杆防喷器密封抽油杆和油管间的环空，应用抽油杆卡瓦组和举升液缸协同工作，实现带压起出抽油杆。然后油管内抽油泵之上投放堵塞器控制油管内部压力，最后利用带压作业机自身配置的油管防喷器组控制井口油套环形空间的压力，应用油管卡瓦组和举升液缸协同工作，实现带压起下油管和抽油泵。

（廖锐全　赵　勇）

【气井带压作业 operation under pressure for gas well】 针对气井采用不压井进行施工的井下工艺。

工作原理：气井带压作业起下管柱时，均用上、下两台特种快速单闸板防喷器倒出或倒入接箍，在倒换油管接箍的过程中，两防喷器之间的高压气体应引至井场外的油气分离器内点火燃烧掉，防止空气污染。

作业特点：气井带压作业采用不压井施工作业方式，可避免气体溢出，避免发生爆炸；可最大限度保持储层状态，避免常规作业过程中对储层造成的伤害，确保了气田的增产稳产，具有巨大的经济社会效益和广阔的发展前景。

（廖锐全　赵　勇）

【电泵井带压作业 operation under pressure for well with electric pump】 针对电泵作业井采用不压井进行施工的井下工艺。对于井下地层流体非常充分的油井通常采用电潜泵下入井内直接将流体排向地面。电潜泵因其排量大，占地面积小，海上油田采用井下电泵采油非常普遍。陆上油田由于大多数进入开发后期，电潜泵井采油逐渐减少，但部分井由于注水原因压力异常，井口也有1～5MPa压力。常规作业会造成井喷或溢流，严重污染周围环境。

作业难点：在作业中，环形防喷器要能在封油管的同时也要把电缆一并封住，由于油管上电缆线和电缆卡子无法通过密封油管上提油管，需要采用油管与防喷器胶芯之间无相对运动方式提出油管、电缆和卡子，增设高压密封伸缩管，固定卡瓦必须要在拆除电缆后才能卡住管柱，增设取电缆过桥，一边提出管柱、一边卸开卡子拉出电缆。

（廖锐全　赵　勇）

【带压起下管柱 round-trip under pressure】 在带压环境中由专业技术人员操作特殊井控装置，使用游动卡瓦、加压液缸等专用工具，实现起下管柱的一种井下作业工艺。原理是：使用内防喷工具（堵塞器）密封油管，利用环（球）形防喷器密封油套环空，使用施压液缸和卡瓦控制油管，实现起下作业。

带压起下管柱的关键是选择适合作业井的井控装置并设定液缸最大举升压力并最大下压力。根据井口实际压力，按设计计算并设定控制管柱运动所需的液压缸最大下压力和允许管柱最大无支撑长度；随着井下管柱的增多（减少），管柱重量的增加（减轻），应逐渐降低（提升）液压缸的下压力。

带压起下管柱技术适用于由于井内压力高，常规作业无法完成的油、气、水井以及疑难井作业。

（廖锐全　赵　勇）

【带压更换井口 exchanging wellhead under pressure】 在带压的情况下使用专用工具密封井筒，实现更换井口的一种作业工艺。原理是：使用井控装置，将井内管柱起出，将专用工具下入井筒，确认密封完好后，卸下井控装置，更换井口，再使用井控装置将专用工具起出。

优点：可实现高压以及环境敏感地带更换井口作业；在施工过程中，可有效防止井喷失控；减少常规更换井口对环境造成的污染，达到环保要求。

带压更换井口施工步骤：（1）按施工设计安装井控装置，结构自下而上为：闸板防喷器、过渡短节、环（球）形防喷器、施压装置。（2）按带压起管操作，起出井内全部管柱。（3）根据设计要求，按带压下管柱操作，将专用工具下入井筒。（4）确认工具锚定、坐封完好后，起出工具上部的管柱。（5）卸下井控装置，更换井口。（6）重新安装井控装置，将井内工具捞出。

（廖锐全　赵　勇）

【带压通井 drifting under pressure】 利用井控装置、专业工具配合适当尺寸的通井规，对带压油水井的井径进行检查，了解井筒是否完好的井下作业工艺。原理是：利用专业工具堵塞下井油管后，利用环形防喷器密封油套环空，利用游动卡瓦和固定卡瓦起下管柱。

带压通井施工步骤：（1）按施工设计安装井控装置，结构自下而上为：闸板防喷器、过渡短节、环（球）形防喷器、施压装置。（2）按带压下管操作规程下通井管柱，通井管柱结构自下而上为：通井规、冲砂阀、油管。（3）通井管柱下至距人工井底100m时，缓慢加深油管，同时观察液压系统压力变化。（4）若通井遇阻，计算遇阻深度，并及时上报有关部门处理。如探到人工井底则连探三次，然后计算人工井底深度。（5）起出通井规，检查有无变形。如无变形，进行下步施工；如有变形，应采取处理措施。

（廖锐全　赵　勇）

【带压打印 printing under pressure】 利用井控装置、专业工具配合适当尺寸的铅印，对带压油水井的井下状况进行验证，通过分析铅模同鱼顶接触留下的印记和深度，反映出鱼顶的位置、形状、状态以及套管变形等初步情况，作为定性的依据，为施工提供参考。原理是：利用专业工具堵塞下井油管后，利用环形防喷器密封油套环空，利用游动卡瓦和固定卡瓦起下管柱至套变或落鱼位置，通过加压实现一次打印。

带压打印施工步骤：（1）按施工设计安装井控装置，结构自下而上为：闸板防喷器、过渡短节、环（球）形防喷器、施压装置。（2）按带压下管操作规程下打印管柱，冲砂管柱结构自下而上为：铅模、冲砂阀、油管。（3）打印管柱下至距鱼顶以上5m左右，大排量冲洗（排量不小于500L/min），边冲洗边缓慢加深油管，加深速度不超过2m/min。（4）当铅模下至距鱼顶0.5m时，以0.5~1.0m/min的速度边冲洗，边加深，一次加压打印。一般加压30kN，特殊情况可适当增减，但增加压力不能超过50kN。（5）起出全部油管，卸下铅模，清洗干净。（6）用照相机拍照铅印，保留铅模原始印记，并按1∶1的比例绘制草图，详细描述并分析印模变形情况。

（廖锐全　赵　勇）

【带压冲砂 sand washing under pressure】 利用井控装置、专业工具、循环设备共同完成的一项井下作业工艺。原理是：起下冲砂管柱时，关闭井控装备中的环形防喷器密封油套环空,冲砂阀处于关闭状态密封油管,利用游动卡瓦和固定卡瓦起下管柱。冲砂时,当泵车压力达到冲砂阀开启压力时,冲砂阀自动打开;停泵后,冲砂阀自动关闭,实现循环过程。

带压冲砂的优点:(1)可实现高压以及环境敏感地带油水井冲砂作业;(2)带压冲砂可减少对地层能量的损耗;(3)避免了常规冲砂压井后,压井液对地层的污染;(4)减少常规冲砂对环境造成的污染,达到环保要求;(5)井控装置更加完善,可避免井控事故发生。

(廖锐全　赵　勇)

【**带压油管输送射孔** tubing-conveyed perforating under pressure】　利用井控装置、专用工具将连接在油管上的射孔枪输送到射孔井段,通过井口施压进行射孔的工艺技术。原理是:起下射孔管柱时,关闭井控装备中的环形防喷器密封油套环空,冲砂阀处于关闭状态密封油管,利用游动卡瓦和固定卡瓦起下管柱。施压时,当泵车压力达到冲砂阀开启压力时,冲砂阀自动打开,继续施压至射孔枪爆炸额定压力范围,待射孔枪爆炸后停泵,冲砂阀自动关闭,实现带压射孔过程。

带压油管输送射孔特点:(1)可避免井喷事故发生;(2)射孔后可保持地层能量不释放,减少损耗;(3)可解决大斜度井、水平井及复杂井的射孔问题。

(廖锐全　赵　勇)

【**带压打捞** fishing under pressure】　在带压的情况下,使用井控装置、专用工具,捞出井内落物的作业工艺。带压打捞管类落物原理:使用专用打捞工具密封落物管内压力,使用专用工具(冲砂阀)密封下井打捞管柱内压力,使用井控装置密封油套环空及起下打捞管柱。

带压打捞施工步骤:(1)按施工设计安装井控装置,结构自下而上为:闸板防喷器、过渡短节、环(球)形防喷器、施压装置。(2)对井内落物进行<u>带压打印</u>,根据印痕分析井下情况及套管环形空间的大小,选择合适的打捞工具。(3)按带压下管操作,下打捞管柱。(4)捞住落物后,即可活动上升施压液缸。带压打捞小件工具时,使用冲砂阀密封下井打捞管柱内压力,根据<u>落鱼</u>大小、形状使用合适的专用打捞工具,将落物捞出。

(廖锐全　赵　勇)

【**油管压力控制技术** tubing pressure control】　采用各种工艺手段对油管进行堵塞来控制油管压力的技术。

根据工艺手段的不同,可将油管封堵技术分为重力送入—压差坐封技术、钢丝或电缆送入—坐封技术、连续管送入—坐封技术、预置工作筒封堵技术、井下开关（阀）封堵技术、油管外封堵技术、化学胶塞暂堵技术、冷冻暂堵技术。

（廖锐全　赵　勇）

【**油管投堵** tubing to be put into shutoff】 按照设计要求下入堵塞器，进行油管封堵的作业。油管投堵作业可分为堵塞器检查、井下管柱测试、通井、管柱刮削、油管堵塞。

堵塞器检查 测量堵塞器钢体外径和长度，并检查各部件是否完好，井下开关等需要在地面安装的堵塞器，下井前应从堵塞器底部进行试压，试压压力为井底压力的1.2倍。

井下管柱测试 对于天然气井，井下油管堵塞前应测试油管深度及根数，确定油管实际深度。

通井 用小于油管内径2~4mm、长度不小于堵塞器长度的油管规，采用钢丝作业（电缆作业）等方式通井，验证管柱通径。

管柱刮削 如通井深度未达到预定位置或管柱内有结蜡、结垢的井，用钢丝（连续油管）下入刮削器对油管进行除垢（蜡）作业，直至油管通径符合油管堵塞器的下入及坐封要求。

油管堵塞 按设计要求下入堵塞器，进行油管封堵。油管堵塞器坐封后，分四次均匀放掉油管内压力，每次等待10min，观察油管内压力是否上升。油管压力不上升，油管封堵合格。如果油管堵塞失效，应分析原因，采取措施，重新进行油管堵塞作业，直至油管堵塞合格。天然气井油管堵塞后，为降低堵塞器上、下压差，可向油管内灌注一定量的阻燃液体。天然气井油管堵塞时，可采用倒入水泥浆等方式来稳固堵塞器。

油管投堵施工的常规步骤为：首先，根据施工目的和井况选用管柱底部封堵方式；然后采取安全保障措施，当内堵工具坐封后，向管柱内注入水及其他介质，保障内堵工具处于良好工作状态，如果井下管内堵塞器发生泄漏会提前发现溢流，可以抢装旋塞阀。油管内压力的有效控制离不开堵塞工具和工艺技术，二者相辅相成，缺一不可。

（廖锐全　赵　勇）

【**油管压力控制工具** tubing pressure control tool】 能够实现隔离井内压力，防止井内流体从管柱溢出的专门用于封堵油管的井下工具统称。油管压力控制工具包括油管堵塞器、油管桥塞、坐封工具、双向阀、井下控制开关、泵下定压滑阀和尾管堵等。油管压力控制工具按施工工序可以分为：施工前油管压力控制工具、施工过程中油管压力控制工具和完井管柱油管压力控制工具。

（廖锐全　赵　勇）

【**油套环空压力控制技术** tubing-casing annulus pressure control】 在带压作业过程中通过防喷器组对油管和套管环形空间压力进行有效控制的技术。

油管和套管间的环空压力控制主要依靠带压防喷器组进行控制，两个半封闸板防喷器相互配合倒出接箍以及配合放压阀和卸荷阀起出井下工具。另外，还有一种特殊防喷器，其特点是采用油缸外置式结构，驱动闸板的液缸外装于防喷器本体两侧，闸板结构形式为圆柱形，前密封与管柱的接触面积增加，密封更可靠，前密封镶嵌有特殊耐磨材料，使前密封在满足动密封的工况下具有较长的使用寿命。

（廖锐全　赵　勇）

【**管柱上顶力的控制技术** string upward force control】 带压作业施工过程中利用卡瓦和升降液缸的配合来对管柱的上顶力进行有效控制的技术。卡瓦对管柱提供卡紧力，然后依靠升降液缸来控制管柱的起下。现阶段主流的带压作业装置主要配置为锥形自紧式卡瓦。此类卡瓦系统用一个液缸实现两个卡瓦体同步动作，采用液压回路控制卡瓦的关闭和打开，关闭压力可调，关闭和打开的速度可调。为了防止误操作而发生坠管和窜管事故，整个卡瓦系统配备两套承重锥形自紧式卡瓦和两套防顶锥形自紧式卡瓦，在液压控制系统中，对升降液缸的控制要求具备换向、制动、差动、锁死和速度可调等功能，这些控制功能的实现主要是通过液缸控制阀配合液压辅助回路实现。另外，在液压控制系统上还安装了卡瓦互锁装置，以防止处于工作状态的一对承重卡瓦或防顶卡瓦同时处于打开位置，从而保证了操作的安全性。

（廖锐全　赵　勇）

【**冻胶阀技术** jellied valve technology】 一种使用化学胶体段塞进行油井、气井、水井不压井作业的封堵技术。冻胶阀在井筒中具备一定的抗压差性能，可隔离上下流体。修井作业管柱能穿透冻胶阀，在管柱穿透过程中能实现油套环空密封，避免井筒流体溢出。修井作业结束后冻胶阀可实现破胶液化，采用氮气或水将残液全部返排。冻胶阀技术不但能缩短修井时间，还能大幅度降低不压井作业的费用。

冻胶阀封堵技术原理：注入到井筒中的冻胶基液在井下一定压力和温度下，形成冻胶段塞。冻胶段塞既具有一定强度和耐压性，能起到隔离作用；又具有一定黏附性及恢复性，与套管形成静态密封，与修井管柱形成动态密封。利用冻胶的黏性实现其一定的抗压差能力，在井筒中保持静止，即"阀"固定；利用冻胶的固体力学特性隔离密封井筒油气，即"阀"密封；利用冻胶的黏弹性实现管柱的顺利穿透及自身的恢复，即"阀"开、关；利用冻胶的可破胶特性实现其在作业结束后破胶返排至地面，即解"阀"。

冻胶注入工艺：冻胶阀工作系统由注入系统、控制系统、计量系统和供电系统组成（见图），能够实现基液和交联剂按比例精准注入。基液由基液罐经基液注入系统注入到管线搅拌器中；同时，另外一端，交联剂经交联剂罐及交联剂注入系统注入到管线搅拌器中与之前注进来的基液实现混合，再经搅拌器搅拌注入到井筒。在整个过程中基液和交联剂量由流量计控制。

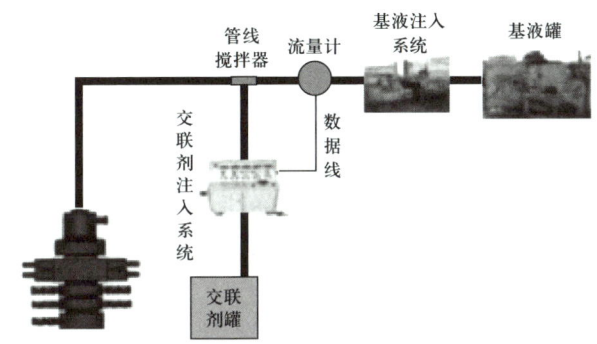

冻胶阀工作系统

冻胶返排工艺：当使用冻胶阀技术不压井作业完成后，向井内注入破胶液，破胶液与胶体段塞反应生成可流动絮状物，后采用正循环氮气气举返排方式。破胶时间根据配方比例不同，可控破胶时间为12～72h，返排过程中，特别是在举通后要实时控制氮气车排量，保证返排平稳运行，直至将所有的冻胶残液返排到地面。

（廖锐全　赵　勇）

【连续管作业 coiled tubing operation】 使用连续管作业设备的井下作业施工。包括连续管冲砂洗井作业、连续管压井作业、连续管气举作业、连续管旋转喷射除垢解堵作业、连续管切割解卡作业、连续管酸化作业、连续管压裂作业等。连续油管作业具有可带压作业、起下速度快、对地层伤害小的优点。

连续管作业技术起源于第二次世界大战期间的海底管线工程，自20世纪60年代初开始在石油工业中应用；到90年代，连续管作业机被誉为"万能作业机"，广泛应用于油气田修井、钻井、完井、试油、采油、测井和油气集输等作业领域。进入21世纪后连续管技术产业成为发展最快的石油工程技术领域之一。近几年来连续管新技术、新动向主要包括：变径连续管作业、组合管柱技术、水平井改造的配套作业配套技术、连续管多级压裂技术、连续管填砂环空压裂技术、连续管水平井测井技术、连续管钻井技术等。

连续管作业机是连续油管作业的主要设备，可向油水井中油管或套管内下入或起出连续油管。主要包括注入头与鹅颈导向器、滚筒、动力系统、控制室、井控设备（防喷盒、防喷器、防喷管）、连续管。连续油管缠绕在作业机的滚筒上以便移运。陆用连续油管作业机可分为自行式和拖挂式两种，海上用的连续油管作业机为橇装式。

（廖锐全　赵　勇）

【连续管作业注入头 injector of coiled tubing operation】 连续管起下的动力机构（见图）。由两台同步的可正反方向旋转的液压马达驱动链条，以带动夹块夹住连续油管上下移动。注入头的主要作用是：提供足够的推、拉力起下连续油管；在不同的井况下控制连续油管的下入速度；承受全部连续管重量，且在起出连续管时提供足够的拉力及速度。主要由负载测量系统、链条张紧系统、链条夹紧系统、驱动箱、链条夹持块系统、护栏及框架等组成。注入头采用安全释放式刹车、变量液压马达、减速箱驱动链轮和驱动链条夹块装置，实现连续管的提升和下入，不同管径的连续管通过更换夹块来满足。

连续管注入头

（廖锐全　赵　勇）

【连续管作业滚筒 drum for coiled tubing operation】 储存和传送连续管的装置。由一个双向马达通过链条和齿轮驱动。马达设有刹车系统以防工作滚筒自由转动。工作滚筒由滚筒及液压驱动部分、自动排放油管系统、液体泵入管汇组成。滚筒是连续油管的储运设备，用以均匀地缠绕连续油管。液压驱动部分通过液压释放型刹车、行星齿轮减速箱传递到滚筒轴，中间取消链条传动，驱动油管滚筒进行正反转运动。滚筒总成采用模块化设计，摆动油缸能驱动滚筒总成偏转15°，方便现场作业时对准观察井口。油管滚筒两边有向下保持的控制链及锁定装置，以保证车辆在行驶过程中滚筒总成的安全。

滚筒的主要功能是为了安全地储存和保护连续油管。滚筒通常含有一个旋转接头，使得液体能够在滚筒旋转时通过连续管进行泵送。

（廖锐全　赵　勇）

【连续管 coiled tubing】 一整根无螺纹连接的长油管（见图），可连续下入或起出油井。又称绕性油管、蛇形管或盘管。连续管钢材大体有三种：（1）碳钢连续管，管体表面硬度为 HRC22，抗拉强度为 552MPa，屈服强度为 482MPa，延伸率为 30%；（2）铬钼合金钢，屈服强度为 690～760MPa，一般要比碳钢连续管高出 40%；（3）钛合金钢，Beta-C 级钛合金钢制连续管，具有抗拉强度高的特点，其抗拉强度为 1036MPa，屈服强度为 967MPa，延伸率为 12%。除此之外，国外还研制出了玻璃纤维和碳素纤维等复合材料的连续管，其重量和防腐蚀性能均优于钛合金连续管，但是制造成本高同时维护保养困难，短时间内难以推广应用。可进行很多特殊井下作业，如冲洗解卡、快速气举诱喷、连续管下接各种工具进行各种特殊作业等。

连续管

（廖锐全　赵　勇）

【连续管气举作业 gas lift by coiled tubing】 利用连续管作业机同氮气车配合进行气举排液施工的井下作业工艺。连续管气举主要方式有两种：连续注入方式和间歇注入方式。

连续注入方式　低排量连续注入气举是连续管举升最有效的方式，该技术可以使气体连续分散于井筒液体中，使环空液体密度逐渐降低，以便在控制状态下诱发底层内的流动。

【间歇注入方式】 间歇注入方式也称为分段气举。先将连续管下至液面以下预定深度，逐步增加氮气泵注压力超过静水柱压力，氮气进入环空开始气举。

（廖锐全　赵　勇）

【连续管压井作业 well kill by coiled tubing】 通过连续管配套装置在下钻的过程中循环压井液的压井工艺。可解决高压油气井用常规方法（循环法、挤注法、灌注法）无法完成的压井作业，连续管压井作业具有快速、高效的特点。

（廖锐全　赵　勇）

【连续管冲砂洗井作业 sand washing by coiled tubing】 在连续管的端部安装洗井工具，洗井液通过连续管泵入井内，由洗井工具增压，产生高压射流冲蚀搅动砂粒，环空上返流体将井内砂粒带至地面，随着连续管的不断下入，砂面逐渐降低的井下作业工艺。

连续管冲砂洗井技术具有以下优点：(1)无需起出作业井内原有管柱；(2)连续管冲砂洗井无需连接管柱，可以带压连续作业，对地层伤害小且洗井效率高；(3)作业成本低；(4)连续管抗拉强度较高，可下入较重的洗井工具；(5)连续管设备易于安装，机动性强，占地面积约为常规作业的，可进行快速作业；(6)对水平井有针对性，适用于水平井快速高效冲砂作业。

对于低压气井冲砂，可采用连续管氮气泡沫冲砂。低压气井由于地层压力低，井漏严重，若采用常规冲砂液体系作业，要配备效率较高的旋转喷嘴，并根据砂桥分布深度，及时调整泡沫液密度和排量。

（廖锐全　赵　勇）

【连续管通洗井作业 drifting and flushing by coiled tubing】 利用连续管作业装置同时进行通井、洗井的工艺。将连续管通井、洗井作业集成起来，形成连续管边循环边下入通洗一体化作业技术。该工艺可明显提高作业效率、降低成本。连续管通洗井一体化作业主要用于新井，最初的目的是缩短修井周期以利于快速投产。该技术开始用于提高丛式井作业的效率，也由直井作业逐步扩展到水平井作业。

（廖锐全　赵　勇）

【连续管旋转喷射除垢解堵作业 descaling and plug removal by rotary jet of coiled tubing】 采用连续携带高速喷射冲洗工具，对管垢、砂堵进行冲洗，建立生产、循环通道的工艺。冲洗工具为：外卡瓦连接头＋双活瓣单流阀＋旋转喷头。技术特点是冲砂效率高，适用于油管内除垢和套管内，冲砂深度可达 5000m。比较适合压裂砂堵的井和地层严重冲砂井。

连续管除垢的主要特点：油管内作业，可不起出管柱、不压井作业；速度快，施工安全；恢复通径，清洁油管，改善注水水质。

作业要求：（1）根据管径、结构特征和作业深度，合理选择连续管设备、喷射工具和工作参数（主要是排量和起下速度）。（2）为避免喷嘴堵塞，要求泵车吸入口加 40/60 目的滤网，并在连接工具前充分循环清除连续管内的污物。

（廖锐全　赵　勇）

【连续管切割解卡作业 freezing stuck by cutting coiled tubing】 利用连续管作业装置和配套工具进行切割的工艺。主要包括连续管水力割刀切割和连续管旋转喷砂切割。

连续管水力割刀切割　使用螺杆马达驱动水力割刀，利用水力油管锚（和水力扶正器）固定和扶正工具，并承受切割产生的反扭矩。水力割刀利用节流水眼建立压差，驱动活塞推动割刀张开，提供切割所需的正压力。实际使用时，该技术主要用于切割油管，主要用于注水管柱和压裂管柱遇卡后的切割，一般每种规格的油管对应一种割刀。

连续管旋转喷砂切割　采用连续油管携带水力喷砂切割工具，下入指定切割位置，泵车将一定浓度的混砂流体泵注入井，高速含砂流体在喷砂切割工具作用下完成对钻杆、油管的切割工艺。可在水平井内完成切割，水力切割不会导致连续管、钻杆受压变形，对井眼、套管影响较小。适用于水平井、大斜度井普通电缆传输爆炸切割弹无法下入的情况，对爆炸品、火工品有限制区域以及被切割体壁厚，爆炸切割无法切断的情况。

（廖锐全　赵　勇）

【连续管酸化作业 acidizing by coiled tubing】 利用连续油管配套装置进行酸化的工艺。连续管酸化作业主要包括连续管拖动酸化、连续管水力喷射分层酸化。

连续管拖动酸化　在对长井段进行酸化作业时，边循环酸液边均匀拖动连续管，使酸液尽可能均匀地分布在作业层中。

连续管水力喷射分层酸化　采用连续管喷砂射孔与喷射酸压连作的方式，在完成喷砂射孔后保持高速射流的同时关闭或关小环空，将酸液从射孔点挤入地层。完成后，拖动到下一层，逐层重复完成所有层段的分层酸化。这样可实现精确分层，可用于裸眼、套管、筛管等多种完井方式，可实现过油管作业。

（廖锐全　赵　勇）

【连续管压裂作业 fracturing by coiled tubing】 利用连续管配套装置进行压裂的

工艺。主要用于多级压裂，利用连续管实现带压拖动快速定位，精确分层。连续管压裂可按照其压裂液泵注通道的不同，划分为三种主要类型：管内泵注压裂、环空泵注压裂、油套同注压裂。采用环空泵注的连续管喷砂射孔环空压裂技术，是连续管压裂的主流技术。

管内泵注压裂　主要是连续管跨隔封隔器分层压裂，是预先对要处理的层段射孔后，使用连续管下入两个封隔器卡封处于最下位置的层段，定点压裂。完成后，拖动到下一层，逐层重复完成所有层段的分层压裂。这样可以实现精确分层，主要用于套管完井方式。

环空泵注压裂　主要是连续管喷砂射孔环空压裂，有填砂分层和封隔器分层两种类型。这类技术的特点是射孔与压裂联作，利用环空泵注可用于较大规模的压裂。这样可实现精确分层，主要用于套管完井方式以及新井，可适应深井和水平井作业。

油套同注压裂　主要是连续管水力喷射压裂，是采用连续管喷砂射孔与喷射压裂联作的方式，在完成喷砂射孔后保持高速射流的同时环空补液实现压裂。这样可以实现精确分层，可用于裸眼、套管、筛管等多种完井方式，可实现过油管作业。

（廖锐全　赵　勇）

【连续管挤注水泥 cementing by coiled tubing】　利用连续管作业装置进行挤注水泥的工艺。

连续管注水泥作业主要有以下几种类型：

（1）封堵油井中的出气层，降低气油比，增加产油量；封堵油井中的出水层，降低含水率。

（2）注水调剖，封堵高渗透层（漏失层）。

（3）报废井的封堵作业。

连续管注水泥作业通常要使用注水泥胶塞，分为上塞和下塞。下塞用于将水泥浆与前置的循环液隔离；上塞用于将水泥浆与后置的顶替液隔离，并刮除连续管内壁上的水泥。一般只使用上塞；要精确控制水泥塞高度时，同时使用上塞和下塞，并使用捕捉器捕获胶塞。

（廖锐全　赵　勇）

【连续管整形 coiled tubing shaping】　利用连续油管带动液压整形工具，通过循环为液压整形器提供能量，使液压整形器对套管套变点进行连续快速冲胀整形工艺。该工艺技术施工效率高，但只适用于套管的轻微变形。

（廖锐全　赵　勇）

【连续管钻磨 coiled tubing drilling and grinding】 采用连续管携带震击器、马达、磨鞋等钻磨工具，通过连续管泵注驱动马达带动磨鞋旋转完成桥塞、水泥塞磨铣的工艺。原理是：通过连续油管将螺杆马达、磨鞋从套管内下到水泥塞或桥塞顶部，通过探桥塞位置，由地面泵入液体通过连续油管传输到井底，使螺杆马达驱动磨铣钻头旋转，再通过对连续油管施加一定的钻压作用于钻头，使钻头对水泥塞或桥塞以滑移变形方式切削并不断磨铣的过程。

连续管可在水平井内完成桥塞、水泥塞磨铣，并可在带压状态下进行磨铣作业，可以连续钻除井内的多个桥塞、滑套、球座及水泥塞等，提高工作效率。

（廖锐全　赵　勇）

【连续管打捞 coiled tubing fishing】 利用连续管带动液压拉拔器或加速震击器，进行增力解卡打捞或近卡点震击解卡打捞来打捞落物的工艺。

在使用常规钢丝绳工艺进行打捞作业时，遇到水平井或大斜度井的情况下基本无法对其中的落物进行打捞作业。连续管的拉伸强度比钢丝绳拉伸强度要高，即使是比较重的打捞工具也可以悬挂，并且设备安装比较便捷，大大缩短了作业时间。但是因为连续管无法旋转，与常规的打捞筒、捞矛等工具在使用配合上受到限制，在水平井中采用连续管进行打捞作业，不能通过悬重变化和泵压的瞬时升高来判定是否抓住落鱼。

（廖锐全　赵　勇）

修井工具与井下作业设备

【**修井工具** workover tool】 油气田开发过程中油、气、水井出现故障时下入井内进行井下作业施工的专用工具。按功能可分为：（1）打捞工具，主要有打捞矛（见卡瓦打捞矛）、打捞筒、打捞篮、公锥、母锥、打捞钩、鱼顶修整器等；（2）悬挂器；（3）钻磨工具，主要有钻头、磨鞋、铣锥、套铣筒等；（4）修套工具，主要有套管整形工具、井下切割工具、机械倒扣工具、套管加固工具、取换套管工具等；（5）封隔工具，主要有封隔器、桥塞等；（6）解卡工具，主要有震击工具、测卡仪、倒扣器等；（7）井下作业检测工具，主要有通径规、印模、多臂井径仪、井下电视等；（8）井下作业地面工具；（9）井下作业辅助工具，主要有套管刮削器、引鞋等。

（王锡敏　杨振威）

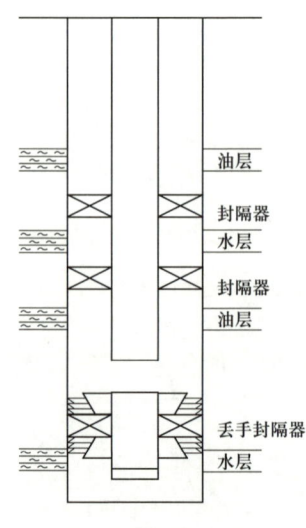

卡堵水管柱示意图

【**封隔工具** packer tool】 用于密封油管与套管或套管与井壁之间环形空间，可径向膨胀、轴向分隔的专用工具。主要有封隔器、桥塞等。多数油、气、水井在射孔时打开了多个目的层时，为了防止各层之间的干扰，需要用封隔工具分层开采或分层注入。有的生产井上下层之间有高压水层或漏失层，或底部井段是高压水层等情况，为了提高采收率，用封隔器把水层或漏失层卡住，或把底部井段的高压水层封堵住，见图。

（王锡敏　杨振威）

【**封隔器** packer】 为了满足油气水井某种工艺技术目的或产层改造技术措施的需要用于分层封隔的井下专

用工具。一般由钢体、胶皮封隔件部分和控制部分构成。广泛应用于固井、试油、采油、注水和储层改造等作业中，不同作业采用的封隔器不同，如固井作业中采用套管外封隔器。

按封隔器封隔件实现密封的方式不同可分为自封式、压缩式、扩张式和组合式4种。自封式封隔器靠封隔件外径与套管内径的过盈和工作压差实现密封；压缩式封隔器靠轴向力压缩密封件，使密封件外径扩大实现密封；扩张式封隔器靠径向力作用于封隔件内腔，使封隔件外径扩大实现密封；组合式封隔器由自封式、压缩式、扩张式任意组合实现密封。按支撑方式不同可分为：尾管支撑式封隔器、单向卡瓦支撑式封隔器、双向卡瓦支撑式封隔器、锚瓦支撑式封隔器、无支撑式封隔器；按坐封方式不同可分为：提放管柱坐封封隔器、转管柱坐封封隔器、液压坐封封隔器、下工具坐封封隔器；按解封方式不同可分为：提放管柱解封封隔器、转管柱解封封隔器、钻铣解封封隔器、液压解封封隔器、下工具解封封隔器。作业过程中，封隔器在给定的方法和载荷作用下产生动作，使封隔件进入工作状态，这种操作叫封隔器坐封；需要起出封隔器时，按给定的方法和载荷解除封隔件的工作状态，叫解封；封隔器在井下预定位置坐封后是否起到封隔作用，验证其密封性能的操作叫验封。

（谢荣院　方代煊　石善志）

【支撑式封隔器 support-type packer】 以井底（或卡瓦）为支点，依靠封隔器以上管柱的重量向下加压来坐封，使封隔器胶筒压缩膨胀密封油套管环形空间的封隔器。适用于分层采油、分层试油、分层找水、堵水和分层酸化等施工作业。常用的主要有Y111型系列封隔器、Y111型可洗井封隔器等。

（张顶学　廖锐全）

【卡瓦式封隔器 slip-type packer】 利用卡瓦将封隔器固定在套管上的一种封隔器。有两种类型：一种是利用水力坐封的水力卡瓦式封隔器；另一种是利用轨道换向坐封的轨道式封隔器。其优点是不需要以井底为支点，并可与支撑式封隔器等组成多级封隔器。此类封隔器常用于深井试油、卡封水层、采油、压裂、防砂等施工作业。常用的主要有Y221、Y411型封隔器。

（张顶学　廖锐全）

【自膨胀式封隔器 self-expansion packer】 在下入井内后，当密封橡胶和地层产出油或水接触时，特殊橡胶能自动吸收原油或水而膨胀，实现对地层封隔的封隔器。可以应用于水平井及复杂结构井的分段采油、找水堵水、分段改造等领域，是一种有效的完井封隔工具。

（张顶学　廖锐全）

【水力扩张式封隔器 hydraulic expansion packer】 靠水力使胶筒向外扩张来封隔油、套环形空间的封隔器。使用时油管压力必须大于套管压力，常和节流器配套使用，以高压液体为动力坐封和解封。多用于分层压裂、分层酸化、分层配产管柱中。常用的有 K344 型封隔器。

（张顶学 廖锐全）

【水力密闭式封隔器 hydraulic closed packer】 利用向油管内注入的高压液体涨开胶筒密封油套管环形空间的封隔器，依靠密封自锁机构保持胶筒内压力，油管内压力降低后可保持密封。

（张顶学 廖锐全）

【水力压差式封隔器 hydraulic pressure differential packer】 通过向油管内加压形成油管内外压差，使胶筒扩张，从而达到密封油套管环形空间的封隔器。缺点是当油管内压力波动时会自动解封。

（张顶学 廖锐全）

【水力自封式封隔器 hydraulic self-sealing packer】 靠剪钉、拉紧环和下胶筒座把胶筒拉伸、固定，封隔器下到预定位置时，向油管内加压使剪钉剪断胶筒恢复原来尺寸密封油套管环形空间的封隔器。缺点是解封较困难。

（张顶学 廖锐全）

【可洗井注水封隔器 washable injection packer】 一种适合油田注水并具有专用反洗井通道的封隔器。其工作原理是：坐封时高压液体经中心管的水眼进入到柱塞腔内，推动柱塞上行，压缩胶筒，使胶筒直径变大封隔油套环形空间。在压缩胶筒的同时，锁套上行被锁环卡住，洗井柱塞在内压作用下下行关闭反洗井通道，这时可正常注水；洗井时由油套环形空间加压，打开洗井柱塞，即可正常洗井。

（张顶学 廖锐全）

【热采封隔器 thermal recovery packer】 由耐高温高压密封件制成的热采专用封隔器。其密封元件均由耐热材料制成，如高温橡胶、石墨或延展性很好的金属。是注蒸汽管柱的重要组成部分，能有效地减少热损失，保护套管，提高井底蒸汽干度，改善注气效果。有耐高温液压坐封式封隔器、化学剂膨胀式热采封隔器和热敏金属扩张式热采封隔器。

（张顶学 廖锐全）

【桥塞 bridge plug】 停留在井中某一深度而又与管柱脱离的封隔器。又称丢手封隔器。主要用途是：代替水泥塞用于封堵底层、封井等；分采卡堵水层；井下作业中用作底封隔器或挤注水泥、压裂、堵水等。

主要由密封系统、锚定系统和锁紧系统组成。密封系统由胶筒、上下锥体和防突隔环组成。上下锥体在坐封工具作用下剪断销钉，压缩胶筒形成密封；隔环是防止胶筒压缩时肩部突出。锚定系统由上下卡瓦、自锁锁环等组成，上下卡瓦的作用是将桥塞固定在套管预定位置，防止窜动。

桥塞有可取式桥塞、可钻桥塞、可溶桥塞和水泥承转器等。水泥承转器只是多了一套活瓣式锁套阀，由管柱下端插杆操作使活瓣阀下行，缩套阀内套通孔和水泥承转器下部通孔相通，管柱与水泥承转器下部井眼连通，挤水泥后上提管柱，插杆带动活瓣式锁套阀上行，关闭锁套阀使水泥承转器上下隔断，确保挤入的水泥不回流，达到施工设计质量。

（张顶学　庞志学）

【可溶桥塞 soluble bridge plug】　一种由新型材料制成的，在井内液体环境中，一定温度条件下自行溶解无需井筒作业的桥塞。集常规快钻式复合桥塞和大通径桥塞优点于一体。

可溶性桥塞主要由桥塞基体、锚定机构及密封件3部分组成。桥塞基体由高强度可溶材料制成，包括中心管、锥体、保护环及接头等。锚定机构采用可溶材料作为载体，表面经过合金粉粒、合金颗粒或陶瓷颗粒处理。密封件为可溶性橡胶或塑料。

（张顶学　廖锐全）

【泄油器 oil release valve】　取出油管进行修井作业时将油管内液体排入井中避免原油溢出地面的工具。装在深井泵的上部与油管连接，在抽油泵正常工作时泄油器处于关闭状态。固定阀不可捞的管式泵起油管进行修井作业时需采用泄油器泄油，固定阀可捞式的管式泵可通过打捞固定阀的方式泄油，杆式泵不需要专门配备泄油器进行泄油。井液泄至井筒内，可改善井口操作条件，减少井场污染，同时提高井内液面，在一定程度上避免井喷。

泄油器种类繁多，可分为液压式和机械式两大类，液压式又可分为爆破式和液压开关式两种，机械式又可分为一次性开启和重复开关两种。

（叶利平）

【机械式泄油器 mechanical oil release valve】　一种由抽油杆控制，用机械方法打开的泄油器。多采用滑套方式操作，按结构可分为卡簧式泄油器、锁球式泄油器和凸轮式泄油器等。

（赵　勇　廖锐全）

【卡簧式泄油器 spring oil release valve】 滑套两端都有卡簧，或滑套一端有卡簧的泄油器。这类泄油器品种繁多，但都大同小异，用抽油杆操作，安全可靠。常用有销钉式泄油器和压缩式泄油器。

销钉泄油器　通过剪断销钉实现油套内外连通，主要由本体、黄铜销钉、密封垫片等构成。工作原理：销钉泄油器被接在抽油泵泵筒下部，固定阀上部随着抽油泵一同下入井中正常生产，在下次检泵作业时从井口扔进一根抽油杆本体将横在泄油器内部的铜钉砸断，油套连通泄油。

压缩式泄油器　通过机械方式打开滑套开关实现油套连通，由上接头、外管、弹簧、滑套、密封圈、下接头组成。工作原理：外管上开有泄油孔，并由滑套及密封圈密封，滑套有弹簧支撑上、下接头内径小于滑套内径，因此，活塞及其他工具通过泄油器时碰不着滑套，故泄油器不会打开，保证作业成功。作业时先将抽油杆起出，然后起出油管，当油管见液面时，将开泄体接1～2根抽油杆投入油管内，当开泄体下落到泄油器外管上部时，由于此处内径大，开泄打开，外径尺寸大于滑套内径，落坐于滑套上，在抽油杆重力作用下压缩弹簧，滑套下行，露出泄油孔泄油。

（赵　勇　廖锐全）

【锁球式泄油器 ball sealing oil release valve】 利用锁球控制滑套开关的一种泄油器。打开泄油时，当控制器上行与上球接触，带动滑套上行至上释放槽，上球入槽，控制器自由起出，这时下球推开下换换向槽，球被顶出，完成了打开泄油器和换向动作。关闭泄油器时，控制器下行，与下球接触，压滑套下行至下释放槽，下球入槽，控制器可自由下放，同时上球推出上换向槽，球被顶出，完成了关闭泄油器和换向动作。这种泄油器可重复开关，可自锁，但结构复杂，容易失灵。

（赵　勇　廖锐全）

【凸轮式泄油器 cam oil release valve】 一种通过凸轮实现自控、定位的滑套泄油器。当控制器端部斜面与上换向器的凸起部位相接触时控制器向下运动，推动滑套和换向机构下行，待换向机构下端沿下锥面滑动，导致换向机构沿其轴心旋转，使换向机构的凸起部位缩至与滑套内孔相同时，控制器顺利通过，此时完成了泄油器关闭和换向动作。这种泄油器能重复开关、自锁，但结构复杂，弹簧长期在井下流体腐蚀或砂、蜡、垢等影响下容易失灵，现场应用较少。

（赵　勇　廖锐全）

【液压式泄油器 hydraulic oil release valve】 利用液压操作开关的泄油器。属于一次性开启类型，使用时一旦误操作就必须起油管，造成返工，而且憋压随机性很大，不易掌握。主要分为憋压式和爆破式两种。

爆破式泄油器　在泄油器上安装一个金属爆破片，当内外压差达到极限强度时，爆破片爆破将油管内液体泄入井内的泄油器。

憋压式泄油器　在泄油器外壳装上一个用定位销固定的密封套，油管内憋压时形成泄油器内外压差作用在两个"O"形密封圈环形面积上的力剪断销钉，泄油器即打开泄油。

（赵　勇　廖锐全）

【回音标 reflector】　用回声仪测量抽油井油套管环形空间液面位置时用于反射声波的井下辅助装置。是回声仪的井下部分，为一柱状短节，套接在液面以上规定深度的油管接箍上。回音标的直径以遮住环形空间面积的 50%～70% 为准。测液面时，在井口可分别接收到回音标和液面的反射波，根据声波记录曲线和回音标位置便可计算出液面深度。

（赵　勇　廖锐全）

【脱接器 on-off connector】　在抽油泵活塞直径大于上部油管内径的情况下，用于抽油杆与活塞之间的对接和脱开，解决小油管下大直径的抽油泵的井下工具。对于下大泵的油井，活塞不能通过油管下入泵筒内，只有把活塞随泵筒先下入井内，但活塞的上部必须在下井前与脱节器的下半部相连接，然后在最下端的一根抽油杆的下端接上脱节器的上半部，随抽油杆下入井内，在泵筒内完成对接。在检泵起管柱时，上提抽油杆，当脱节器上行至接在泵筒上部的脱卡器时，使脱节器上下两部分脱开，从而实现分别起出抽油杆和油管的目的。常用的脱节器有双卡脱接器和卡爪式脱接器。

（赵　勇　廖锐全）

【双卡脱接器 double-clip on-off connector】　一种利用双扭簧卡子实现抽油杆与抽油泵柱塞脱、接的脱接器。利用抽油杆下部的中心杆上扭簧将卡子张开，继续下行进入外套两侧窗口处使柱塞和抽油杆连接成一体；脱开时，上提使外套上端进入释放接头，迫使卡子收缩中心杆与外套脱开。

（赵　勇　廖锐全）

【卡爪式脱接器 grab-type on-off connector】　一种利用卡簧爪实现抽油杆与柱塞脱、接的脱接器。利用卡簧爪下行时遇到脱节器芯子迫使径向变大，下移到脱节器芯子连接台阶时直径突然变小卡簧爪恢复原状，同时锁紧滑套，在弹簧力的作用下迅速套住锁爪，使抽油杆与柱塞连成一体。脱开时，将抽油杆上提至锁紧滑套与释放接头接触，开始压缩弹簧，使其相对于中心杆下滑移一定距离

抽油杆防脱器

后，卡簧爪张大自然脱开。缺点是对接后间隙大。

（赵 勇 廖锐全）

【抽油杆防脱器 sucker rod anti-release device】 一种防止抽油杆脱扣的工具。由一个短抽油杆与连接套组成，连接套下部为抽油杆内螺纹，内装有止推轴承，当抽油杆因各种原因产生的松扣扭矩大于防脱器旋转扭矩时，防脱器自动旋转消除松扣扭矩，达到防脱目的（见图）。抽油杆防脱器多安装在抽油杆柱中和点以下和中和点以上易脱扣位置。

（赵 勇 廖锐全）

【抽油杆扶正器 sucker rod centralizer】 油杆泵抽油系统中用于扶正抽油杆，改善抽油杆受力状况的井下工具（见图1）。它能减轻抽油杆与油管的摩擦，增加抽油杆刚度，防止抽油杆弯曲。抽油杆扶正器有滚动式和滑动式两种。

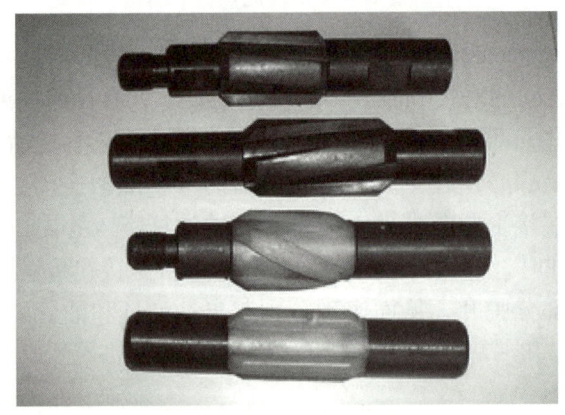

图1 抽油杆扶正器

滑动式抽油杆扶正器 扶正器两端带有较大的倒角，中间有与抽油杆直径匹配的孔，外径较油管内径小；在扶正器外圆柱面上开有数条均匀分布的螺旋槽作为液流通道，其中一条较宽的螺旋槽与内孔相通，作为往抽油杆上安装的入口（见图2）。利用定位器将扶正器固定在相应的位置，一般在中和点以下安装扶正器和磨损点附近安装扶正器。

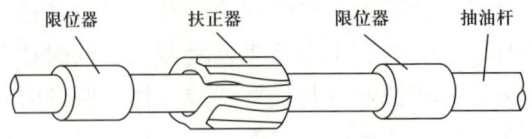

图2 滑动式扶正器

滚动式抽油杆扶正器　将抽油杆接箍上加装滚动件减轻抽油杆和油管磨损和摩阻。常用的有滚轮式扶正器和滚珠式扶正器。滚轮式扶正器常用的有三轮式和四轮式两种（见图3），一般在中和点以下每根抽油杆下一个扶正器，在井斜或方位角变化大的位置加装扶正器，最后在结蜡段下部装一个，效果较好。滚珠式扶正器将滚珠半潜在抽油杆接箍上，作用与滚轮式相同，其缺点是过流面积小，流动阻力大，滚珠易脱落。

（叶利平　赵　勇）

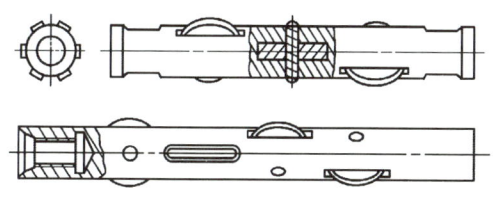

图3　滚轮式扶正器

【**抽油杆减振器**　shock absorber of sucker rod】　安装在光杆上，置于悬绳器与方卡子之间以减少光杆振动载荷的装置。由弹性元件和安装弹性元件壳体组成。弹性元件一般为橡胶或蝶形弹簧等材料，可减轻抽油机运行时产生的振动载荷。

（赵　勇　廖锐全）

【**油管锚**　tubing anchor】　用于锚定油管，消除油管蠕动的井下工具。油管锚安装在抽油泵的上部10m左右处，目的是锚定泵筒以上油管，以减少因上下冲程油管变形所造成的冲程损失，也可防止因交变载荷所造成的油管断脱事故，主要用在泵挂较深的管柱中。

油田使用的油管锚有卡瓦支撑式和无卡瓦支撑式两种。卡瓦支撑式又可分为水力释放支撑式和提放式两种，施工时上提油管即可解封；无卡瓦支撑式是用胶筒过盈的原理，用水力使胶筒轴向受压缩，径向胶筒外径扩张与套管壁形成过盈，产生摩擦阻力，对油管进行锚定。

（赵　勇　廖锐全）

【**憋压式油管锚**　supressured tubing anchor】　将油管锚下到预定深度，通过油管憋压柱塞下移，带动上卡瓦座下移、下卡瓦座上移锚定的油管锚。解锚时上提油管使下锥体剪断剪切

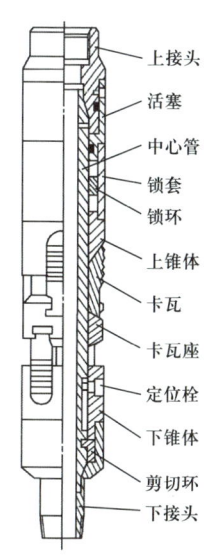

憋压式油管锚

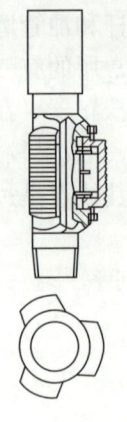

压差式油管锚

环（或销钉）卡瓦体松动，下锥体靠自重下落，上锥体在中心管带动下上行，而上下卡瓦沿燕尾槽自行收缩（见图）。其特点是由于采用了双向锚定，坐锚后可以将油管提够预拉力，能够满足油管锚的基本要求。

（赵　勇　廖锐全）

【**压差式油管锚** differential pressure tubing anchor】利用油井开抽后，油管内与环形空间液面差，推动锚内柱塞将卡瓦推出锚定在套管壁上的油管锚。其特点是深井泵开抽后随着油管内液面上升而自动锚定（见图）。但举升高度小的油井往往由于压差值过小锚定力达不到要求，甚至锚不住。

（赵　勇　廖锐全）

【**机械式油管锚** mechanical tubing anchor】用机械方式坐锚、解锚的油管锚。常用的有压缩式油管锚、张力式油管锚和旋转式油管锚。

压缩式油管锚　利用油管重量下压坐锚，必要时加上一定的拔距下压油管迫使销钉进入J型轨道长槽锚定油管，其结构原理是张力式油管锚倒置。由于采用单向卡瓦，所以锚定后油管可以上行不能下行。坐锚后油管是弯曲的。

张力式油管锚　靠张力坐封和解封，其结构原理类似于轨道封隔器，利用中心管锥体上移撑开单向卡瓦坐锚，它靠定位销钉在倒J形轨道槽的位置来实现锚定和解锚（见图）。坐封后上提油管，使油管柱始终处于张力状态，防止油管弯曲和螺纹磨损，消除弹性变形。其缺点是采用单向卡瓦，一旦载荷波动超过预拉力造成解锚，或油管断脱造成下部油管和油管锚落井。

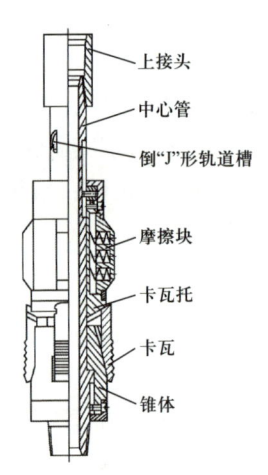

张力式油管锚

旋转式油管锚　靠旋转油管坐锚或旋转上提下放坐锚，其结构原理是采用双向锚定卡瓦，并有应急释放机构。由于油管锚具有双向锚定的特点，所以它既能有提够预拉力，又可防止油管断脱时下部油管落入井内，同时具备足够的锚定力。

（赵　勇　廖锐全）

【**砂锚** sand anchor】防止砂粒进入泵筒内的井下工具。又称滤砂器。其作用是防止砂子或其他杂质进入泵筒，造成泵阀卡或拉缸，所以砂锚一般装在泵的进口处,下部接尾管,尾管用堵头堵死。其作用原理是利用油流速度和方向改变加上流通面积变大,砂子在重力和离心力作用下沉落到砂锚的底部和尾管中,而油就从油管进入泵中。

(赵 勇 廖锐全)

【气锚 gas anchor】 在气液两相抽汲条件下,防止气体进入深井泵影响泵效的井下工具。在气液两相抽汲条件下,利用油气密度差和液流转向产生的离心力等作用,在深井泵吸入口前进行油气分离,防止气体进入深井泵。

利用滑脱效应的气锚 作用原理是含气泡液体进入分离室后,液流下行,气泡向上漂浮。欲使气锚分气效率高,必须使分离室液流向下流速小于需要分离的最小气泡的上浮速度,这时气泡才能分离出来,如图1所示。图中v_d为静止液体中气泡上升速度,v_f为液体流动速度,v_g为流动液体中气泡上升速度,v_{fv}为液体垂直分速,v_{fh}为液体水平分速,l_1为气室高度,l_2为分离室长度。

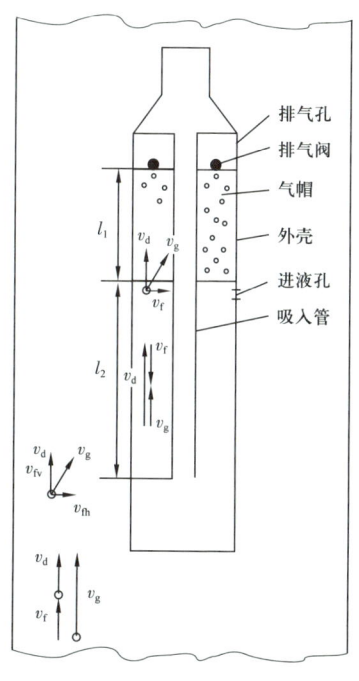

图1 简单气锚

利用离心效应的气锚 以螺旋式气锚为代表,上冲程时,含气流体在气锚内旋转流动,利用不同密度的流体离心力不同,使被聚集的大气泡沿螺旋内侧流动,带有未被分离的小气泡的液体则沿外侧流动。被聚集的大气泡不断聚集,沿内侧上升至螺旋顶部聚集到气帽中,经过排气孔排到油套环形空间,下冲程时,泵停止吸油,油套环形空间和气锚内的液体中含的小气泡滑脱上浮,一部分上浮到泵上油套环形空间,另一部分上浮进入气帽排入油套环形空间,液流沿外侧经过液道进泵,如图2所示。这种气锚在产量越高、气油比越大、气泡直径越大时油气分离效率越高,增加螺旋圈数、减小螺旋外径都可以提高分气效率。

利用捕集效应的气锚 其分气原理是以集气盘作为气泡捕集器,将气泡聚集后利用液流的90°转向时的离心效应,使油气分离,如图3所示。气体在盘内聚集溢出时形成大气泡,沿气锚外壳的内壁上浮至气帽,经排气孔排到套管环形空间,而液体从吸入孔进入吸入管进泵。这种气锚效率比简单气锚好,但低于离心效应气锚。

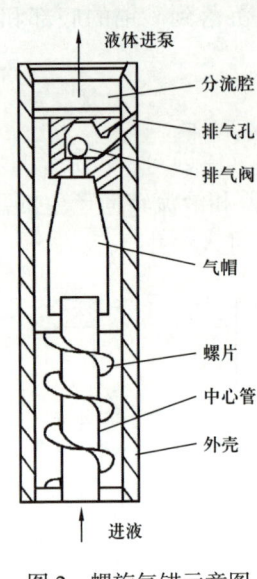
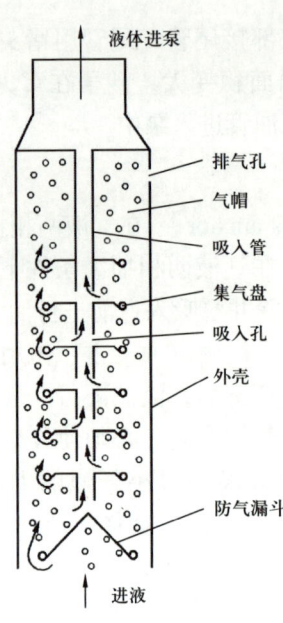

图 2　螺旋气锚示意图　　　　图 3　盘式气锚示意图

（叶利平）

【**热力补偿器**　thermal compensator】　稠油热力开采注气井用于补偿因温度的变化引起注气管柱的伸长（升温）或缩短（降温）的。井下配套工具。又称伸缩管。采用补偿器，可允许油管有一定伸长，防止油管发生过度弯曲。

（赵　勇　廖锐全）

【**抽油杆**　sucker rod】　有杆泵采油设备中将抽油机动力传递给井下深井泵的细长杆件。在不同程度腐蚀条件下承受较大的交变载荷，工作环境极为恶劣。

早在 100 多年前中国在自贡盐卤井中就使用了藤条做的抽油杆，后来在 1894 年美国人 Samuel M.Jones 第一个获得金属抽油杆专利（U.S.528168）。20 世纪 70 年代以来，国内外在抽油杆制造方面采用了许多新材料、新技术和新工艺。现场使用的抽油杆主要有 钢实心抽油杆、高强度抽油杆、玻璃钢抽油杆、连续抽油杆 和 柔性抽油杆 五种。

矿场 95% 的有杆泵采油井采用钢实心抽油杆，一般简称钢实心抽油杆为抽油杆。注水开发油田见水后要求提高排液量使用大泵，下泵深度越来越深，抽油杆负荷越来越大，要求采用高强度抽油杆，其抗拉强度比普通抽油杆要高。为了减轻抽油杆重力、解决耐腐蚀和减少冲程损失等问题，试制成功玻璃钢抽油杆。它的密度小、质量轻、弹性模量小，不但能大大降低抽油机载荷，而且能获得较大的上下死点行程增量，最优设计时不但可以避免弹性冲程损失，进而实现柱塞冲程比光杆冲程还大。为了提供各种作业的通道如常规稠油和高凝油开采时保温通道，清防蜡等工艺洗井、加热或加药通道，防垢、防腐等加药通道以及电加热和过泵测试等通道，研制了空心抽油杆，其特点是中空的管状抽油杆。连续抽油杆的特点是没有螺纹连接，杜绝了脱扣事故，减少了断裂事故，起下作业速度快，但是需要使用专用设备，必须大面积使用才能推广。柔性抽油杆是用钢丝绳替代抽油杆，钢丝绳各丝之间长度不一致时会造成各丝承载不均衡，承载大的丝先断，加之抽油杆承受交变载荷时丝与丝之间磨损严重，导致寿命过短，还处于试验阶段。

（叶利平）

【钢实心抽油杆 steel solid sucker rod】 制造材料为钢，截面为实心的抽油杆。两端具有外螺纹，标准单根长度8m左右，用接箍连接成抽油杆柱。制造工艺简单，一般经镦锻、外螺纹滚压加工、接箍内螺纹采用半挤压式加工、整体热处理、喷丸强化、油溶性涂料防护等工序。为了使抽油杆获得一定的抗疲劳和抗腐蚀疲劳的性能，对其加工尺寸和精度要求很高，卸荷槽是抽油杆应力集中比较敏感的部位，其直径和长度必须严格控制。台阶倒角尺寸直接影响推承面与接箍端面接触面的大小，影响抽油杆柱连接的可靠性。成本低，使用范围广，约占有杆泵抽油井的95%以上。矿场简称这种杆为抽油杆。通常分为C级、D级和K级三个等级。

1988年研制成功KD级抽油杆，采用23CrNiMoV钢，经正火加回火处理，抗拉强度相当于D级杆，抗腐蚀性相当于K级杆。为了满足深井稠油井和大泵强采井的要求，1964年美国试制成功了EL及超高强度抽油杆，以后又试制成功97型和DEHS型超高强度抽油杆，中国1990年试制成功H级超高强度抽油杆，抗拉强度已达到1185.4MPa。另外20世纪90年代以来研制成功用D级抽油杆经表面高频淬火处理，抗拉强度已接近EL的水平，但成本低得多。

（叶利平）

【玻璃钢抽油杆 GFRP sucker rod】 由玻璃纤维和树脂压合而成的抽油杆。两端为带抽油杆标准外螺纹钢接头，如图1所示。钢接头的内腔由三级锥面组成，用特殊的粘接工艺使环氧树脂牢固地粘接在玻璃钢杆体上，凝固后加一定的拉力，使钢接头与杆体能沿锥面转动，工作时钢接头内腔与环氧树脂粘接剂的多级锥面承受工作应力。接头结构如图2所示。

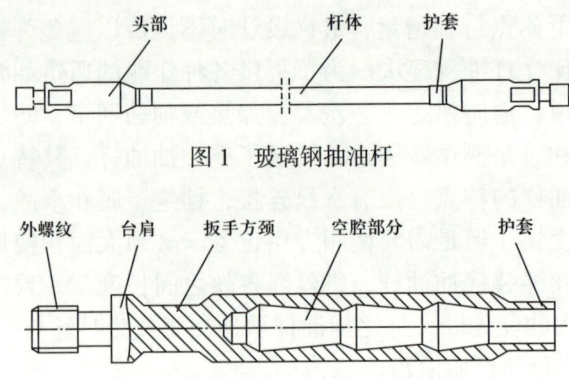

图 1　玻璃钢抽油杆

图 2　玻璃钢抽油杆接头结构示意图

美国从20世纪70年代初开始研制玻璃钢抽油杆，到1978年研制成功并推广使用。中国从1982年开始研制玻璃钢抽油杆，1990年试制成功并投入使用，从产品性能来看，除最大设计温度一项指标略低于美国的产品外，其余指标与美国产品不相上下，如表所示。

美国和中国生产的玻璃钢抽油杆性能参数表

指标		$3/4$in	$7/8$in	1in	$1 1/4$in	$1 1/2$in
极限强度 MPa	中国	793	793	793	793	793
	美国	793	793	793	793	793
最大工作载荷 kN	中国	67	89	120	187	262
	美国	67	91	120	187	262
最大工作应力 MPa	中国	241	241	241	241	241
	美国	241	241	241	241	241
最大短时工作载荷 kN	中国	102	140	182	289	405
	美国	102	140	182	289	404
最大短时工作应力 MPa	中国	365	365	365	365	365
	美国	365	365	365	365	365
最大设计温度 ℃	中国	115	115	115	115	115
	美国	163	163	163	163	163

和钢实心抽油杆相比，玻璃钢抽油杆具有的优点为：

（1）质量轻。其相对密度不足钢的三分之一，可用中型抽油机实现深抽。

（2）耐腐蚀。经室内耐腐蚀试验，在含氯、硫化氢、二氧化碳腐蚀介质和甲苯、甲烷、煤油等有机溶剂浸泡后，表面无腐蚀，杆体无膨胀，1in 杆体与接头的连接力仍可达到 161.4kN。

（3）可实现超行程。玻璃钢抽油杆和钢抽油杆混合杆柱的固有频率比钢抽油杆柱低得多，前者为 $26.4min^{-1}$，而后者为 $41.6min^{-1}$，冲数越接近抽油杆固有频率，使抽油杆柱的振幅增大，柱塞冲程加大，当冲数与固有频率比值≥0.35 时才能实现超行程，但考虑尽量避免发生共振造成事故，一般控制在 0.4～0.8 比较合适。玻璃钢抽油杆的弹性模量只是钢的四分之一，弹性变形大，在上冲程时能够储存能量，下冲程时释放出能量，使柱塞的运动滞后于光杆的运动而产生超行程。选用泵径越小实现的超行程越大，冲程越大实现的超行程越大，抽油杆直径越大、长度越长实现的超行程越大。

但玻璃钢抽油杆还存在如下缺点：

（1）价格贵，比钢抽油杆贵 60%～85%。

（2）不能承受压应力。

（3）耐温低，美国产品耐温 163℃，中国产品耐温 115℃。

（4）抽油杆杆体不耐磨，报废的玻璃钢抽油杆不能降级回收利用。

（5）报废的玻璃钢抽油杆不能降解，处理困难，污染环境。

（叶利平）

【空心抽油杆 hollow sucker rod】 中间空心的钢质抽油杆。结构如图所示，制造方法为：一种是将钢管两头加热镦粗，加工成抽油杆螺纹；另一种钢管两端接头单独加工后焊接，再进行整体热处理，消除热应力。除具有普通抽油杆传动动力的功能外，还可以通过其内孔加入各种试剂，如加入稀释剂、轻油、热油等降低原油的黏度和控制油井结蜡；加入防腐剂进行防腐。利用空心电热抽油杆可以解决稠油和高凝油加热保温问题。

配套空心泵可解决有杆泵抽油井过泵加热问题及过泵测试问题。抗扭能力比普通抽油杆大，适应于驱动井下螺

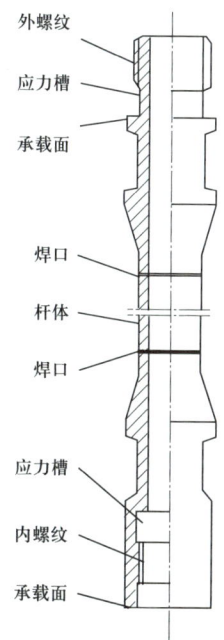

空心抽油杆结构示意图

杆泵。和无管泵配套使用,使原油从空心抽油杆的内孔流出,空心抽油杆既起抽油杆的作用,又起油管的作用。在制造时应确保杆体与杆头的连接质量和同心度。

(叶利平)

【连续抽油杆 coiled rod】 一种缠绕在大滚筒上,可连续下入或起出油井的一整根无螺纹连接的长抽油杆。无螺纹连接,大大减少抽油杆断脱,有效地延长了抽油井的检泵周期,大幅度降低抽油杆的失效频率,一般可降低65%~80%。技术特点为:

(1) 减轻抽油杆磨损。普通抽油杆在油管内表面接触是大小两圆相切,接箍与油管内表面的接触为点接触,这种点接触增大了正压力,使接触部分磨损加剧。而连续抽油杆的横截面为半椭圆形,在连续抽油杆与油管曲率半径相同时为线接触,油管内半径小于连续抽油杆曲率半径时接触点不少于两个,使接触部位磨损轻得多。

(2) 降低抽油杆工作应力。连续抽油杆没有连接部分,杆柱最大直径即为杆体直径,与相同直径的普通抽油杆相比其杆柱质量轻8%~10%。连续抽油杆与液体的摩阻小(更适合于稠油开采),可减少柱塞效应,使连续抽油杆负荷降低。

(3) 与普通抽油杆相比在相同的油管中可以下大一级的连续抽油杆,如在 $2\frac{3}{8}$ in 油管中普通抽油杆最大只能下入直径22mm的抽油杆,而可下入直径25mm的连续抽油杆。

(4) 提高起下抽油杆的速度。连续抽油杆不用一根一根地螺纹连接,与普通抽油杆相比一般起下速度可提高3倍以上,降低劳动强度。

(5) 连续抽油杆装置运输困难,装连续抽油杆卷盘的拖车高4.85m,宽3.66m,公路和铁路运输都比较困难。

(6) 连续抽油杆连接时要在井口焊接,必须采取一定的防火措施,而且局部加热引起过渡区金相组织变化,降低了疲劳性能,在热过渡带形成薄弱环节。

(7) 起下作业要有专用设备,大规模应用才有效益,否则投资大,管理复杂。

(叶利平)

【柔性抽油杆 coiled sucker rod】 一种用来代替抽油杆抽油的特殊钢丝绳。早在20世纪50年代玉门油田就开始试验,国外油公司70年代开始工业试验,但仍有一些技术问题尚待解决,主要有:

（1）泵径过小或泵深过浅（小载荷）都不适合使用柔性抽油杆。上下冲程载荷变化和钢丝绳弹性变形量的关系如图所示。在载荷变化初始阶段（小载荷），钢丝绳弹性变形量急剧增加，当载荷变化达到 12.3kN 以上时，载荷变化与钢丝绳变形量呈线性关系。

（2）钢丝绳各丝之间承载不可能均匀，承载大的丝先断，严重缩短了使用寿命。

（3）在交变载荷作用下，钢丝绳的丝、股之间磨损严重，造成钢丝绳失效。

柔性钢丝绳技术上还不成熟，还处于试验阶段，在现场工业推广使用需要慎重。

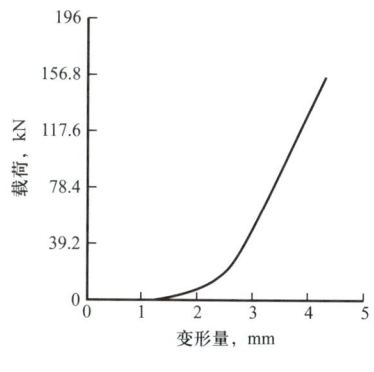

钢丝绳拉伸图

（叶利平）

【深井泵 downhole pump】 安装在井下，用抽油杆带动柱塞在泵筒中上下往复运动，将井下液体抽汲到地面的泵。又称抽油泵。主要由泵筒、柱塞、进油阀（又称固定阀）和出油阀（又称游动阀）组成，如图所示。已形成的泵径系列有 28mm、32mm、38mm、44mm、56mm、70mm、83mm、95mm、110mm（美国最大泵径为 120mm）。

工作原理　当柱塞由下死点上行时出油阀在重力作用下关闭，随着柱塞上行原油沿油管排到地面。同时泵腔容积增大，压力下降，直到泵腔压力低于沉没压力时，进油阀被沉没压力顶开，泵腔开始进油直到上死点。当柱塞由上死点下行时，进油阀在重力作用下关闭，泵腔容积减小，压力上升，直到泵腔压力超过柱塞上部液柱压力时顶开出油阀，泵腔内的原油排到柱塞以上，深井泵完成了一次循环，这样周而复始地将原油抽到地面，如图所示。

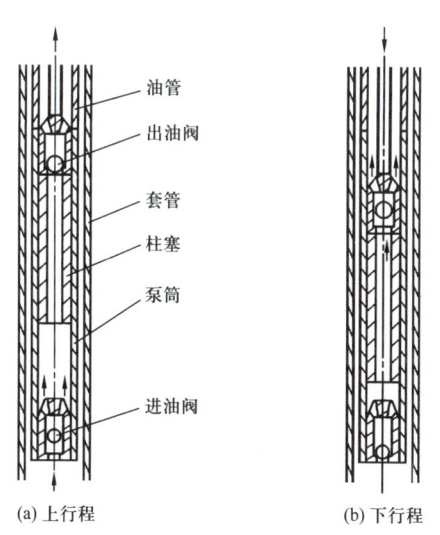

深井泵工作原理图

分类　深井泵分为管式泵和杆式泵两大类。通常，对于符合深井泵标准设计和制造的深井泵称作标准深井泵或常规深井泵，而具有专门用途的，如防砂泵、防气泵、抽稠泵等，或具有与标准结构或尺寸不同的深井泵称作特殊用途的深井泵或专用深井泵。

深井泵又分为整筒泵和组合泵（衬套泵）。组合泵的外筒内装有许多节衬套组成泵筒，与柱塞配套，而整筒泵没有衬套，柱塞与泵筒配套。整筒泵有许多优点，是发展方向。

技术特点 深井泵的技术特点为：

（1）深井泵是在井下套管内工作的，其泵径受套管尺寸的限制，如 $5\frac{1}{2}$in 套管只能使用 95mm 以下的深井泵，7in 套管可以使用小于 120mm 泵径的深井泵。增加深井泵排量除了靠加大泵径外还可以依靠提高冲数和加长冲程来实现，但是，这三方面都有局限性：加大泵径受套管尺寸和液柱载荷限制；提高冲数，增加动载和惯性载荷，增加到一定程度会引起共振，影响抽油系统寿命，限制了冲数的增加；加长冲程对游梁式抽油机而言减速箱扭矩增大，抽油机尺寸和质量急剧增加到一定程度时也会受到一定程度的限制，对无游梁式抽油机而言虽然不受此限制，但加长冲程必然要加长泵筒和光杆，增加制造难度，提高制造成本。

（2）深井泵扬程较高，一般可下到井下 3000~4000m，柱塞上下压差很大。要保持柱塞副的密封性，又要保证一定的使用寿命，除减小泵筒柱塞之间的间隙，采用耐磨材料和特殊加工工艺外，最简单的办法是加长柱塞长度。

（3）深井泵是一种细长拉杆的往复泵，抽油杆柱长度可达 3000~4000m，往复运动传递到柱塞受抽油杆变形和振动等影响，使柱塞有效冲程长度和阀组运动规律都会有较大的变化。

深井泵选型 根据油井产能的需要、井筒条件和流体性质的不同选择泵型。在有杆泵采油设计中，深井泵选型是一个重要的环节，直接影响深井泵使用效果。

（1）标准泵的选型。要根据油井类型、生产能力、流体特性、井身结构和各种泵适应能力参照表 1 初步选择泵型。根据表 2 按照油井状况统计各种泵型的累加数，以最小为优选择泵型。

（2）深井泵间隙等级选择。泵型确定后选择泵的间隙等级（间隙号码）也是重要的一环，它直接影响泵的抽汲力和泵的使用寿命。金属柱塞和泵筒的配合间隙分为三个等级：一级间隙 0.02~0.07mm，二级间隙 0.07~0.12mm，三级间隙 0.12~0.17mm。井下温度和泵筒内外压力变化影响柱塞副间隙的变化，井液黏度高和含砂量高时间隙可以选大些。

表1 各种泵型适应能力

序号	项目	杆式泵			管式泵
		定筒泵		动筒式	
		顶部固定	底部固定		
1	排量	较小	较小	较小	大
2	起下泵时是否起油管	不	不	不	起
3	制造成本	较高	较高	较高	低
4	柱塞防漏能力	较差	较差	较好	好
5	斜井	好	好	较差	一般
6	深抽能力	较差	好	较差	较好
7	冲程长度	长	长	较短	长
8	检泵周期	较长	较短	较长	长
9	流动适应性	好	好	较差	较好
10	井液黏度，mPa·s	400左右	400左右	400以下	400左右
11	气体压缩比	较大	较大	较小	较小
12	油井液面高低	低	较低	较高	较高
13	抗含砂	较好	较差	好	较好
14	间歇抽油	较好	较差	较差	较好
15	抗腐蚀	一般	一般	一般	较好
16	光杆负荷	较小	较小	较小	较大
17	适应恶劣条件能力	一般	较差	一般	较好
18	大液量	较差	较差	较差	较好

表 2　常规深井泵型选择表

井况	抽油泵型	下泵深度＜900m				下泵深度 900~1500m				下泵深度 1500~2100m				下泵深度＞2100m			
		杆式泵			管式泵	杆式泵			管式泵	杆式泵			管式泵	杆式泵			管式泵
		顶部固定	底部固定	动筒式		顶部固定	底部固定	动筒式		顶部固定	底部固定	动筒式		顶部固定	底部固定	动筒式	
斜井		1	3	4	1	1	3	4	1	1	3	4	1	3	1	4	2
高液量		4	4	4	1	4	4	4	1	4	4	4	1	4	4	4	2
低液面		1	4	4	4	1	2	4	4	1	2	4	4	4	1	4	4
直井		1	2	2	2	2	1	3	1	2	1	2	1	3	1	3	1
中含砂		1	4	3	3	1	4	3	3	1	4	3	2	4	2	4	3
高含砂		1	4	3	3	1	4	3	3	1	4	3	2	4	1	4	3
高含盐		1	3	1	2	1	3	1	2	4	1	1	1	3	1	3	2
硫化氢		3	2	2	2	3	1	2	2	3	2	2	1	3	1	3	2
CO_2		2	2	2	2	1	2	2	1	2	1	1	1	3	1	3	2
中含砂和中腐蚀		1	3	3	3	1	4	3	2	2	1	1	2	3	1	4	3
高含砂和高腐蚀		1	4	3	4	1	4	4	1	2	1	2	1	3	1	4	3
粘度 mPa·s	400以下	1	1	1	1	1	1	1	1	1	1	1	1	1	1	1	1
	400以上	1	1	3	3	1	1	3	1	1	1	4	2	1	4	4	3

注：1—最佳应用；2—广泛应用；3—时常应用；4—不推荐应用。

（叶利平）

【杆式泵 rod pump】 泵筒和柱塞在地面组装好,用抽油杆送入预先装在油管柱上的工作筒内,由卡簧将泵固定,抽油杆带动柱塞往复运动实现抽油的一种深井泵。检泵时用抽油杆将柱塞及内工作筒一起拔出,不需起出油管。

按固定位置和运动件不同分为定筒式顶部固定杆式泵、定筒式底部固定杆式泵和动筒式底部固定杆式泵三种。

定筒式顶部固定杆式泵 由泵顶部固定支承装置将泵筒固定在油管内设计位置上,柱塞经滑杆与抽油杆连接,由抽油机和抽油杆带动上下运动。其结构如图1所示。泵筒总成包括泵筒,上、下加长接箍。其结构与性能均与管式泵泵筒相似,只是泵筒壁厚稍薄一些。柱塞总成由柱塞上部出油阀罩、阀球、阀座、柱塞、柱塞下部出油阀罩、阀球、阀座及压帽组成。阀杆总成包括阀杆异径接头和阀杆。阀杆异径接头上端与抽油杆相连,下端用带锥度的变形管螺纹与拉杆上端可靠连接。固定阀总成由泵筒、进油阀罩、阀球、阀座及阀座接头组成。阀座接头的下端为管螺纹,供连接防砂管。泵固定装置由导向套、密封支承环、芯轴、弹性套及接头组成。导向套上部小孔对阀杆上下运动起导向作用,防止柱塞与泵筒偏磨,其侧面长孔相当于开式阀罩的出油口。它与芯轴用螺纹连接,并把密封支承环紧压在中间,起支承杆式泵和不让密封环上面的原油流回工作筒的作用。芯轴是固定装置的主体,下端用螺纹与弹性套接头连接。弹性套用弹簧钢制造,在下泵过程中,当它通过泵支承装置上密封支承环内孔时,其弹性开口向内收缩,让泵通过,随后弹性开口又张开恢复到原来尺寸,并用其上外圆锥面向上紧靠在密封支承环的下面圆锥面上,在正常抽油时防止泵筒随抽油杆上下移动。而起泵时,提够一定的上提力使弹性开口在支承环下内圆锥面的作用下,向内收缩,使泵能顺利起出。泵支承装置由上接头、支承密封环及下接头组成。上接头与油管连接,随油管下到设计井深。它与下接头相连,中间紧固支承密封环,它的上下内圆锥面起着使泵固定,限制泵上下窜动的作用。下接头下端为油管螺纹,可连

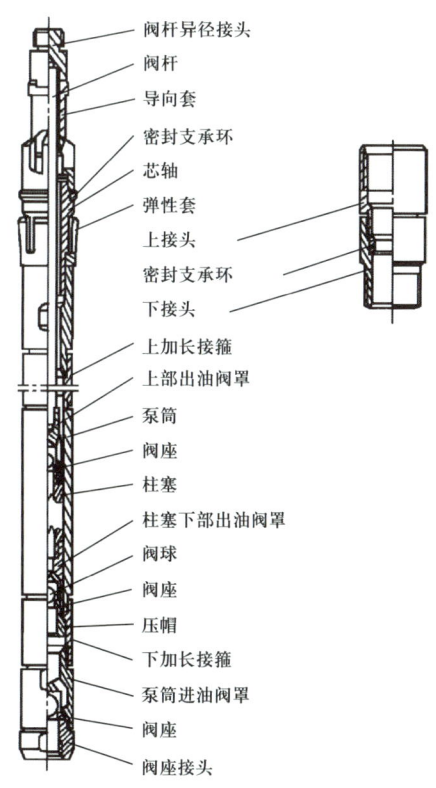

图 1 定筒式顶部固定杆式泵

接尾管或其他井下器具。顶部固定方式是杆式泵最常用的方式。

优点为：在柱塞运动时可将锁紧装置周围的砂子冲掉，防止砂卡；泵筒可绕顶部锁紧装置摆动，在大斜度井下泵时，泵筒和油管都不会损坏。缺点为：泵筒受内压和液柱向下拉伸的复合载荷，受力状况比较恶劣；上冲程开始时泵筒内压力高于外部压力，泵筒内孔增大，漏失量有所增加。

定筒式底部固定杆式泵　由泵的底部锁紧装置将泵固定在油管内，其结构与定筒式顶部固定杆式泵的结构基本相同。主要区别是泵的固定装置在底部，如图2所示，由芯轴、密封支承环和接头组成。密封支承环安装在弹性芯轴上，并由接头压紧。

优点为：泵筒不会因液柱作用而伸长，只受外压，间隙不会增大，适合在深井使用。缺点为：在固定支承套和底部锁紧装置的环形空间极易沉积砂粒，造成起泵困难，不宜在出砂井内使用；工作时泵筒摆动大，加剧阀杆和导向套的磨损，不宜使用长冲程。

动筒式底部固定杆式泵　其泵筒与抽油杆柱连接，并作上下运动。柱塞通过拉管及底部锁紧装置固定在油管内支承套上，其结构如图3所示。这种泵的泵筒、柱塞、泵固定装置和泵支承装置与定筒式底部固定杆式泵通用。泵筒出油阀

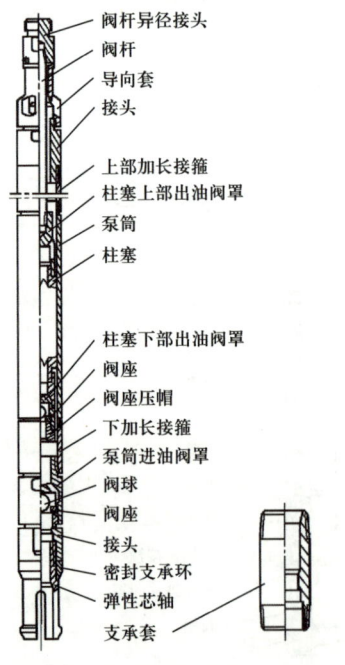

图2　定筒式底部固定杆式泵

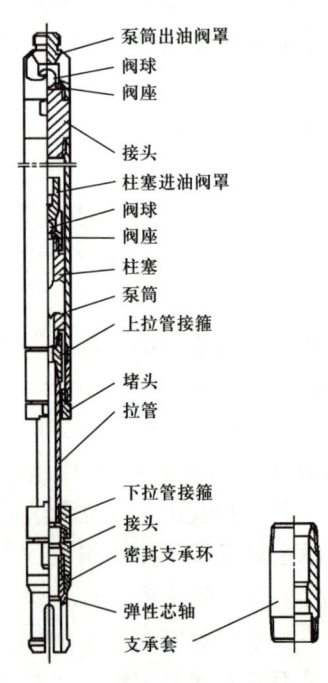

图3　动筒式底部固定杆式泵

总成、柱塞进油阀总成和拉管总成结构不同。泵筒出油阀总成安装在泵筒上端，流道较大。由泵筒出油阀罩、阀球、阀座和接头组成。柱塞进油阀总成装在柱塞上端，内装有阀球。拉管总成由上拉管接箍、拉管和下拉管接箍组成。上拉管接箍的上下螺纹分别与柱塞和拉管相连，拉管是在井下支承柱塞的细长杆，受力状况比较恶劣。下拉管接箍的上下螺纹分别与拉管和泵固定装置的接头相连。这种泵在工作时泵筒上下运动，不停搅动井液，砂粒不易沉积在锁紧装置上造成卡泵。在间歇抽油井停抽时，顶部阀球封闭阀座，油管中的砂粒不会沉积在泵内产生卡泵。但这种泵拉管稳定性差，不宜使用长冲程和在稠油井中使用。

（叶利平）

【管式泵 tubing pump】 在地面将泵筒接在油管柱下部随油管下井，柱塞用抽油杆送入泵筒的深井泵。由泵筒总成、柱塞总成、固定阀总成、固定阀固定装置和固定阀打捞装置等组成。检泵时必须起油管。分为打捞固定阀管式深井泵、不可打捞固定阀管式深井泵和软密封柱塞管式深井泵。

打捞固定阀管式深井泵（金属柱塞） 其主要结构如图1所示。泵筒总成包

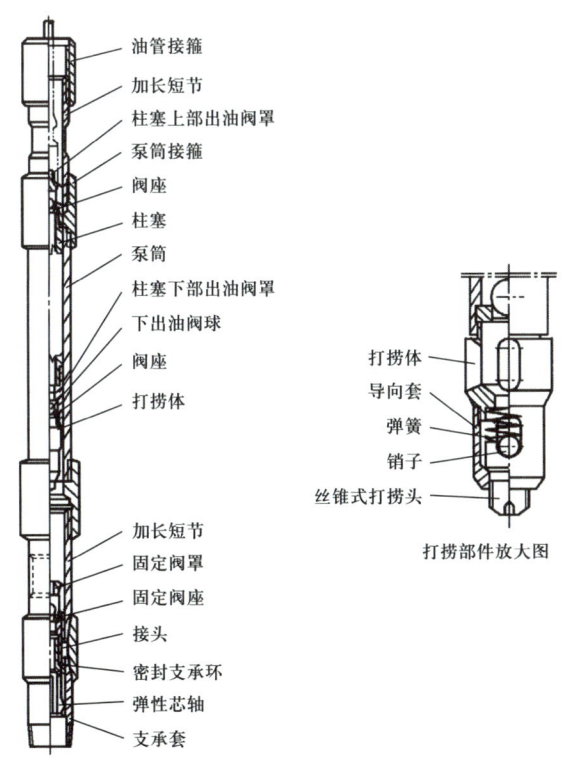

图1 打捞固定阀管式深井泵

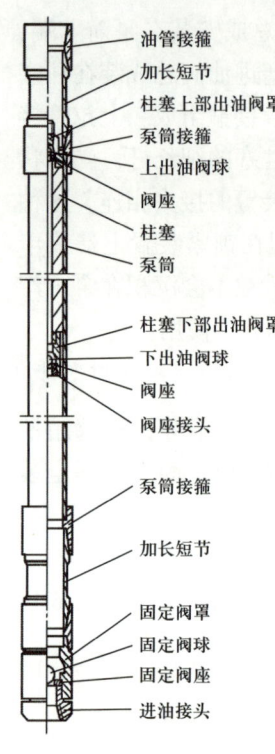

图 2　不可打捞固定阀管式深井泵

括泵筒、泵筒接箍、加长短节及油管接箍。泵筒是管式深井泵最关键的部件，其两端带有螺纹，内壁经表面热处理或电镀、喷焊（陶瓷），然后再进行精加工，确保与柱塞高精度配合，具有良好的耐磨和耐腐蚀性能。柱塞总成由柱塞上部出油阀罩、上下出油阀球、阀座、柱塞、柱塞下部出油阀罩组成。其表面强化工艺有镀铬柱塞和喷焊柱塞（陶瓷），喷焊较镀铬具有表面孔隙率低，耐腐蚀和耐磨性能好等优点，得到越来越广泛的应用。固定阀总成由固定阀罩、固定阀球、固定阀座和接头组成。固定阀罩上端有一螺孔，供打捞固定阀用。固定阀锁紧装置由密封支承环、弹性芯轴、支承套组成。弹性芯轴上端与固定阀总成的接头用螺纹连接，并将密封支承环压紧。弹性芯轴下端有弹性开口，在通过支承套内孔时，其弹性开口向内收缩，当密封支承环支承在支承套内的内圆锥形密封面上时，弹性开口外径处的上圆锥面正好向上紧靠在支承套内孔的下圆锥面上，从而使固定阀总成不能上下窜动。打捞时上提固定阀总成，弹性开口向内收缩，随固定阀总成一起打捞上来。固定阀打捞装置由打捞体、导向套、弹簧、销子及丝锥式打捞头组成。打捞体用螺纹分别与柱塞下部出油阀座相连。导套内孔装销子、弹簧和丝锥式打捞头。打捞时丝锥式打捞头对中固定阀罩的螺孔，采用对扣或造扣将固定阀捞出。

优点是可在不起下油管的情况下将固定阀打捞上来进行检修，简化检泵操作。缺点为增加一个漏失概率，而且这种结构增大了余隙体积，在高气油比的油井不宜使用；可打捞固定阀流道小，不宜在出砂和稠油井中使用。

<u>不可打捞固定阀管式深井泵（金属柱塞）</u>　这种管式泵结构简单（如图 2 所示），只是不能打捞固定阀，其余结构与打捞固定阀管式深井泵相同。

优点为：成本低，厚壁泵筒承载能力大；在相同油管尺寸条件下，可安装的泵径比杆式泵大，适合大产量的油井；当深井泵柱塞直径大于油管内径时，可将柱塞和泵筒一起下入井内，用脱接器将抽油杆与柱塞对接。缺点是：由于不可打捞固定阀管式深井泵检泵时需要起下全部油管，井下作业时间长，费用高。

<u>软密封柱塞管式深井泵</u>　软密封柱塞泵除柱塞结构与金属柱塞不同外，其余结构与金属柱塞泵相同，软密封柱塞的密封件具有在压力作用下能扩大直径和材质较软的特点，与之相配合的泵筒内径公差可以放大一个等级，同时泵筒

内孔可以不经表面硬化处理。软密封柱塞的结构可分为碗式柱塞、环式柱塞、碗式环式组合柱塞和组合填料柱塞。优点是密封性能好，抽汲力强，价格便宜。缺点是耐磨性能差，使用寿命短。

（叶利平）

【组合泵 combination pump】 由数十节短节衬套装在一根外管内，依靠两端接箍的压力将他们挤压成一根泵筒的抽油泵。结构如图所示。衬套材质一般为20CrMn，经渗碳或碳氮共渗处理，硬度高、耐磨、衬套短、易加工，但衬套易错位。优点是易于维修，缺点是每个衬套不能保证绝对同心，泵效低，运输过程中会发生"错缸"，整体质量重。

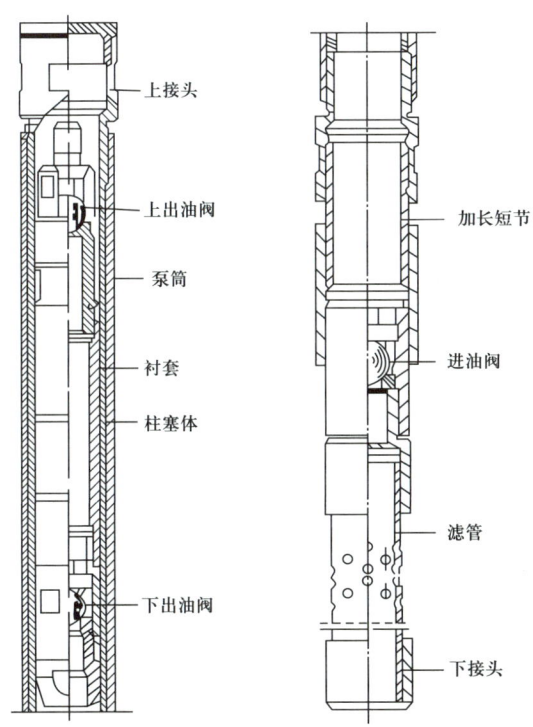

组合泵结构简图

泵筒总成包括泵筒、泵筒接箍、加长短节、油管接箍。柱塞总成由柱塞上部出油阀罩、上下出油阀球、阀座、柱塞、柱塞下部出油阀罩组成。柱塞按表面强化工艺可分为镀铬柱塞和喷焊柱塞。固定阀固定装置由密封支承环、弹性芯轴、支承套组成。固定阀由固定阀罩、固定阀球、筛管、固定阀座及接头等组成，由锁紧装置将其固定。弹性芯轴上端与固定阀总成的接头用螺纹连接，并将密封支承环压紧。

打捞装置由打捞体、导向套、弹簧、销子、丝锥式打捞头组成。

（石善志）

【整筒泵 whole-cylinder pump】 一种没有衬套，一根整体的无缝钢管加工成泵筒的抽油泵。材质一般为铬钼铝经氮化处理。其特点是：硬度高、耐磨、耐腐蚀、结构简单，但泵筒加工难度大；泵效高、冲程长、重轻、装卸方便。整筒泵可分为固定阀不可捞式（见图1）和固定阀可捞式（见图2）。

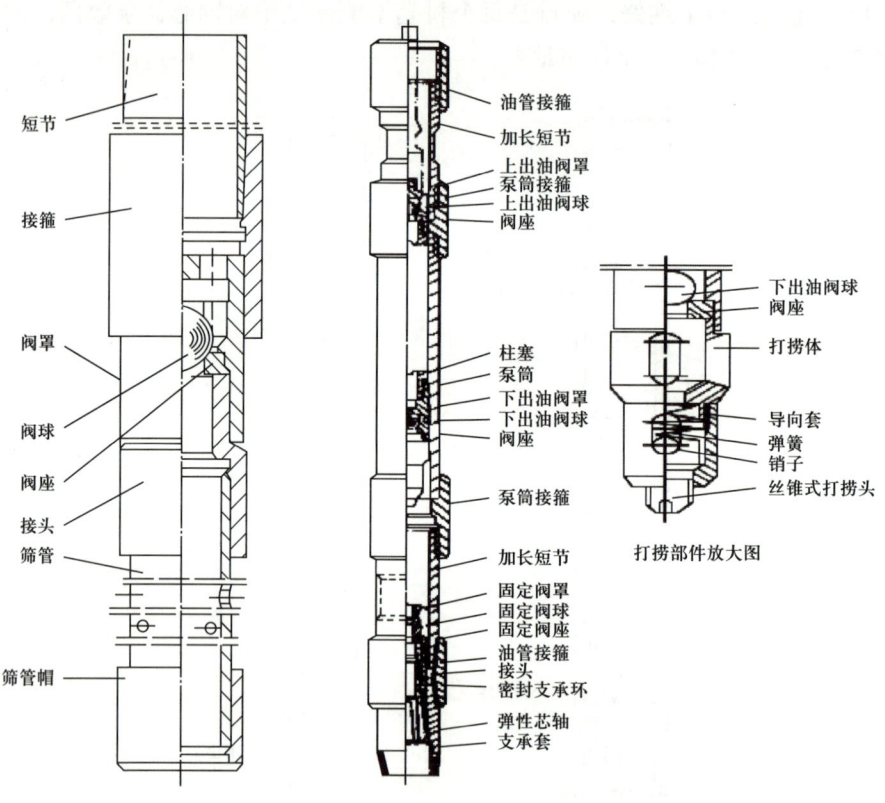

图1 固定阀不可捞式整筒泵结构图　　图2 固定阀可捞式整筒泵结构简图

（石善志）

【防砂泵 sand control pump】 能防止砂卡和磨损，用于出砂井抽油的深井泵。

防砂卡抽油泵 结构特点：一是在常规深井泵外面增加一层外管，外管与泵筒之间环形空间构成沉砂通道；二是增加防止砂沉入泵内的滑阀；三是有沉砂的尾管。结构如图1所示。工作原理是：上冲程时，游动阀关闭，固定阀开启，柱塞将柱塞以上的液体排至泵上油管内，与此同时，井液经双通接头处的进油口进入泵筒。下冲程时，固定阀关闭，游动阀开启，井液由泵筒经游动阀转移到柱塞以上油管内，完成一个抽汲过程。上冲程时，泵向油管中排液，砂子不容易沉淀。下冲程时，特殊连杆下行，滑阀被迫关闭，泵上液体基本不流动，大颗粒的砂子悬浮不住下沉时，被滑阀挡住不能进泵，而是通过沉砂环形空间沉到泵下的沉砂尾管中，从而防止了泵上集砂造成砂卡。柱塞的刮砂功能防止了砂子进入柱塞与泵筒之间的间隙，有效地减轻了磨损。

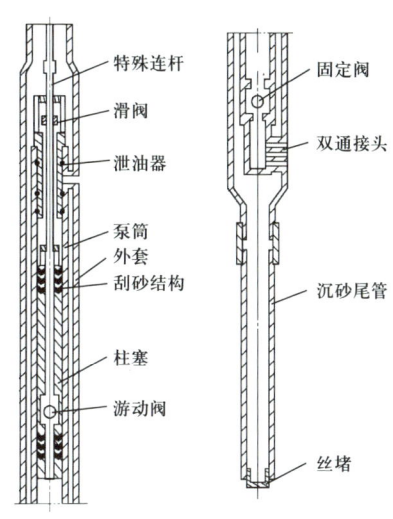

图1 防砂卡抽油泵

加长柱塞副长度扩大柱塞副间隙减轻磨损的防砂泵 主要有两类：

（1）三管抽油泵是一种动筒式底部固定杆式泵，如图2所示，由三个不同直径的泵筒嵌套而成。中间泵筒称为定筒，所有接触表面都经过表面硬化处理和精密加工，定筒固定在油管中，外筒类似于动筒式杆式泵的泵筒。内筒相当于柱塞，上、下装有出油阀，外筒和内筒通过上部出油阀连成一体。上出油阀与抽油杆连接，随抽油杆作往复运动。这种泵密封段长，间隙比标准泵大得多，在含砂较多的原油进入三个泵筒间的密封面时仍能正常工作，不容易卡泵。为减少砂卡的机遇，一般选用较高的冲数，而且密封段长度应随泵深加深而加长。

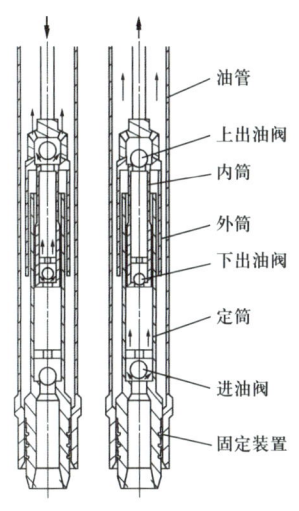

图2 三管抽油泵

（2）动筒式防砂泵，其特点是取防砂卡深井泵和三管深井泵结构优点组合而成。具有结构简单，流线型流道，耐腐蚀、耐磨损，适用于出砂严重的油井，其结构如图3所示。其缺点是泵的余隙体积比较大，不适合高气油比井使用。

（叶利平）

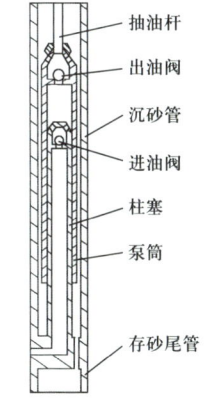

图3 动筒式防砂泵

【**防气泵** gas control pump】 在两相抽汲条件下，利用两极压缩原理提高泵筒压力或机械启闭游动阀以减轻气体影响、气锁的深井泵。

两级压缩防气泵 利用上、下工作腔的容积差产生两级压缩，提高腔室压力，帮助阀及时开关。其结构为：上柱塞与大直径的下柱塞串联起来，将下泵筒分成上、下两个工作腔，下工作腔比上工作腔容积大得多。上出油阀和中出油阀，下出油阀和进油阀构成这两个工作腔的进出油阀。泵由底部固定装置固定，如图1所示。工作原理是：柱塞由下死点上行，下工作腔体积增大，压力降低，进油阀打开，下工作腔吸油，此时与常规泵相同。到上死点下行时，柱塞下行，打开下出油阀和中出油阀，下工作腔的油气进入上工作腔。下工作腔的容积比上工作腔大，当油气进入上工作腔的气体被压缩，压力增大。继续做第二个上行程时，下工作腔二次抽汲进油，上工作腔体积减小，其中油气第二次被压缩，压力再次增大，并关闭中间出油阀，打开上出油阀排入油管。这种泵的上、下腔容积比例可根据气油比大小来设计，气油比高时，其比例也将减小。柱塞下行时上出油阀是关闭，柱塞上部的液柱压力会产生反馈力，帮助柱塞下行，使得抽油杆受力情况变好。

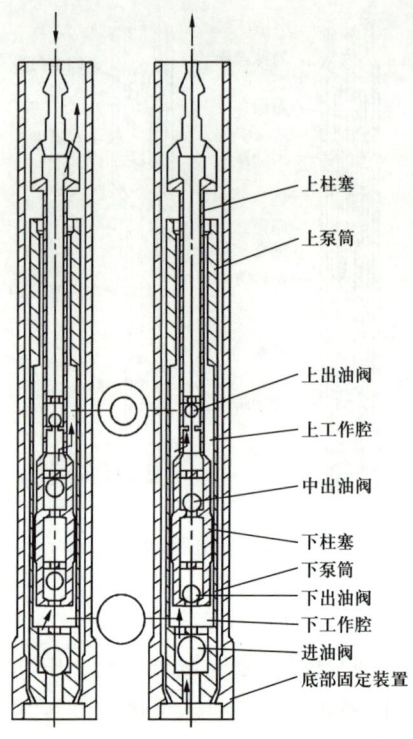

图1 两级压缩防气泵结构原理图

机械启闭阀防气泵 为了解决气体影响使得阀不能及时开关的问题，采用机械力强行开关，如图2所示。与常规泵相比，其结构特点为：柱塞上的出油阀为一倒装的锥形阀，锥形阀体与滑杆钢性连接，阀的开关不是靠压差变化，而是靠抽油杆上下移动来完成。阀杆与柱塞为浮动连接，在阀杆上有一推块，上冲程时，其底面离柱塞上端面15mm。锥形阀阀杆上端中心钻一盲孔，对准盲孔下部钻一小孔与盲孔相通。在接头上钻一小孔，使上下小孔连通，以便放气；泵筒出油阀为一正装的锥形阀，锥形阀中心开一小孔，与阀杆滑动配合；柱塞较短，一般为0.5m左右。上段为硬柱塞，下段为软柱塞，以提高密封性，增加摩擦力。

其工作原理是：上冲程时，柱塞出油阀关闭，并带动柱塞上行，下腔室压力下降,当压力低于沉没压力时,进油阀打开进油。与此同时,上腔压力上升。如果井液气油比大,油气虽被压缩,但压力增加少,此时常规泵往往打不开柱塞出油阀而发生气锁。而这种泵在阀杆上设有推块和放气孔,当柱塞接近下死点和换向上升一小段距离时,均能使柱塞出油阀上、下腔连通,提前将上腔室的气体排到油管中,从而有效地避免了气锁的发生。下冲程时,抽油杆下行,由于泵筒出油阀关闭,不受气油比高的影响,很快将柱塞出油阀打开,使上、下腔室连通。当下行15mm后,推动柱塞下行。这时下腔室的油、气很容易进入上腔室。当柱塞接近下死点和柱塞离开下死点的一段时间内,放气孔又将柱塞出油阀上、下连通,完成排气。这种泵可在气油比高达420m³/m³的油井中正常工作。

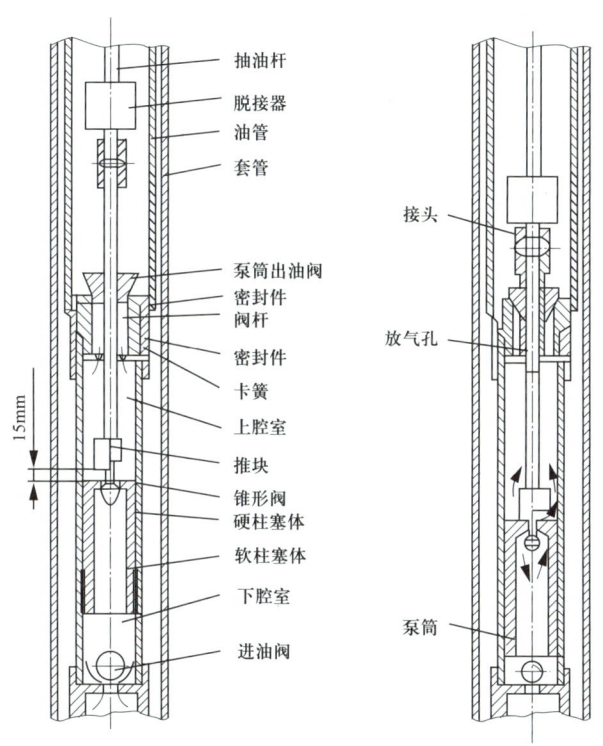

图2 机械启闭阀防气泵结构原理图

(叶利平)

【**抽稠泵** heavy oil pump】 利用流线型通道减少油流阻力或利用液力反馈方法强迫柱塞下行的专门用于抽稠油的深井泵。各种类型稠油泵很多,现场常用流线型深井泵和液力反馈稠油泵。

流线型深井泵 为了减小稠油流动阻力而采取扩大流道或改变流道形状降低摩阻。一般可适应黏度（50℃）4000~5000mPa·s的稠油进行抽汲。其结构与常规深井泵相似，不同之处是所有阀球与球座都比常规深井泵大一个等级，在出油阀罩不变的情况下，扩大了流通通道，减小了油流阻力。阀座内孔改为圆锥形也可以减小油流阻力。柱塞采用内螺纹，比外螺纹柱塞流通通道大，同时将柱塞下端孔口改为圆锥形，减少油流阻力，有助于柱塞下行。固定阀改为大通道固定阀减少进油阻力。

液力反馈稠油泵 利用大小柱塞上的进、排油阀协同动作实现液力反馈作用。可在黏度（50℃）小于6000mPa·s的稠油井中正常抽汲。由两台不同泵径的管式深井泵串联而成，中心管将上、下柱塞连为一体，进出油阀都装在柱塞上，如图所示。当柱塞下行时，上柱塞与上泵筒的环形腔A体积减小，压力增大。A腔的原油通过孔b将出油阀打开，同时关闭进油阀，此时油管内液柱压力通过进油阀施加在柱塞上，形成液力反馈力强迫柱塞下行。柱塞上行时，A腔体积增大，压力减小，进油阀打开，出油阀关闭，井液经孔b进入A腔。从泵的结构上可以看出，这种泵在泵筒上没有阀，柱塞起出泵筒后油套管已经连通，可以不下泄油器，还可以不动管柱对稠油油层注入蒸汽。

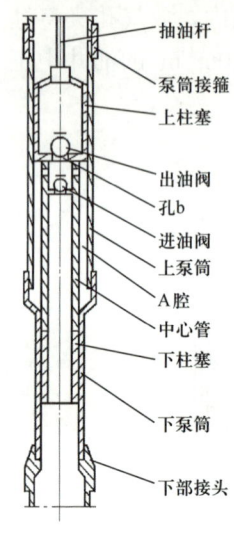

液力反馈稠油泵

（叶利平）

【空心泵 hollow pump】 为了提供通过泵的通道，而设计的中间空心的深井泵。又叫空心抽油泵。结构特点是有上、下泵筒和环形进出油阀，如图所示。其工作原理与常规深井泵相同。与空心抽油杆配套使用，可以在不动管柱和杆柱的情况下，不停抽进行生产测试或井下加热、降黏、正反洗井和越泵电热采油等作业。进油阀和出油阀都是环形的或偏心的，过流面积小，结构复杂，故障率较高，有待进一步改进。

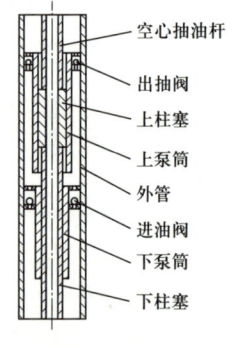

空心抽油泵

（叶利平）

【有杆大泵 large diameter rod pump】 一般统称泵径大于φ83mm的抽油泵。有杆大泵具有采液量大的优点，但由于大泵柱塞直径大，不能通过φ89mm油管，需要配套脱接器。

有杆大泵主要由泄油器、脱接器、泵筒总成、柱塞总成、固定阀总成等五部分组成（见图）。脱接器对接后，上提抽油杆指重表读数明显增加，否则需用倒扣器逆时针转动抽油杆帮助对接；脱接器脱接时，将柱塞下移，使固定阀总成与柱塞总成处于连接状态，此时指重表显示为"0"，慢慢上提抽油杆，使指重表微有显示后，顺时针转动抽油杆，使脱接器上下体相对旋90°后，边转边上提抽油杆，从而使脱接器释放；抽油机冲程长度小于泵的冲程长度，按工艺设计要求提防冲距，严禁在抽油时脱接器上碰。

（张顶学　廖锐全）

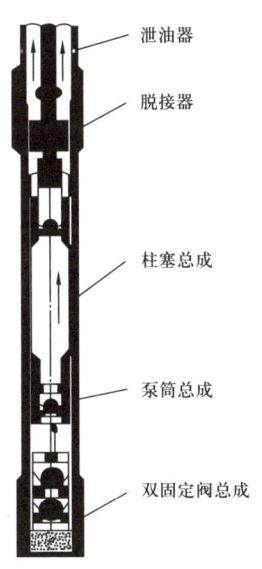

有杆大泵示意图

【**等径柱塞泵** equal-diameter plunger pump】　一种采用等径刮砂柱塞的抽油泵。结构基本上与常规抽油泵相同，只是柱塞有所差别。该柱塞无环形槽，上下等径，具有防砂卡、防砂磨和自冲洗功能（见图）。

等径柱塞泵抽汲工作原理与常规泵相同。上冲程时，柱塞上行，由于刮砂柱塞的作用，可有效地将泵筒内壁上的砂粒刮出泵筒，消除了柱塞与泵筒之间砂粒的压实作用形成的硬性挤压摩擦力，从而防止砂卡柱塞，并且由于柱塞只运动于最小摩擦力状态下，所以也能最大限度地延长柱塞使用寿命。下冲程时，不仅具有下行刮砂作用，而且相对于柱塞运动，排出的井液能将积存于柱塞排液口附近的少量砂粒冲刷干净，以便保证柱塞在下一冲程中工作于最佳的清洁环境，起到自动冲洗防砂卡的作用。只要不砂埋柱塞，就可正常抽汲。

（张顶学　廖锐全）

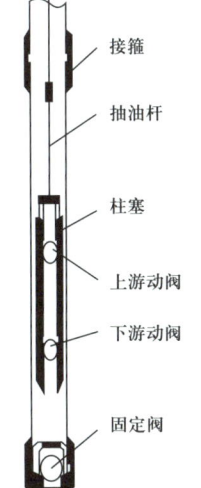

等径柱塞泵示意图

【**长柱塞防砂卡泵** long plunger sand control pump】　采用长柱塞、短泵筒及泵下沉砂、侧向进油结构的抽油泵。主要由长柱塞、短泵筒、双通接头、沉砂外筒、进出油阀、水力连通式挡砂圈等组成（见图）。其工作原理是借助挡砂圈及漏失液的共同作用，阻止砂粒进入柱塞与泵筒之间的密封间隙，从而杜绝了砂卡，减轻了泵筒与柱塞的磨损，使表面强化层不易被破坏。当油井停抽时，下沉的砂粒沿沉砂环空沉入泵下尾管，不会像常规

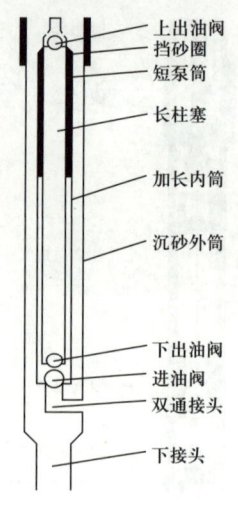

长柱塞防砂卡泵示意图

泵那样在泵上沉积,避免了砂埋抽油杆。

长柱塞防砂卡泵具有防砂卡、防砂埋、防砂磨、耐腐蚀、寿命长、减轻杆管偏磨、使用维修方便,在使用时泵下需要接沉砂口袋,沉砂口袋为一段底部带密封丝堵的油管柱。使用注意事项:(1)泵下须接带丝堵的尾管,其密封要求与泵上油管相同;(2)泵上须接一根3in油管,然后在根据需要变径;(3)下泵前应彻底冲砂至井底;(4)尾管深度不得超过油层顶届;(5)不得超过规定冲程使用;(6)尾管长度一般为100~300m;(7)气油比较高易发生气锁的油井不易采用;(8)严禁在拐点及其下部使用。

(张顶学 廖锐全)

【双作用泵 double-acting pump】

为了提高排液能力而专门设计上下行程都排液的深井泵。这种泵是将单作用的常规泵改为双作用泵,从而在泵径和抽油参数相同的条件下,排液量大幅度提高,其结构是增加了一台小直径深井泵作为密封总成,以及空心拉杆、偏心固定阀和分流筒游动阀。既用来提高深井泵的生产能力,也可用来进行两层分采。

结构如图所示,柱塞分上下腔室,有偏心固定阀及分流筒游动阀,脱接器和释放套与双作用泵配套使用。该泵在一个往复冲程中可完成两次吸油和两次排油的过程,从而比泵径和工作参数完全相同的抽油泵大幅度地提高了产液量。

工作原理 上冲程时,柱塞下腔室体积增大,压力降低,进油阀打开吸油;与此同时,柱塞上腔室体积减小,压力增大,偏心固定阀关闭,分流筒中的游动阀打开,柱塞上腔室排油。下冲程时,柱塞下腔室的体积变小,压力升高,使进油阀关闭,柱塞出油阀打开,原油通过柱塞上端的分流筒、空心拉杆、出油接头进入油管;同时,柱塞上腔室体积增大,压力降低,使偏心固定阀打开,分流筒中的出油阀关闭,原油由油管和套管的环形空间进入柱塞上腔,柱塞上腔完成抽汲过程。

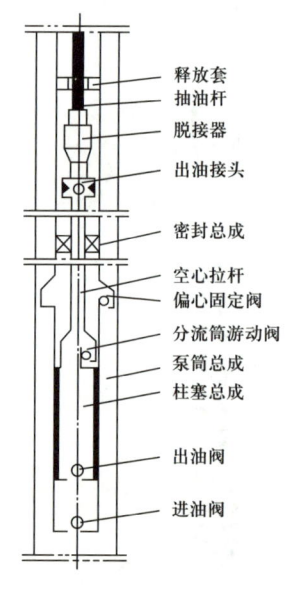

双作用泵示意图

(张顶学 廖锐全)

【螺杆泵 progressive cavity pump】 由转子（螺杆）和定子（泵套）组成的一种容积式采油泵。通常有两种类型：一种是地面电动机带动驱动头经减速带动光杆和抽油杆柱旋转，驱动转子旋转的地面驱动螺杆泵；另一种是利用电缆将电力输送到井下潜油电动机，经减速器带动转子旋转的潜油电动螺杆泵。

结构特点　地面驱动采油螺杆泵，主要由地面驱动装置和井下螺杆泵两部分组成。地面驱动装置将井口动力通过抽油杆的旋转运动传递到井下，驱动井下泵工作；井下螺杆泵由转子和定子组成，转子是井下泵中惟一的运动部件，它是由高强度钢经精加工及表面镀铬而成；定子是在钢管内模压高弹性合成橡胶而成，根据不同应用场合有多种橡胶类型。

工作原理　由于转子与定子配合时形成一系列相互隔开的封闭腔，当转子转动时，封闭腔沿轴向由吸入端向排出端运移，在排出端消失，同时吸入端形成新的封闭腔，其中腔内所盛满的液体也就随着封闭腔的运移由吸入端推挤到排出端。这种封闭腔的不断形成、运移、消失，起到了泵送液体的作用。地面驱动螺杆泵采油系统如图所示。

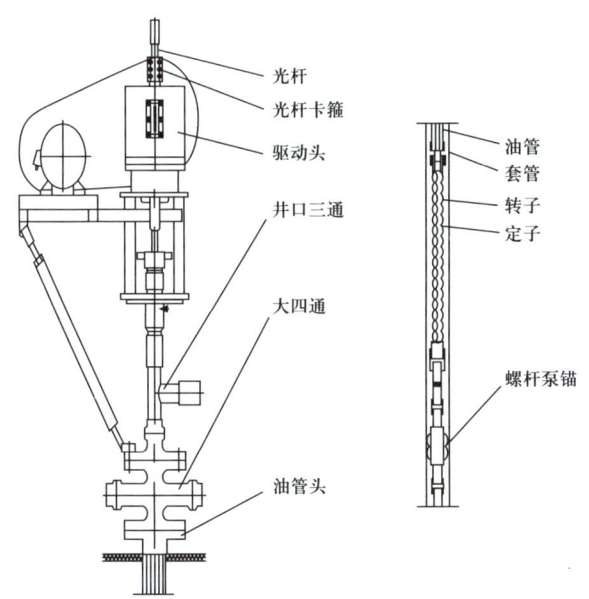

螺杆泵采油系统示意图

螺杆泵的独特结构使其具有广泛的应用范围，如适合于高黏度、高含砂、高含气、高含水的液体。

（张顶学　廖锐全）

【无杆采油泵 rodless oil pump】 不用抽油杆传递地面动力驱动井下泵采油的各种采油泵的统称。常用的有电动潜油多级离心泵、水力活塞泵和射流泵。

（张顶学　廖锐全）

【电动潜油多级离心泵 multistage electric submersible centrifugal pump】 安装在井下由潜油电动机驱动用于举升井下液体的专用离心泵。简称电动潜油泵。一般由多级叶轮组成，是多级串联的离心泵，电动潜油泵机组见图1。

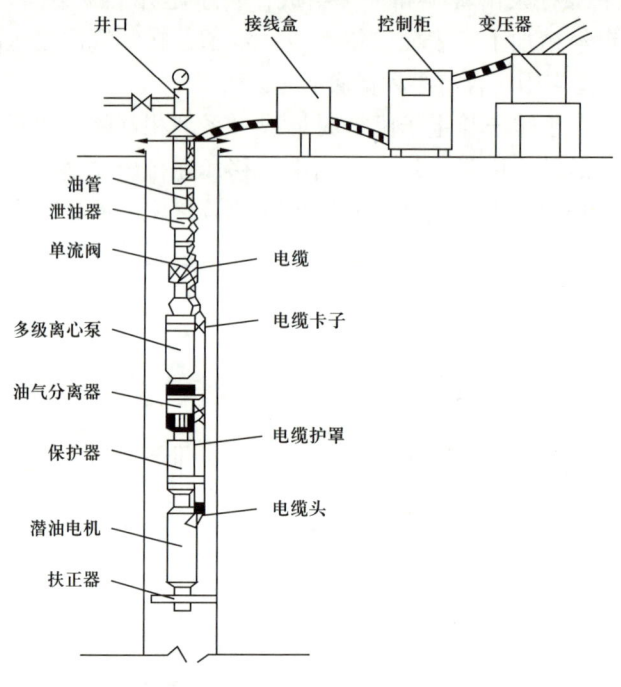

图1　电动潜油泵机组示意图

结构　转动部分由轴、键、叶轮、垫片轴套和限位卡簧等组成。固定部分由壳体、上接头、下接头、导轮和扶正轴承等组成。相邻两节泵的泵壳用法兰连接，轴用花键套连接。泵的结构如图2所示。

工作原理　其工作原理与普通离心泵相同。但受套管内径限制，直径小，长度大，泵的扬程高，叶轮和导轮级数多，泵的外形呈细长状。垂直悬挂运转，产生较大的轴向力，会使泵的转动部分发生轴向窜动，引起叶轮振动，轴承发热磨损。为消除轴向力，当泵工作时，在轴向力作用下，叶轮靠在导轮止推套上，轴向力通过导轮逐级传到泵外壳上。在叶轮上钻有平衡孔，用来减少叶轮的轴向力。导轮止推套外面与叶轮凹槽内面相接触，起到径向扶正作用。在泵的两端，装有扶正轴承，限制泵轴和叶轮的径向摆动。在泵上部的单流阀可防止停泵后液体倒流、泵旋转部分倒转，损坏机件。

特性曲线 由生产厂家通过试验绘制。在一定的转速下，调节泵的出口阀门给出不同的压力，在每个压力下，测量出电动潜油多级离心泵的排量和消耗在泵轴上的实际功率。这样就获得了在不同排量下的排量 Q—扬程 H、排量 Q—功率 P 特性曲线。有了排量—扬程曲线，就可以计算出在不同排量下，电动潜油多级离心泵传给液体的有效功率，可以计算出在不同排量下电动潜油泵的总效率，得出了排量—效率特性曲线，如图3所示。在最高效率点 A 附近有一个排量范围，其效率随排量增加或降低而下降得很少，在选泵时应尽可能选在高效率范围内。

电动潜油多级离心泵都已形成系列，国外泵的扬程在1899～3962m、排量在20～901m³/d（5$\frac{1}{2}$in 套管）；中国泵的扬程在1000～3000m、排量在100～700m³/d（5$\frac{1}{2}$in 套管）。

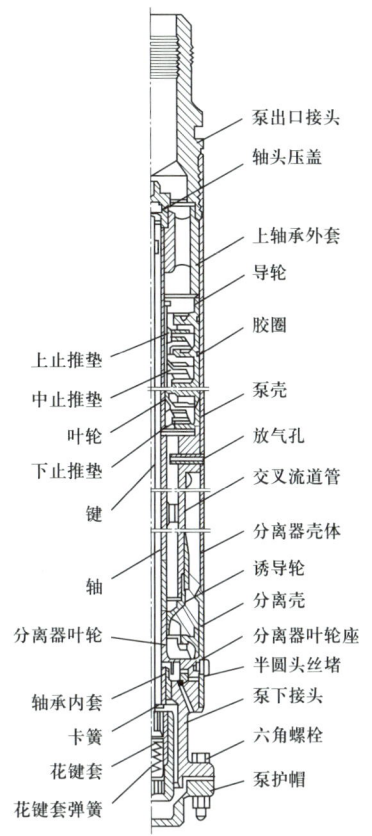

图2 电动潜油多级离心泵结构示意图

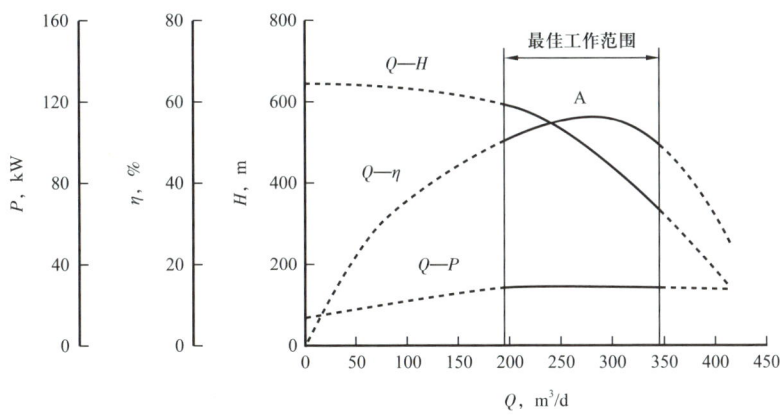

图3 电动潜油泵特性曲线

（陈万薇）

【潜油电动机 electric submersible motor】 在井下用于驱动电动潜油多级离心泵的专用电动机。外形呈细长型，定子和转子分成数节，每节定子都固定在电动机壳上，转子靠键和卡簧固定在轴上，在细长轴上串装多级转子和扶正轴承的细长电动机。

结构 由定子、转子、扶正轴承、止推轴承和油循环系统组成，如图所示。电动机内充满专用润滑油，起润滑、冷却、绝缘和平衡电动机内外压力的作用。属于三相鼠笼式异步感应电动机。

工作原理 当定子绕组的三相引出线接通三相电源时，在电动机内产生一个转速为60r/s的旋转磁场，转子绕组与旋转磁场之间有相对运动，转子导体中将产生感应电动势。而转子绕组是闭合的，转子导体中将有感应电流通过。由此产生电磁扭矩，其方向与旋转磁场的方向一致。当电磁转矩大于轴上的阻力矩时，转子就会沿旋转磁场方向转动，此时电动机从电源接受的电能转变为机械能输出。

潜油电动机已形成系列，国外潜油电动机外径95.3～115.8mm、功率4.66～149.1kW、电压27～2233V；中国电动机外径107～116mm、功率9～90kW、电压375～1890V。

（陈万薇）

潜油电动机结构示意图

【潜油电动机保护器 electric submersible motor protector】 将井下液体与潜油电动机（下称电动机）绝缘油隔离开，防止井液进入电动机，破坏电动机绝缘，保护电动机的专用装置。起到补偿电动机内润滑油的损失并起到平衡电动机内外压力的作用，防止井液进入电动机及承受泵的轴向负荷。通常使用的保护器有连通式、沉淀式和胶囊式。也有连通式和沉淀式组合的保护器。

连通式保护器 由机械密封、内外腔体和轴承等部件组成，如图1所示。给保护器

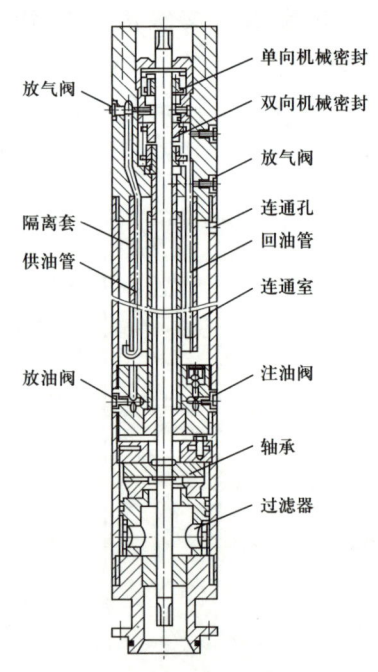

图1 连通式保护器

内腔注入润滑油，外腔注入隔离液，隔离液通常为相对密度1.8～2.2的重质油，将井液与润滑油隔离开。保护器内的机械密封使井液不能进入电动机。电动机中的润滑油通过保护器连通孔与井液连通，在重质油作用下使电动机内压力稍高于保护器外的压力，并能及时调整平衡。下井运行后，温度不断升高，电动机和保护器内的润滑油和隔离液受热膨胀，一部分隔离液进入井筒，即保护器呼出过程。电动机停止运行后，温度降低，润滑油和隔离液收缩，井液由连通孔进入保护器，积存于隔离液上方，即保护器吸入过程。但是这种保护器在多次启停电动机后会将隔离液全部排入井筒中，失去保护作用。

沉淀式保护器　由机械密封、沉淀室、补偿管和止推轴承等组成，如图2所示。将保护器内全部注满润滑油（相对密度小于1），下井运行后温度升高，润滑油膨胀，经补偿管上浮进入井筒，即保护器呼出过程。电动机停止运行后，温度降低，润滑油收缩，井液通过补偿管进入沉淀室沉入底部。经过反复呼吸过程沉淀室被井液充满，当井液液面没过连通管后进入下一级沉淀室。当所有沉淀室都充满井液时，井液就会沿连通管进入电动机，失去保护作用。

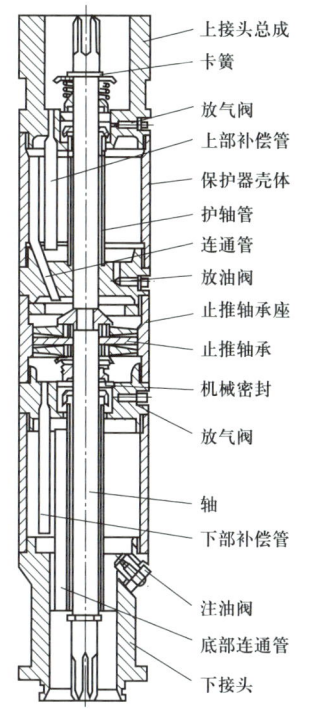

图2　沉淀式保护器

胶囊式保护器　常用的有单胶囊和双胶囊两种，其结构下部为沉淀室，上部为胶囊，如图3所示。利用胶囊将润滑油和井液完全隔开，只要胶囊不破损，井液就不会进入电动机。是靠胶囊体积变化来完成呼吸过程。缺点是胶囊在高温下容易老化而破损。

（陈万薇）

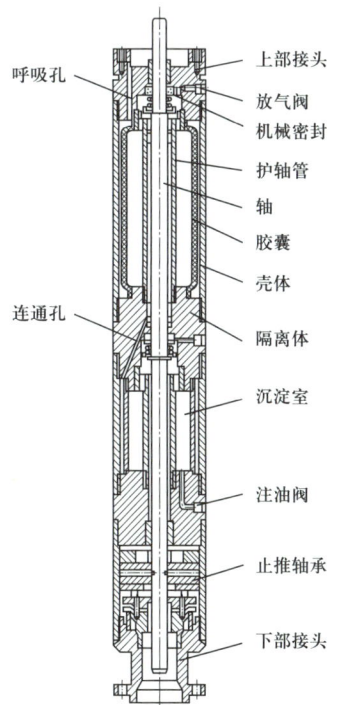

图3　胶囊式保护器

【电动潜油螺杆泵 electric submersible progressive cavity pump】 利用电缆将电力输送到井下潜油电动机，经减速器带动螺杆泵转子旋转而抽油的抽油泵。是一种容积式泵，由井下潜油电动机带动转子（螺杆）在定子橡胶衬套内旋转，转子和定子之间的容积均匀上移产生抽汲、推挤作用的连续排油。适应于稠油、高含砂和高气液比的井，克服了受抽油杆强度限制，能够适应深抽的要求。但价格及耗能较高，减速机构故障率高。电动潜油螺杆泵一般指整套装置，包括井下机组、井下电缆、电泵井口、控制柜和变压器。

（张顶学　廖锐全）

【射流泵 jet pump】 将动力液的动能转换为压能从而将井液举升到地面的水力抽油泵。又称喷射泵。由喷嘴、喉管和扩散管组成。动力液由地面泵加压后经油管输至井下，从喷嘴高速喷出，在喷嘴前形成低压区，井内原油被高速动力液吸入低压区。经混合后的液流通过扩散管时，因流速降低，把动能转换成压能，达到举升压力将井液举升到地面。

（张顶学　廖锐全）

【水力活塞泵 hydraulic piston pump】 将动力液高压势能转变为往复运动的机械能，使井下原油举升到地面的一种泵。由马达和泵通过空心活塞杆相连组成，液马达和泵有一个或两个。按结构形式分为双作用泵、单作用泵、双泵端泵和双液马达泵。

双作用泵　水力活塞泵的基本型，推广面占80%～90%。结构特点是换向滑阀在上、下柱塞中间，上、下柱塞既是液马达柱塞又是深井泵柱塞，两柱塞与柱塞杆连接面交替受高压动力液作用，而两柱塞的另一端交替将液缸中的井液排出泵外。柱塞杆始终受拉力，受力状况好，可以设计出较大的冲程。结构如图所示。当换向阀处于下极限位置时，高压动力液通过流道进入上液缸的下腔推动柱塞组上行，上腔内的井液通过上排出阀排到油套管环形空间。同时井液通过固定阀、吸入阀进到下液缸的下腔，下液缸上腔的乏动力液通过流道排到油套管环形空间。当柱塞组运动到接近上极限位置时，高压动力液通过拉杆下部的换向槽作用到换向滑阀的下端，滑阀两端的面积差产生向上推力，使得滑阀换向。高压动力液通过换向滑阀孔及流道

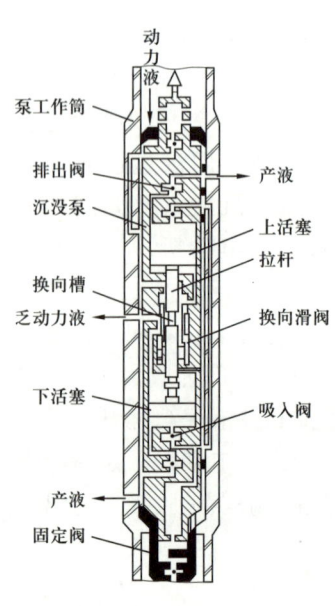

双作用水力活塞泵

进入下液缸的上腔,而上液缸下腔内的乏动力液通过流道排至油套管环形空间。当柱塞组向下运动到接近下极限位置时,拉杆上部的换向阀槽将孔同泄油孔连通,使换向滑阀的下腔与低压连通。换向阀在高低压压差作用下向下运动,柱塞组又换向运行,如此反复循环,不断地将井液举升到地面。

单作用泵 在双作用泵的基础上进行局部修改而成。结构特点是柱塞组中上柱塞直径比下柱塞直径小,并设计成一定比例,使上下行程的负载和工作压力平衡。只有一组吸入排出阀,设在大直径柱塞一端。工作原理与双作用泵相似。特点是显著地降低泵的压力比和井口工作压力;相同井口工作压力,泵的举升能力显著提高,但泵的排量也相应地减小。适应于低液面小产量油井。

双泵端泵 在双作用泵的基础上,增加一个泵端柱塞,不论是上行程还是下行程都由一个液马达驱动两个泵端柱塞,泵的排量大为提高。适应于大产量油井。

双液马达泵 在双作用泵的基础上,增加了一个液马达柱塞,不论是上行程还是下行程都由两个液马达驱动一个泵端柱塞,泵的扬程大为提高。适应于深井抽油。

(陈万薇)

【**配水器** water flow regulator】 在分层配水管柱中调节注水量的专用工具。装在对应分注层段,利用不同直径的节流嘴,控制各层不同的注水量。可分为固定配水器、空心配水器和偏心配水器。使用最为广泛的是偏心配水器。

(陈宪侃)

【**固定配水器** fixed water flow regulator】 固定在分层注水管柱上的配水器。由上接头、调节环、垫环、压簧、中心管、O形密封圈、阀、阀座接头构成(见图)。在注水井调整时必须起出油管,是单管分层注水最早使用的一种配水器。油管加压后,液压作用在阀上,阀压缩压簧离开阀座接头上行,阀开启,高压水经油套环形空间注入油层。调节环用来调节压簧松紧,以控制阀的开启压力。这种配水器最大的缺点是调配时必须起管柱,使用时间长了以后阀座会磨损,注水量自动增大,已不使用。

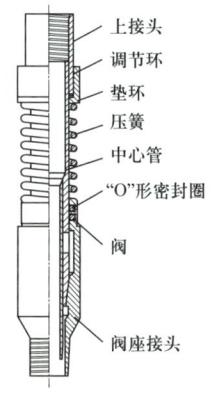

固定配水器结构图

(石善志 陈宪侃)

【**空心配水器** hollow water flow regulator】 各级内通径大小不同的配水芯子组合成的一种活动式分层配水器。主要由工作筒和配水芯子组成,是单管分层注

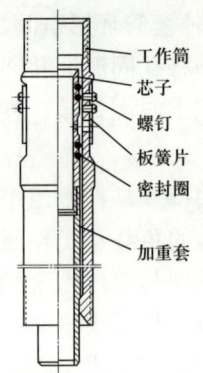

空心配水器结构图

水常用的一种配水器（见图）。用封隔器将分注层段分隔开，各分注层段的工作筒装在分注管柱上，对准分注层段，然后将各级内通径大小不同的配水芯子（上大下小）用专用工具投入到各级工作筒中，利用芯子上不同大小的水嘴来调节注水量。优点是投捞故障较少，多在深于 2500m 的井中使用，缺点是投捞作业复杂，必须逐级投捞，且受内通径影响，使其使用级数受到限制，一般不超过 3 级。

（陈宪侃）

【偏心配水器 eccentric water distributor】配水器在堵塞器内，坐于工作筒的偏孔上的一种活动式分层配水工具。是单管分层注水使用最广的一种配水器（见图）。其工作原理是：配水嘴装在堵塞器内，坐于工作筒的偏孔上，凸轮卡于偏孔上部的扩孔处，固定牢固。注入水经堵塞器滤罩、水嘴进入油套管环形空间注入油层。投捞时使用专用的投捞工具捞出或放入堵塞器。优点是投捞作业简单，可进行任何单级投捞，不受通径限制。

（陈宪侃）

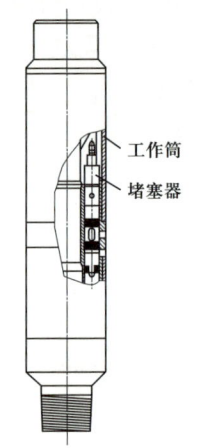

偏心配水器结构图

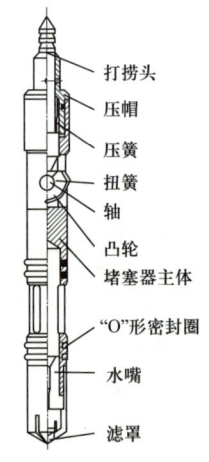

配水器堵塞器结构图

【配水器堵塞器 water flow regulator plug】偏心配水器中配水嘴总成。由打捞头、凸轮、水嘴等组成，（见图）。用钢丝作业可以打捞堵塞器，更换水嘴，然后再投送井下，坐于偏心配水器偏孔内，用于调整注水量，堵塞器上、下两组四道"O"形密封圈封住偏孔的出液槽，注入水经滤罩、水嘴、堵塞器主体的出液槽和工作筒主体的偏孔进入油套管环形空间注入油层。正常注水时，堵塞器主体的 $\phi22mm$ 台阶坐于工作筒主体的偏孔上，凸轮卡于偏孔上部的扩孔处将堵塞器固定牢固。

（陈宪侃）

【配水器投捞器 pulling and running tool for water flow regulator】偏心配水器投捞堵塞器的工具。由投捞块、压簧、投捞头、导向体组成（见图）。捞堵塞器时，将投捞器的投捞头上安装打捞器，用钢丝作业将投捞器下过配水器工作筒，然后上提到工作筒上部。打捞器锁块过工作筒主通道遇阻,打捞器的锁块和锁轮一起向下转动,投捞爪和导向爪解除锁定,向外张开。再下放投捞爪,导向爪沿工作筒导向体的螺旋面运动。当导向爪进入导向体的缺口时,投捞爪已进入工作筒扶正体的长槽,正对堵塞器头部,捞住堵塞器打捞杆,再上提投捞器。堵塞器打捞杆压缩压簧上行,下端与凸轮脱离接触,凸轮在扭簧的作用下转动而内收,堵塞器被捞出并起到地面。

投堵塞器时,将投捞器的投捞头安装投送器,把堵塞器的头部插入投送器内,按上述施工步骤将堵塞器下入工作筒主体的偏孔内。上提投捞器,凸轮的支撑面一卡在偏孔内的上部扩孔。剪钉被剪断,堵塞器留于工作筒内,投捞器被起出。

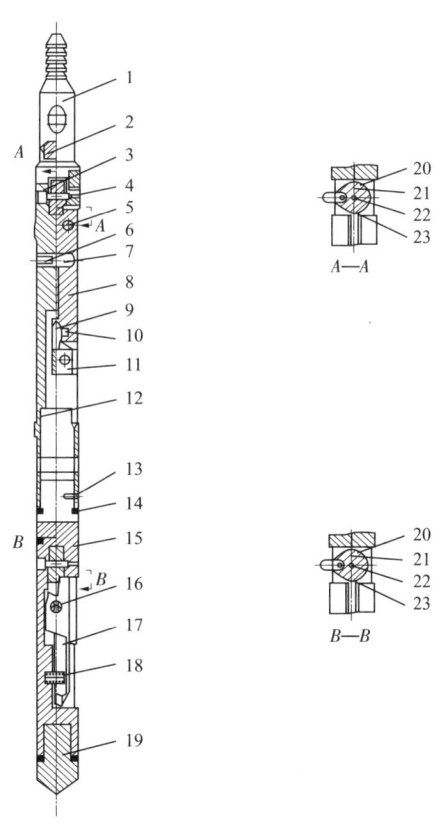

配水器投捞器结构图

1—绳帽;2,3,14—"O"形密封圈;4,5,10,13—螺钉;6—销钉;7,9,18—压簧;8—投捞块;11—投捞头;12—投捞体;15—导向体;16—轴;17—导向爪;19—导向头;20—锁轮;21—扭簧;22—轴;23—锁块

(陈宪侃)

【水力旋流冲砂器 hydrocyclone sand washer】 普通油管通过高速旋流实现井下连续冲砂的工具。由上接头、冲洗管、压紧套、自封皮碗、皮碗座、中心、旋转喷头限位套、旋转喷头、轴承、引鞋、隔圈、顶丝、O形密封圈组成。

反循环连续冲砂施工时，液流从冲洗管的水眼进入，通过冲洗管与中心管之间的环空进入到旋转喷头的内腔，再从喷头的水眼喷出，形成高速射流。根据水力学原理，旋转喷头在水力作用下会高速运转，在套管内形成高速旋流，对水平井段的沉砂进行充分搅动，从而有效的破坏砂床，使砂子和杂质始终处于悬浮状态，有利于冲洗液将地层砂携走，将砂粒彻底冲洗干净。

（张顶学　廖锐全）

【悬挂器 hanger】 井下作业时用于悬挂固定尾管、油管、衬管、筛管及配套工具的专用工具。

按结构特征分类可分为卡块式、卡瓦式和大小头式三种：卡块式悬挂器是卡块在弹性和外力作用下，悬挂器的卡块卡在套管接箍中的环形凹槽内，它的特点是结构简单，缺点是套管接箍的位置固定，悬挂器的悬挂位置受限制，很少使用；卡瓦式悬挂工具靠卡瓦锚定在套管内壁上，按工作方式分为液压式和轨道式（液压式是靠液压产生的动力推动卡瓦涨大后，依靠卡瓦锚定在套管内壁上；轨道式是通过换转悬挂器的控制销在"J"形或往复型轨道中的位置，利用弹性扶正器的摩阻作用，推动卡瓦涨大从而锚定在套管内壁上），卡瓦式悬挂器的特点是可以悬挂在套管内壁的任意位置；大小头式悬挂器加工成一头大一头小的结构，靠大头卡在特定的槽体内，小头连接被悬挂的管柱，优点是结构简单，缺点是悬挂位置受限制。

按用途分类可分为套管悬挂器、油管悬挂器、防砂管悬挂器和尾管悬挂器等。套管悬挂器和油管悬挂器是坐于套管头内或油管头内，用于悬挂套管或油管并密封各层油、套管环形空间的大小头式悬挂器；防砂管悬挂器是卡瓦式带密封且可回收的，用于悬挂防砂筛管及配套工具；尾管悬挂器是完井、侧钻井中将尾管（套管、油管及配套工具等）悬挂在上部套管内或套管大修中将衬管悬挂在套管内，有卡瓦式、卡块式两种。尾管悬挂器按功能分有密封悬挂器与非密封悬挂器、可回收与不可回收、可回接与不可回接等多种形式。尾管悬挂也可利用膨胀管作为悬挂器，可实现在任意位置悬挂、通径最大，悬挂力可达350kN。

（王锡敏　杨振威）

【尾管悬挂器 liner hanger】 将尾管悬挂在上层套管柱的井下工具，是套管附件之一。

通过尾管悬挂器实现尾管固井，减少深井一次下井的套管重量，改善下套管时钻机提升系统负荷，降低注替水泥浆流动阻力，有利于安全施工。通过尾管回接，可以解决因上层套管磨损而影响钻井作业的问题；使用尾管悬挂固井技术，还可减少套管用量，节约钻井成本。

尾管悬挂器的基本技术要求是"下得去，挂得住，倒得开"。尾管悬挂器从悬挂方式上可分为水泥环悬挂和机械式悬挂两大类（见图）。水泥环悬挂式尾管悬挂器安全性差，使用较少；机械式尾管悬挂器工作可靠和操作方便，应用范围广。机械式尾管悬挂器有微台阶式、楔块式和卡瓦式三种，以卡瓦式尾管悬挂器应用得最普遍。卡瓦式尾管悬挂器又分液压卡瓦尾管悬挂器和机械卡瓦尾管悬挂器两种，以机械卡瓦尾管悬挂器使用得最多。机械卡瓦尾管悬挂器有"J"形槽式和轨道式两个品种。"J"形槽式卡瓦尾管悬挂器是转动释放弹簧坐挂卡瓦，而轨道式卡瓦尾管悬挂器是转向环在轨道上滑动坐挂卡瓦。

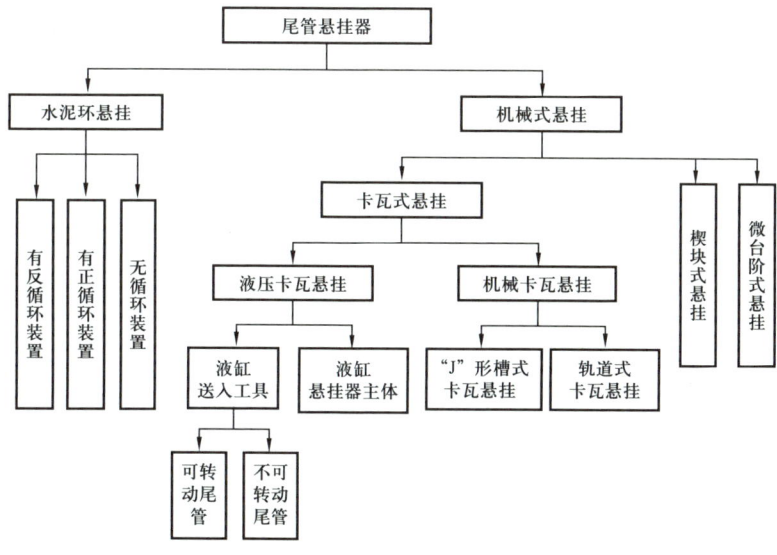

尾管悬挂器分类

多数尾管悬挂器在上部安装回接筒，可以从回接筒喇叭口处向上回接套管至井口，并完成注水泥作业。进行套管回接作业时，在套管柱下部安装相应的密封插入接头，才能确保注水泥作业顺利进行和使套管柱密封性能达到技术要求。

（田中兰）

【**机械卡瓦尾管悬挂器** mechanical liner hanger】用机械方式推动卡瓦悬挂尾管的

尾管悬挂器。有"J"形槽式尾管悬挂器和轨道式尾管悬挂器两种类型。

"J"形槽式尾管悬挂器（见图1） 当悬挂器下到设计悬挂深度后，上提钻柱依靠弹簧片与外层套管内壁的摩擦力，反时针方向转动，使"J"形槽内的导向销钉偏转，由短槽进入长槽，此时下放送入钻具，锥套使卡瓦张开而卡挂在外层套管内壁上，实现尾管悬挂。

轨道式尾管悬挂器（见图2） 当悬挂器下到设计悬挂深度后，此时导向销钉处于轨道短槽内，上提送入钻具的距离大于短槽长度，依靠弹簧的摩擦力，再下放送入钻具的距离大于长槽长度，导向销钉通过转环自动进入长槽，卡瓦便沿着锥体上移与上层套管内壁卡紧，实现尾管悬挂。

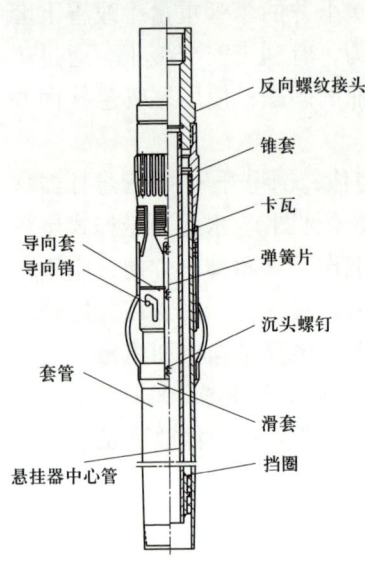

图1 "J"形槽式尾管悬挂器

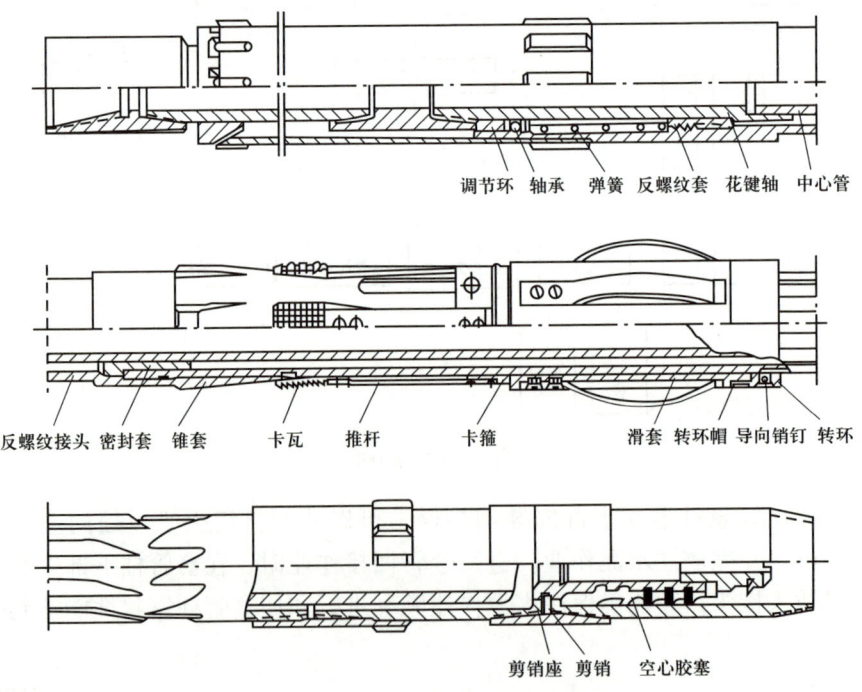

图2 轨道式尾管悬挂器

（田中兰）

【**液压卡瓦尾管悬挂器** hydraulic liner hanger】 用液压方式推动卡瓦悬挂尾管的尾管悬挂器。

当液压卡瓦尾管悬挂器（见图）与尾管下到设计井深后，从井口将一钢球投进送入钻柱，待球落到球座，从井口憋压，将液缸销钉剪断，推动环形活塞与连在一起的卡瓦上行实现尾管悬挂。通过加压使尾管悬挂器顶部倒扣，试提中心管。倒扣后下放钻柱加压悬挂器处，从井口将球座憋通进行循环，调整好钻井液性能，转入正常注水泥作业。冲洗多余的水泥浆，最后起出送入钻具。

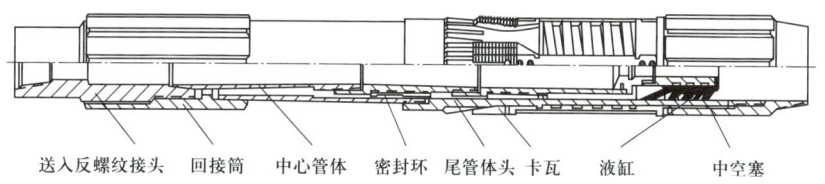

液压卡瓦尾管悬挂器

（田中兰）

【**井下作业检测工具** detection tool for downhole operation】 用于判断、证实井下状况的测试工具的统称。检测井下状况可为井下作业施工设计、工艺技术优选、作业工具的选择提供依据。

井下作业中常用的检测工具有通径规、井径仪、测卡仪、井下电视和印模。印模可分为铅模、蜡模、泥模和侧面打印器。铅模、蜡模、泥模结构相同，充填物分别为金属铅、蜡和胶泥，而侧面打印器与水力封隔器原理相同，但橡胶筒为半硫化状态。

（王锡敏）

【**通径规** drift diameter gauge】 用于检测井下管状物通径尺寸的专用工具。主要用于检测套管、油管、钻杆等内孔的通径尺寸是否符合标准，是井下作业常用的检测工具，分套管通径规和油管、钻杆通径规两大类。

套管通径规是检测套管内通径尺寸的薄壁筒状工具，俗称通井规。由接头与筒体两部分组成。接头下部由螺纹与筒体连接，筒体下部可稍薄。还有一种筒体上下两端都加工有连接螺纹，当下入井内的作业工具较长时，便于将两个通径规连接使用。另外一种通径规的筒体为两端是中空的斜面导向体，多用于大斜度井或水平井通井。将筒体下部加工成薄壁的目的是：当套管变形处内径小于通径规的外径时，筒体容易变形，通过变形能大概了解套管变形状况；能缓冲撞击力，不易卡住通径规，便于起出钻柱。

油管、钻杆通径规用于检测油管、钻杆的内径，一般在地面进行，又称油管规、钻杆规。其形状为一中空的长圆柱体。其中一种两端无螺纹，利用蒸汽等作动力将其从被检测管子一端推入，另一端顶出。另一种两端有连接螺纹，与连接管连接起来进行通管并清除管内油污等。

（王锡敏）

【印模 lead stamp】 金属外壳内灌铅、石蜡和胶泥用于探测井下落物顶部形状或套管状况的专用工具。灌铅称铅模，灌石蜡称蜡模，内装胶泥称泥模。

铅模由接头、拉筋、铅体组成，中间可有通孔，铅体为圆柱形，底部平面及圆柱周围光滑无损（见图）。

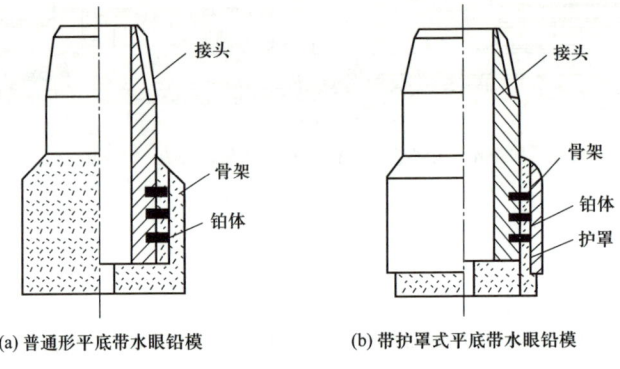

(a) 普通形平底带水眼铅模　　(b) 带护罩式平底带水眼铅模

铅膜结构示意图

铅是软金属，可塑性强，与坚硬物体挤压后能留下相应的印迹。当井下状况不清楚时，一般下入铅模进行探测。铅模留下的印迹是鱼顶顶部外表形状，铅模留下印迹的深度是落物鱼顶凸出的高度。

蜡模和泥模可塑性更强，在较轻的载荷作用下，即能留下清晰的印痕，多用于怕压的落物打印，如仪器、杆类、绳类落物打印。

侧面打印器，与扩张式封隔器相似，只是胶筒为半硫化胶筒，可探测套管内壁技术状况。通过分析印模同鱼顶接触留下的印迹，可判定鱼顶的位置、形态、套管是否变形等。据此定性认识井下情况，并制定下一步作业方案。

（王锡敏）

【防脱铅模 anti-stripping mould】 采用台阶式挂铅，可防止脱铅的印模。可用来探测井下落物顶端状态和套管情况。由铅体、挂铅板、本体组成，用于水平井打印作业。

（赵　勇　廖锐全）

【井下电视 downhole television】 用电信号传送井下物体影像，用于了解判断井下技术状况的系统。分光电成像和声电成像两大类。

光电成像井下电视 摄像系统由照明系统发出的光线通过前端的透明壳窗将井壁、落物照亮，井壁、落物的反射光经成像透镜后，被摄像机的光电成像器件接收，经信号放大处理后，再经传输电缆将图像信号传送至地面的显示设备，由摄像设备记录或计算机进行图像实时分析处理，实现观察井下物体影像。整个系统包括：（1）井下工作部分，包括照明系统、摄像系统、密封防护系统、信号处理系统与传输系统；（2）井上部分，包括供电系统、控制系统、显示系统等附属设备。

声电成像井下电视 整个摄像系统由超声波击发系统发出的超声波射向井壁、落物，反射波被超声波接收及声电成像系统接收，经信号放大处理后，再经传输电缆将图像讯号传送至地面的显示设备，由摄像设备记录或计算机进行图像实时分析处理，实现观察井下物体影像。井下工作部分包括超声波击发系统、超声波接收及声电成像系统、密封防护系统、信号处理系统与传输系统；井上部分包括供电系统、控制系统和显示系统等附属设备。

📖 **推荐书目**

郭伯华．井下打捞技术与打捞工具．北京：石油工业出版社，2000．

（王锡敏　杨振威）

【**钻柱打捞测井仪 logging instrument for drilling string fishing**】 带有声波激发接收及声电转换输出系统，能准确连续定位测量被卡钻柱的卡点及被卡程度，并绘出测井图的检测仪器。既能测出卡点又能测出被卡程度。在被卡井段，声波的振动随卡钻的严重程度成比例地降低，钻柱打捞测井仪先在已知的自由管柱中测出声波振动的基本参数，随后测出在不同位置，使用同样的声波源，接收的声波振动参数同基本参数之间变化比例的百分数，并绘制成测井曲线（见图），据此确定被卡钻柱的卡点及被卡的严重程度。油气水井生产和修井过程中油管、钻杆、封隔器等被卡死在井筒中，在打捞处理前应下入钻柱打捞测井仪，确定

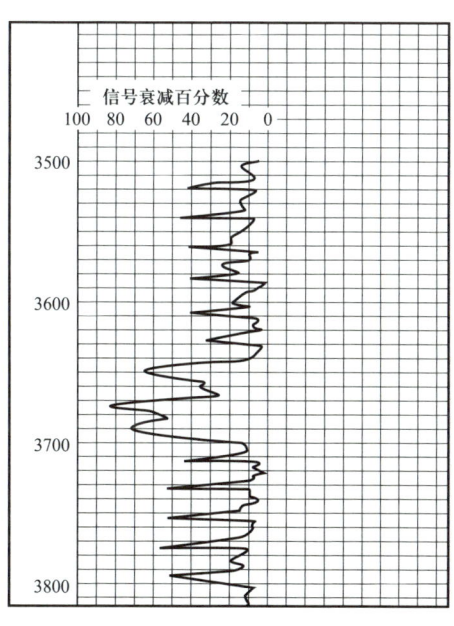

钻柱打捞测井曲线

被卡钻杆、钻铤、套管、油管等的卡点及被卡程度，为倒扣、管柱切割提供准确位置或为震击解卡、套铣或采取其他措施提供依据。

（王锡敏）

【震击工具 jarring tool】 在井下产生震动作用解除管柱卡阻的工具。把拉伸的变形能量转换为动能起到震动和冲击的作用，给被卡管柱施以向上或向下的冲击力帮助解卡。震击工具通常与打捞工具配套使用，利用打捞工具抓住落物后，活动管柱解卡。在最大上提拉力下仍不能解卡时，依靠震击工具给被卡管柱施以向上或向下的冲击力，解除卡阻。根据井况的不同，所处的环境不同，按其作用原理划分为机械式和液压式两种类型。按其作用目的划分为上击器和下击器两类。现场应用较多的震击工具主要有下击器、液压上击器与液体加速器等。

（王锡敏）

【下击器 bumper jar】 把上提被卡管柱增加的势能和拉伸变形的弹性能量转换为动能的震动和冲击作用，给被卡管柱施以向下震击作用的工具。与打捞工具配套使用，抓住落鱼后可以下击解卡。分为开式下击器和闭式下击器两种。

开式下击器　主要由上接头、抗挤环、挡套、撞击套、紧固螺丝、外筒、芯轴外套、芯轴等部件组成（见图1）。打捞工具抓住落鱼后，上提管柱，开式下击器被拉开一段距离（一般为600～1500mm），储蓄了势能，继续上提管柱到一定负荷使管柱被拉伸，储蓄了变形能。然后急速下放管柱，在重力和弹性收缩力的作用下，管柱加速向下运动，势能和变形能转变成动能。当动能达到最大值时产生向下的震击冲击作用，如此反复使落鱼解卡。动能越大，冲击力就越大。震击器冲程越长，冲击力就越大。

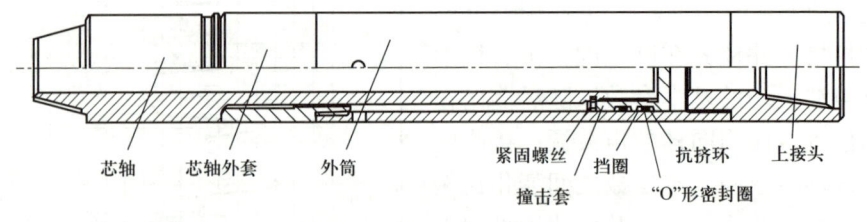

图1　开式下击器示意图

闭式下击器　也称润滑式下击器或称油浴式下击器。主要由上接头、上缸体、密封圈、挡圈、中缸体、上击锤、导管、下缸体、保护圈、油塞下接头等零部件组成（见图2）。当打捞工具抓住落鱼后，上提管柱，上提闭式下击器的一个行程，再拉伸管柱使工具储蓄势能、管柱储存弹性能，一旦卸荷，钻具产生高速向下的冲击力，使工具的台肩猛烈撞击上缸体和落物顶部，产生下击。由于管柱的拉伸、收缩，在弹性惯性力的作用下，对落物产生冲击力。

（王锡敏）

【**液压上击器** hydraulic up jar】 利用液体的不可压缩性和缝隙的溢流延时作用，拉伸钻柱储蓄变形能，瞬时释放并在极短（数秒钟）的时间内转变成向上的冲击动能，传至井下落物解除卡阻的工具。

结构 液压上击器为缸套与活塞的组合体，缸套部分作为固定件与下部钻柱连接、活塞部分作为活动件与上部钻柱连接（见图1）。组成缸套的部分有上缸体、中缸体和下接头；组成活动件的有芯轴、活塞、震击垫和冲管。（1）上缸体。即芯轴外套，中上部是一个光滑的圆筒，内有密封件，和芯轴光杆部分形成动密封，使液压腔和外界隔绝。下端为外细螺纹，与中缸体连接，其末端即承击体，内有母花键六个，和芯轴的公花键相配合，用于传递扭矩。上缸体上有油堵，是加液压油的地方。（2）中缸体。下部内孔为光滑的圆孔，即活塞压缩行程工作室。上部内孔有24个卸载槽，即活塞释载和加速行程工作室。中缸体的下部有油堵，是加入液压油的地方。（3）下接头。下接头有一个光滑的内圆孔，上有外螺纹与中缸体连接，内有密封件和冲管形成动密封，使液压腔与外界隔绝，下有标准的钻具连接螺纹与下部钻柱连接。此三者组成一个外壳整体，使活动件（芯轴、活塞、震击垫、冲管）在其内做上下相对运动，其下限为下接头上肩面所控制，上限为承击体所控制。（4）芯轴。芯轴是个空芯轴，上有内螺纹接头可以和钻柱连接，工具的动力即来源于此。从外径上看，接头下面是一段光滑圆杆，其长度大于活塞行程。光杆下面为六个公花键，与上缸体内的母花键相配合。公花键的末端装有震击垫和活塞，芯轴下端与冲管相连接。（5）活塞。活塞由活塞体、两个活塞环、一个密封环组成。活塞环槽上方有六个旁通孔，活塞在上行时密封，下行时畅通，是个单流阀。活塞装在震击垫下方，由冲管上台肩顶紧。（6）冲管。冲管为一空心厚壁钢管，外径光滑，上与芯轴连接，它主要是为了和下接头的密封机构形成液压腔下部的动密封而设计的。它也可以为活塞的运行起导向作用。这样，活塞与活塞杆（芯轴+冲管）组成了一个运动部件，受上部钻柱的驱使做往复运动。（7）震击偶。震击器要实现震击作用，必然要有互相撞击的震击偶，在

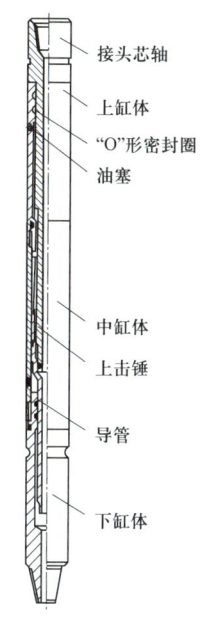

图2 闭式下击器示意图

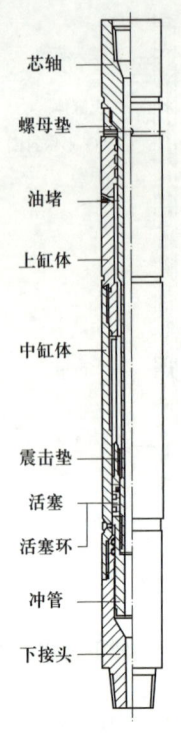

图1 液压上击器示意图

这里，震击偶就是活塞上部的震击垫和上缸体下端的承击体。(8) 密封件。凡是接触液体的部分，都要加以密封。震击器在高压循环的钻井液中工作，中部还有一个高压油腔，所以需要密封的地方很多，分七个部位用11个"O"形密封圈密封，密封圈耐温不低于120℃，耐压不低于15MPa。

工作原理 上缸体、中缸体和两端的密封件组成一个空腔，中间充满了耐磨液压油，芯轴、震击垫、活塞浸泡在油缸中，活塞本身就是一个不太密封的单流阀。(1) 如图2 (a)，活塞下行复位时，活塞环被迫靠向环槽上部，但它堵不住旁通孔，活塞环不起密封作用，液压油从下油腔经活塞环槽、旁通孔而至上油腔，形成无阻流动，活塞仅克服摩擦力即可下行，完成复位动作。(2) 如图2 (b)，当芯轴受拉力时，活塞上行，活塞环被压向环槽下面，同时和缸体的内壁紧紧贴住，形成一个有效的金属密封。但是活塞环上有特殊设计的小缝，允许液压油有少量的泄漏，这个泄漏的速度就决定了上提钻具和等待震击的时间。待钻柱有了足够的伸长量，

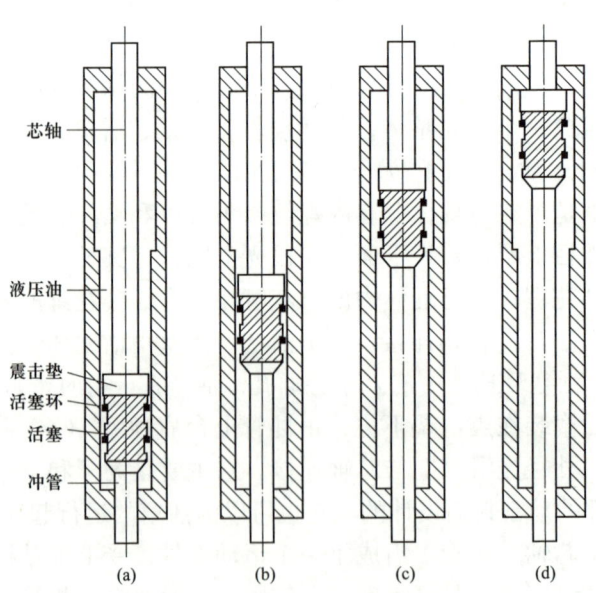

图2 液压上击器工作原理示意图

就刹车等候震击，这时活塞在钻具弹性力的驱动下继续上行。(3)如图2(c)，当活塞的第二个活塞环上行到卸载槽时，上油腔的液压油畅通无阻地流向下油腔，活塞不再受液压油的限制，开始加速向上运动。(4)如图2(d)，由于活塞在钻具弹性力的驱动下加速向上运动，使震击垫和承击体猛烈相撞，产生强有力的上击作用，这个撞击力通过缸体传到下部钻具的卡点上。

（蒋希文　王锡敏）

【液体加速器 liquid accelerator】 以液压为动力，为上行的液压上击器芯轴加力加速的工具。与液压上击器配套使用，主要由接头芯轴、短节、外筒、缸体、密封件、撞击器、活塞、导管、下接头等组成（见图）。通常安装在液压上击器之上，当液体加速器受到提拉力时，芯轴带动活塞上行，开始压缩缸体内的硅机油，提拉力越大，硅机油受压缩越大，储蓄的能量越大，而液压上击器受拉伸力也越大。在液压上击器至规定提拉载荷下突然释放，液体加速器受压缩的硅机油则为液压上击器芯轴加力加速，使其以更高的速度和更大的上击力对落鱼施以上击力，从而增加了液压上击器的上击效果。液体加速器作为液压上击器的辅助配套工具是很必要的，有效补偿了液压上击器的上击能力。

（王锡敏　杨振威）

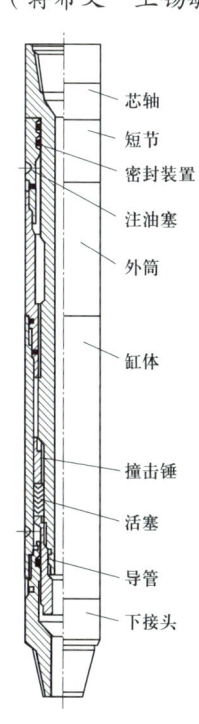

液体加速器示意图

【打捞工具 fishing tool】 用于捞获井下落物的下井工具。分类如下：(1)打捞管类落物的工具，有公锥、母锥、打捞筒、卡瓦打捞矛等工具。(2)打捞杆类落物的工具，有打捞筒等。(3)打捞绳类落物的工具，有打捞钩等。(4)打捞小件落物的工具，有打捞篮、磁铁打捞器、一把抓等。

打捞工具的选择原则是：要下得去，捞得住，提得出来，留有脱手的余地。同时要求结构简单，灵活耐用，成功率高，成本低。

井下落物种类及形态千变万化，对打捞工具承受的载荷、尺寸等要求不尽相同，针对不同的落物往往需要设计新的打捞工具。

📝 推荐书目

郭伯华.井下打捞技术与打捞工具.北京：石油工业出版社，2000.

（王锡敏）

【打捞筒 overshot】 从外侧套住落物进行打捞的筒形打捞工具。简称捞筒。用于打捞油管、钻杆、套管、抽油杆等圆柱状落物及各种碎物。根据结构和功能分为：（1）卡瓦类打捞筒，又分卡瓦打捞筒、抽油杆打捞筒等。（2）组合式打捞筒，如组合式抽油杆打捞筒、整形打捞筒等。（3）碎物打捞筒，如反循环活门捞筒等。（4）特殊结构打捞筒，如开窗打捞筒、三球打捞筒等。

（王锡敏）

【卡瓦打捞筒 slip-type overshot】 利用卡瓦在筒体螺旋槽内运动，从外径打捞井下管状落物的工具。主要由外筒、卡瓦和密封件等组成。外筒和卡瓦形成锥形配合，有单斜面和多斜面之分，单斜面筒体和卡瓦打捞范围较大，但筒体较厚，要求环空较大。多斜面筒体和卡瓦打捞范围较小，但筒体较薄，要求环空也较小。卡瓦又分为分瓣卡瓦、篮状卡瓦和螺旋卡瓦。单斜面筒体多与分瓣卡瓦配合，多斜面筒体则有篮状卡瓦和螺旋卡瓦与之配合。

篮状卡瓦（见图1）为圆筒状，形如花篮，卡瓦外部为完整的宽锯齿左旋螺纹，与外筒的内螺纹相配合，螺距相同，但齿面要窄得多，可以在筒体内上下移动一定距离。内部抓捞牙亦为多头左旋锯齿螺纹，卡瓦下端开有键槽，与控制环上的凸键相配合，防止卡瓦在筒体内转动。卡瓦纵向上开有等分胀缩槽，可以使卡瓦的内径胀大或缩小。它的密封件在控制环上。

螺旋卡瓦（见图2）形如弹簧，外面为宽锯齿左旋螺纹与筒体的内螺纹相配合，螺距相等，但螺纹面要窄得多，可以上下活动一定距离。螺旋卡瓦内部有

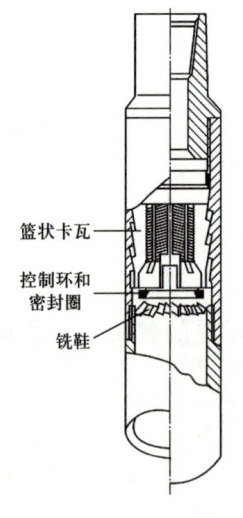

图1 篮状卡瓦打捞筒

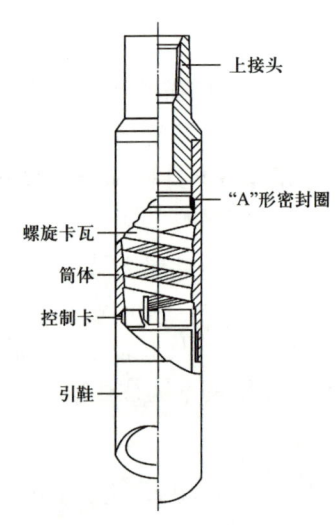

图2 螺旋状卡瓦打捞筒

抓捞牙，为多头左旋锯齿形螺牙。卡瓦下部焊有指形键，与控制卡配合，防止卡瓦在筒体内转动。它的密封件是"A"形密封圈，置于螺旋卡瓦之上。

（蒋希文　王锡敏）

【可退式打捞筒 retractable overshot】　一种从落鱼外部进行打捞而且根据需要可退出的打捞筒。可打捞不同尺寸的油管、钻杆和套管等鱼顶为圆柱形的落鱼。常用的有可退式短鱼顶打捞筒和防刮碰自动引鱼式可退式打捞筒。在打捞作业中，可与安全接头、下击器、液压上击器、液体加速器等组合使用，它有篮式卡瓦和螺旋卡瓦两种形式。可退式打捞筒的主要特点是：卡瓦与被捞落鱼接触面积大，打捞成功率高，不易损坏鱼顶；在打捞提不动时，可顺利退出工具；篮式卡瓦打捞筒下部装有铣控环，可对轻度破损的鱼顶进行修整、打捞；抓获落物后，仍可循环洗井。

可退式短鱼顶打捞筒主要由上接头、控制环、篮式卡瓦、筒体、引鞋组成，主要用于鱼头露出300mm以上的油管、钻杆的打捞。

防刮碰自动引鱼式可退打捞筒由上接头、本体、胶圈、活塞、弹簧、拉杆、挡圈、螺钉、背帽、开口销、卡瓦等组成。可捞不同尺寸的油管、钻杆和套管等顶部为圆柱形的落物，可用于打捞井下落物，也可在落物遇卡遇阻时旋转释放落物。

（张顶学　赵　勇）

【抽油杆打捞筒 rod overshot】　一种专门用于打捞断脱在油管或套管内抽油杆的打捞筒。夹紧落物的机理是靠锥面内缩产生的夹紧力抓住落井抽油杆的。从性能上可分为可退式和不可退式两种；从结构上分为螺旋卡瓦式、篮式卡瓦式和锥面卡瓦式三种。

（张顶学　赵　勇）

【活页式捞筒 loose-leaf overshot】　用来在大的环形空间里通过活页卡板卡住落鱼的打捞筒。主要用于打捞鱼顶为带台阶或接箍的小直径杆类落物，如完整的抽油杆、带台阶和带凸缘的井下仪器、小直径油管等。其工作原理是鱼顶为接箍的落鱼引入筒体后，顶开活页卡板，活页卡板绕销轴转动，当接箍通过卡板后，在扭力弹簧的作用下卡板自动复位，接箍以下杆柱正好进入活页卡板的开口里，上提工具，接箍卡在活页卡板上，实现打捞。

（张顶学　赵　勇）

【开窗打捞筒 overshot with slot】　筒壁开有梯形窗口，窗口中带梯形窗舌的筒状打捞工具。用于打捞带有接箍的油管短节、筛管、射孔枪身、测井仪器、加重杆及其他有环形外凸台,并且质量较小,未被卡死的落物。由接头和筒体组成,接头与筒体焊接为一体,或有螺纹连接筒体上开1~3排梯形开窗口(见图1)。每排有三四个窗口,窗口内有向内弯曲的梯形窗舌。舌尖内径略小于落物最小直径。落物进入筒体,并顶压窗舌外胀继续进入,直到接头下部。在同一圆圈上三四个窗舌的反弹力紧紧咬住落物或窗舌牢牢卡住落物外凸台阶,将落物捞住。

开窗打捞筒结构简单,操作方便,用途广泛,打捞范围大。缺点是打捞负荷小,窗舌坏了,工具就报废了。

梯形窗舌做成单独的梯形弹性爪,三四个一组固定在筒体内,则成为弹簧打捞筒(见图2),弹性爪损坏后可更换新爪继续使用。

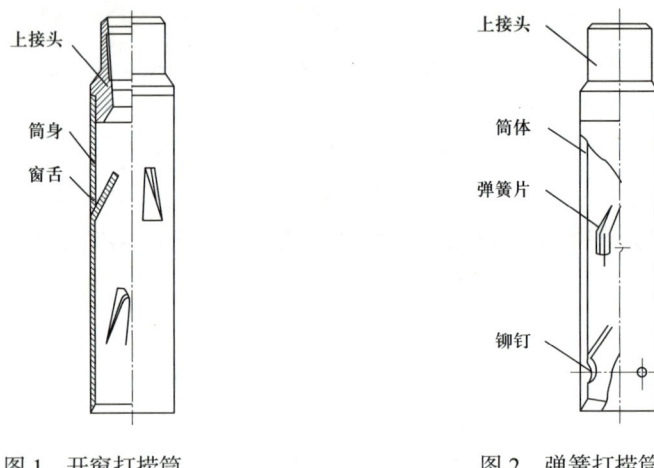

图1 开窗打捞筒　　　　　　图2 弹簧打捞筒

(王锡敏　杨振威)

【**反循环打捞筒** overshot with reverse circulation】 通过液体反循环实现打捞碎小落物的筒状打捞工具。有活门式和偏心式两种结构形式。

反循环活门打捞筒　液体反循环,从井底把碎物冲起,推动活门向上打开,落物进入筒内,停止循环,活门在自重或弹簧的作用下恢复原位,横担在筒体底部内凸台阶上,阻止落物从筒内退出,实现打捞(见图1)。优点是结构简单,开口较大,适用于打捞大块的胶皮等落物。

反循环偏心打捞筒　反循环的液体从井底把碎物冲起,经喇叭口、偏心筒,横向出口进入筒体内,在偏心筒顶部有横向挡板,碎物无法从偏心筒内下落,只能落在喇叭口上方的筒体内,实现打捞(见图2)。优点是结构简单、实用、不易损坏、可重复使用。

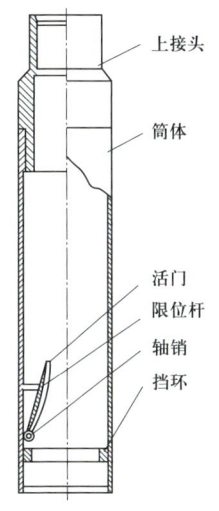
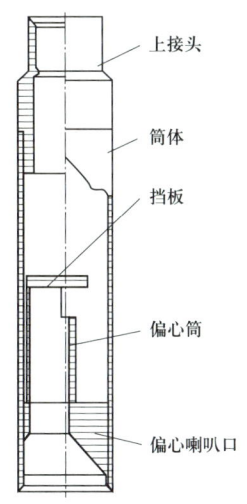

图 1　反循环活门打捞筒　　　　图 2　反循环偏心打捞筒

（王锡敏）

【**磁铁打捞器 magnet fisher**】 利用磁铁的磁性吸引力打捞小件铁质落物的工具。主要用于打捞掉入井内的钻头牙轮、卡瓦牙、钳牙、钢球、手动工具、油管或套管碎片等小件铁质落物。

磁铁打捞器是一个以壳体和铁芯形成的两个同心环形磁极，两级磁通路之间为无铁磁材料区域，使铁芯、引鞋最下端有很高的磁场强度（见图）。由于磁通路是同心的，因此磁力线程辐射状，并集中靠近打捞器下端的中心处，可把小块铁磁性落物磁化吸附在磁极中心。即使大块落物跨接芯铁和引鞋，也不会切断磁通路，还可吸附与其接触的其他磁铁性落物，实现打捞工作。

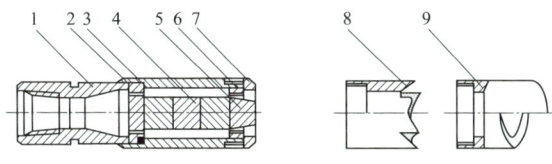

磁铁打捞器

1—上接头；2—压盖；3—壳体；4—磁钢；5—芯铁；6—隔磁套；7—平鞋；8—铣磨鞋；9—引鞋

根据打捞作业的需要，磁铁打捞器底部也可连接铣鞋、磨鞋或引鞋。

（张顶学　王锡敏　蒋希文）

【**打捞篮 fishing basket**】 带有篮筐总成，用于打捞小件落物的桶状打捞工具。专门用于打捞钢球、钳牙、小工具胶皮碎片等小件落物。按循环方式分为反循环打捞篮和局部循环打捞篮。

反循环打捞篮 高压工作液反向冲洗井底使井底落物进入打捞篮小件落物的打捞工具。由上接头、筒体、篮筐总成、隔套和引鞋构成（见图1）。靠大排量、高压力的流体冲洗井底，使井底落物悬浮、运动推动篮爪，使篮爪绕锁轴转动竖立，篮筐口开大，落物进入筒体，然后篮爪在弹簧作用下恢复原位，阻止进入筒体的落物退出篮筐，实现打捞。

局部反循环打捞篮 利用修井液在井底的局部反循环作用，将井底碎物冲入篮内而进行打捞工具。一般有投球式和喷射式两种形式。

投球式反循环打捞篮由提升接头、上接头、阀罩、钢球、阀座、筒体总成、篮筐总成构成（见图2）。将打捞篮下至鱼顶后投球。当钢球入座后，堵住正循环通道，迫使液体改变流向，经环形空间穿过若干向下倾斜的小孔，进入工具与套管环空，继续向下喷射，使井底落物悬浮、上行并推动篮爪，进入筒体内。这时液体继续向上经筒体壁上部的孔眼，进入工具与套管环空返至地面。同时篮爪在弹簧作用下恢复原位，落物被留在篮筐内，实现打捞。

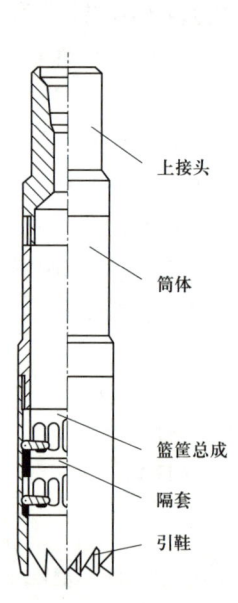

图1 反循环打捞篮

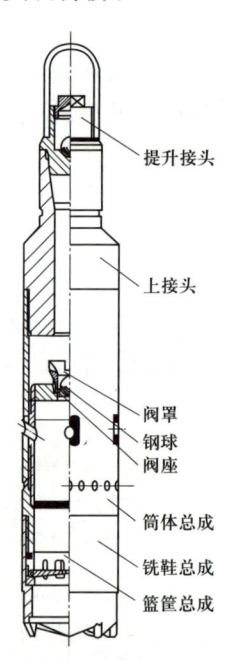

图2 投球式局部反循环打捞篮

喷射式局部反循环打捞篮通过高速射流产生负压，将内筒里的修井液吸出并进入混合室，由下水眼喷出，形成局部反循环。

（张顶学　陈宪侃）

【卡瓦打捞矛 slip trip spear】利用卡瓦在锥面上的运动，从落鱼内径进行打捞的工具。简称打捞矛，捞矛。用于打捞油管、钻杆、套管、封隔器等有内孔的落物。根据落物形状、所处环境及打捞要求，设计和选用的打捞矛类型、形状及规格各异，可分为滑块卡瓦打捞矛、水力卡瓦打捞矛和可退式卡瓦打捞矛。

（王锡敏　杨振威　蒋希文）

【滑块卡瓦打捞矛 sliding slip trip spear】一种通过滑块在矛杆上的上下移动卡紧落物的打捞矛。由上接头、矛杆、滑块卡瓦、锁块和螺钉（或有弹簧、控制杆）组成。滑块卡瓦打捞矛又分单滑块卡瓦打捞矛（见图1）和双滑块卡瓦打捞矛（见图2）。打捞矛卡瓦插入落物内孔，卡瓦上行时内缩，在自重（或弹簧）作用下顺矛杆斜坡上的燕尾键下行时，外径变大，使卡瓦外表面坚硬的锯齿牙紧贴落物内壁。随着上提打捞管柱，矛杆斜坡径向的分力使卡瓦牙将内壁咬得更紧，实现打捞。

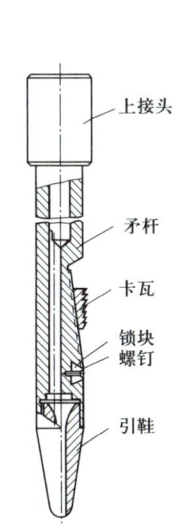

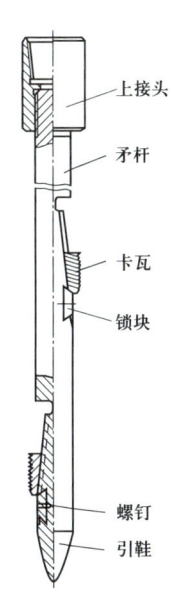

图1　单滑块卡瓦打捞矛　　　图2　双滑块卡瓦打捞矛

滑块卡瓦打捞矛的缺点是不能从落物中退出，当打捞负荷过大时，卡瓦容易把薄壁落物的管壁撑裂，致使打捞失败或拔不动管柱，将打捞矛与管柱同时卡在井内。

（王锡敏　杨振威　蒋希文）

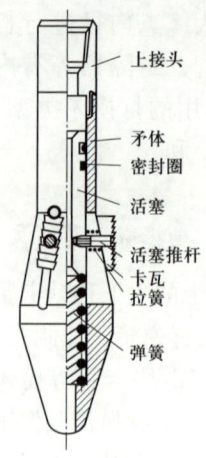

水力卡瓦打捞矛

【水力卡瓦打捞矛 hydraulic slip trip spear】 一种通过水力使卡瓦张开捞住落物的打捞矛。由上接头、筒体、活塞、活塞推杆、弹簧、卡瓦、锥体组成（见图）。插入井下管状落物内孔后，开泵憋压，通过液压机构使卡瓦张开，直到咬住落物实现打捞。

（王锡敏　杨振威　蒋希文）

【可退式卡瓦打捞矛 retractable slip spear】 一种带有外卡瓦捞住落物后根据需要能从落物中退出的打捞矛。根据形状及规格可分为螺旋可退打捞矛、轨道式可退打捞矛、水力可退打捞矛、打压滑块可倒打捞矛和水平井可退式打捞矛。

（王锡敏）

【螺旋可退打捞矛 retractable spiral spear】 一种内外都有螺旋的圆卡瓦的可退打捞矛。由上接头、芯轴、圆卡瓦、释放环和引鞋组成（见图）。捞矛在自由状态下，圆卡瓦外径略大于落物内径。

打捞时，对工具加压圆卡瓦被压缩进入落物内孔，圆卡瓦在弹性力的作用下产生一定的外胀力，使卡瓦贴紧落物内壁。随芯轴上行和提拉力的逐渐增加，圆卡瓦和芯轴相对位移（芯轴上行圆卡瓦相对下行），芯轴外锥形螺纹与圆卡瓦内锥形螺纹相互咬合，使圆卡瓦外牙齿产生径向力，更紧地咬住落物内壁，实现打捞。退出时，下击打捞矛，圆卡瓦和芯轴螺旋锥面脱开，转动打捞矛，圆卡瓦沿芯轴相对下移，与释放环顶端接触，此时圆卡瓦与芯轴完全处于释放状态，上提打捞矛，实现退出。

（王锡敏　杨振威　蒋希文）

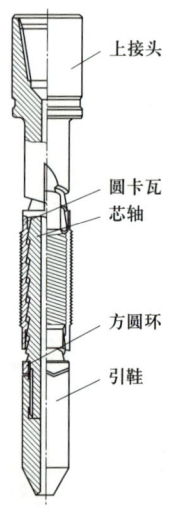

螺旋可退打捞矛

【轨道式可退打捞矛 track-type retrievable spear】 一种带有分瓣式外卡瓦，由轨道和释放销控制打捞或退出的打捞矛。退出机构和打捞机构都安装在卡瓦和打捞矛杆上，由上接头、丝堵、释放销、轨道槽、矛杆、分瓣卡瓦组成（见图）。

打捞矛在自由状态下，分瓣卡瓦外径略大于落物内径。打捞时，对工具加压分瓣卡瓦被压缩进入落物内孔，分瓣卡瓦在弹性力的作用下产生一定的外胀力，使卡瓦贴紧落物内壁，卡瓦筒体上的释放锁在倒"L"形轨道槽的竖槽内，上提打捞矛，卡瓦相对下移，在矛杆锥面径向力的作用下，使分瓣卡瓦牙咬住落物内壁，实现打捞。当需要退出时，下击打捞矛，分瓣卡瓦和矛杆内外锥面脱开。释放销转动到轨道槽的横槽中，继续上提，退出落物。

（王锡敏　杨振威　蒋希文）

【水力可退打捞矛 hydraulic retractable spear】 一种靠水力推动外卡瓦外径缩小脱开落物的可退打捞矛。由上接头、筒体、活塞、活塞推杆、弹簧、分瓣卡瓦、矛杆、钢球组成。分瓣卡瓦上部为筒体，下部为切成若干分瓣的卡瓦爪，卡瓦爪外表面有坚硬的螺纹锯齿牙，内表面为内圆锥面，卡瓦爪外径稍大于落物内孔。矛杆下部有与卡瓦内锥面相应的锥体。外径稍大于落物内孔的卡瓦在弹性力作用下紧贴落物内壁，上提打捞矛，卡瓦相对下移，矛杆锥面的径向力使分瓣

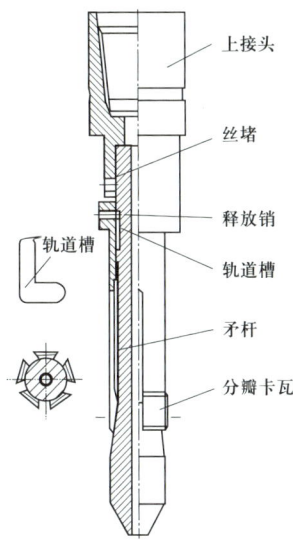

轨道式可退打捞矛

卡瓦牙咬住落物内壁，实现打捞。开泵憋压，通过机构使分瓣卡瓦和矛杆内外锥面脱开，分瓣卡瓦外径缩小，退出打捞。

（王锡敏　杨振威　蒋希文）

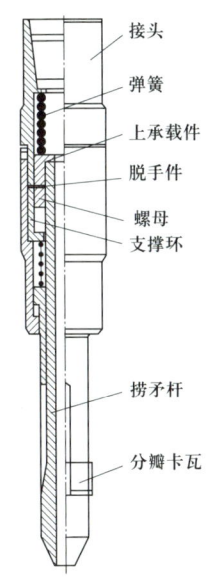

水平井可退式打捞矛

【打压滑块可倒打捞矛 reversible slider spear】 一种通过打压使滑块张开打捞落物的可旋转倒扣的打捞矛。由上接头、本体、牙块、销轴、弹簧、活塞、螺栓、定位螺栓等组成。在打捞作业时，利用矛杆进入落鱼内孔，可通过打压推动滑块前行张开，从而打捞带有内螺纹的管柱等落物，一旦落物遇卡，可旋转捞矛，利用滑块上的反方向螺纹倒扣脱出。常用于水平井打捞作业中。

（张顶学　赵　勇）

【水平井可退式打捞矛 retrievable trip spear for horizontal well】 一种用于水平井靠上提力的提拉动作即可退出落物的打捞矛。由抓捞机构、连接机构、释放机构组成（见图）。

抓捞机构包括捞矛杆、分瓣卡瓦、弹簧；连接机构包括接头、上承载件、脱手件、螺母、垫环、支撑环、捞矛杆；释放机构包括弹簧、脱手件。主要与井下增力器配合，

用于打捞水平井内各种管状落物。打捞机构插进落物内孔后,分瓣卡瓦在弹簧推力作用下向下行,卡瓦爪的内圆锥面与捞矛杆下部的外圆锥面相吻合,进而使卡瓦向外涨大,外表面坚硬的螺纹锯齿牙紧贴落物内壁。上提打捞矛,捞矛杆外圆锥面向外径向力使分瓣卡瓦牙更紧地咬住落物内壁,实现打捞。需退出时,只加大上提载荷,剪断脱手件后,释放机构的弹簧推动捞矛杆下行,卡瓦内锥面与捞矛杆外锥面脱开。继续上提,提拉件下部的内凸台挡住分瓣卡瓦上部的外凸台并带动分瓣卡瓦上行,卡瓦爪不能向外涨大,分瓣卡瓦锯齿牙斜面和内圆锥面产生的轴向分力也使承载件向下行分离,分瓣卡瓦的外径可缩小,退出落物。水平井可退打捞矛可用于一般油井打捞。

(王锡敏 杨振威 蒋希文)

【可退倒扣打捞矛 retrievable back-off trip spear】 一种通过旋转管柱倒扣的可退打捞矛。由上接头、保护筒、弹簧、拉杆、活塞缸、铜垫、矛瓦、矛杆等组成。可打捞不同尺寸的油管、钻杆和套管等顶部为圆柱形的落物。既可用于打捞井下落物,又可在落物遇卡遇阻时旋转倒扣释放落物,其下部带有引子,可在作业时进入落物内孔。工具靠液力推动活塞、卡瓦,卡紧力大,工作可靠,常用于水平井打捞作业。

(张顶学 赵 勇)

【提放式可退打捞矛 lifting-and-droping type retrievable trip spear】 通过上提和下放实现落物打捞和释放的打捞矛。由上接头、捞矛杆、矛爪、转环、销钉和压帽等组成。打捞矛下井时销钉位于短轨道内,矛爪不与捞矛杆锥体部分相接触,矛爪处于收缩状态。当矛爪接触并抓入鱼腔时,矛爪推动销钉移动,同时转环转动带动销钉进入长轨道。此时上提管柱,矛爪与捞杆锥面接触,矛爪直径胀大,将落鱼抓住。如果想放开落鱼,只要下放管柱使销钉进入短轨道即可。常用于水平井打捞作业。

(张顶学 赵 勇)

【打捞钩 fishing hook】 带有钩子的杆状打捞工具。用于打捞钢丝绳、电缆、录井钢丝等绳类及刮蜡片、射孔枪、提环等落物,主要由接头、钩子、钩身等组成。根据作业需要可设计多种型式和规格的打捞钩。按钩子的固定位置分类有内打捞钩(简称内钩)和外打捞钩(简称外钩);按钩子在钩身上的固定方式分类有死钩和活动钩;按钩子的数量分类有单钩、多钩;还有内外组合捞钩等。

(王锡敏)

【死钩 immovable hook】 钩子固定在钩身上的打捞钩。钩子的下部与钩身表面齐平，上部钩尖朝上，并和钩身离开形成三角凹槽。

（王锡敏）

【活动钩 movable fishing hook】 钩子可在钩身上活动的打捞钩。钩身下部有长形方槽，并钻有锁孔，孔中有锁轴。活动钩子固定在锁轴上，可缩进方槽内，在弹簧或自重作用下，可在方槽中转动一定角度，钩尖与钩身离开一定角度，形成朝上钩子。

（王锡敏）

【内钩 inner fishing hook】 具有两个以上钩身，钩子向内固定在钩身内侧的打捞钩。将钩身插入绳类及其他落物内，部分绳索被卡在钩的三角形（含活动钩子）朝上的凹槽内，并顺势缠绕在钩身上，起出打捞管柱，将落物捞出地面。活动钩子通过落物内腔后，钩子复位，突出到钩身外，将落物捞住。常用于打捞录井钢丝等较细的绳类落物。

（王锡敏）

【外钩 outer fishing hook】 只有一个钩身，钩子向外固定在钩身周围的打捞钩。外钩接头一般固定有挡环，挡环直径与井筒内径差的一半应小于被打捞绳索直径，防止绳索窜到接头以上缠绕卡住打捞管柱，使打捞工作复杂化。常用于打捞钢丝绳、电缆等较重的绳类落物。

（王锡敏）

【偏心捞钩 eccentric fishing hook】 钩身的轴心偏向接头轴心一侧的打捞钩。用于打捞井下偏向井壁一侧的落物。偏心活动外钩打捞井下多个有内孔的短落物。多次旋转钻柱打捞，可一次捞出多个落物。

（王锡敏）

【丝锥外钩 tap outside fishing hook】 钩身下部为带螺旋齿锥体的打捞钩。它可以旋转钻进到挤压成团的绳索类落物中。在上提时，把绳索类落物拉松，便于钩子进一步插入落物内进行打捞。

（王锡敏）

【内外组合捞钩 inside-and-outside combined fishing hook】 将内钩、外钩根据打捞需要进行各种不同组合的打捞钩。它具有内钩和外钩的功能，提高打捞效果。

（王锡敏）

【一把抓 junk catcher】 专门用于打捞井底不规则的小件落物的打捞工具。掉入井底的小件落物主要有钢球、阀座、螺栓、螺母、刮蜡片、钳牙、扳手和胶皮等。

结构 由上接头与筒身焊接而成。筒身一般采用低碳薄壁管。上接头有与钻柱相连接的内螺纹。为了保证上接头与筒身的连接强度，除采用插入台阶焊接之外，还采用筒身钻孔与接头塞焊方法。筒身下端加工成锥形抓齿。根据打捞对象不同，其形状及数量也各不相同。如图所示。

作用原理 一把抓下至井底后，将井底落鱼罩入抓齿之内或抓齿缝隙之间，依靠钻柱重量所产生的压力，将各抓齿压弯变形，再使钻柱旋转，将已经压弯变形的抓齿，按其旋转方向形成螺旋状齿形，落鱼被抱紧或卡死而捞获。

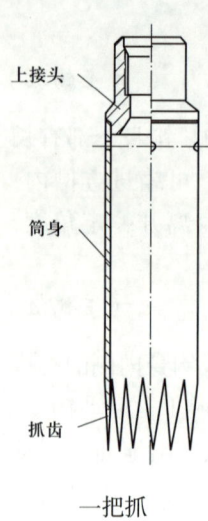

一把抓

（陈宪侃　方代煊）

【公锥 taper tap】 呈长锥体带外螺纹，用于从内径打捞管状落物的工具。

上部接头和钻柱连接，下部为经硬化处理过的锥形外螺纹（见图），可以从管状落物内径造扣，使落物与打捞钻柱连接起来，中部有水眼，可以建立循环。造扣时有外胀的力量，只适于打捞管壁较厚的管柱。用于油管、钻杆、套铣管、封隔器、配水器、配产器等带有中心孔落物的造扣打捞。

公锥按打捞螺纹牙及接头螺纹的旋向分为正扣公锥和反扣公锥。按打捞螺纹牙的牙尖角分为细扣牙公锥和粗扣牙公锥。粗扣牙公锥尖角大，齿根断面也大，提高了打捞螺纹强度，对于材质较硬，韧性较大的落物的打捞成功率较高。落物内孔有泥沙时，可在公锥底部加工成有尖钻头，以便在造扣前，用尖钻头将泥沙清理干净。

公锥的优点是结构简单，操作容易，加工及维修保养简单。缺点是打捞时必须加压旋转造扣，自由落物造扣时落物会与公锥共同旋转，而造扣困难。较长的遇卡落物倒扣时可能多处松扣，形成多个鱼顶，增加了打捞次数和难度。

（王锡敏　蒋希文）　公锥

【母锥 box tap】 筒状内壁带有螺纹牙，且具有造扣功能，用于从外径打捞管状落物的工具。上部接头和钻柱连接，下部为经硬化处理过的锥形内螺纹（见图），中部有水眼，可以建立循环。落物进入母锥内孔后，在钻压和扭矩作用下迫使锥形内螺纹牙挤压吃入落物外壁进行造扣，母锥和落物之间形成螺纹连接，实现打捞或倒扣。母锥造扣时，只有向内收缩的力量，没有外胀的力量，可用于打捞壁厚较薄的钻具。如打捞油管、钻杆及内孔不通或无内孔的圆柱形落物，但自由落物不容易造扣，导致打捞失败。

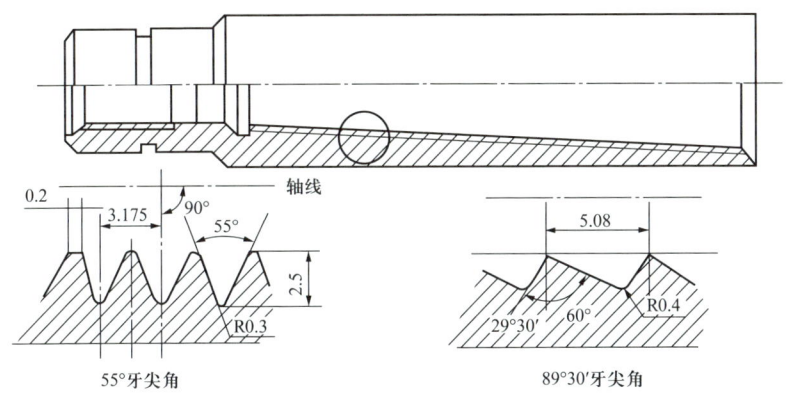

母锥

母锥按打捞螺纹牙旋向分为正扣母锥或反扣母锥。按打捞螺纹牙的牙尖角分为细扣牙母锥和粗扣牙母锥两类。

（王锡敏　蒋希文）

【套铣母锥 milling-type box tap】 一种带套铣头，专门从井下油管、钻杆等管状落物外壁进行造扣打捞工具。用于油管腐蚀严重、打捞空间堵塞的井况。主要由套铣头、母锥、接头组成。

套铣头冲洗套铣，清理环空腐蚀油管体、沉积的铁锈和井液并使落物进入闭窗筒体内，当筒体内的油管碎体块满足打捞尺寸时，将被壁钩夹住，上起将落物捞出。

（张顶学　赵　勇）

【打捞增力器 fishing booster】 用于起下井下管柱时增加提拉力的辅助工具。由上接头、中心管、胶圈、活塞缸、活塞、接头、芯管、接管、花键套、花键轴、下接头、背帽等组成。在作业中，当出现遇卡遇阻时，由于不能无限制地使用超极限上提拉力，可利用此工具进行打压增加提拉力来解除卡钻现象。

（石善志　许江文）

【鱼顶修整器 fish top dresser】 通过机械挤压使变形后不规则鱼顶修整到一定圆度便于打捞作业的一种整形工具。这种工具的特点是不管鱼顶有无劈裂，鱼顶修整器都能将其修整成便于打捞的圆度。

由接头、整形筒、芯轴、引鞋组成（见图）。当落鱼引入引鞋后，引鞋本身具有扶正作用，利用钻柱钻压使芯轴尖部在任何状态下均能对中进入落物中心。对椭圆形的短轴线向外挤胀使短轴加长，继而整形筒部分进入落物顶部，首先接触长轴，迫使长轴向内收缩。在内胀外缩的作用下，使椭圆弯曲的鱼顶，逐渐复原进入环形柱体空间，将弯曲部分校直，并继续对椭圆变形下部的过渡段整形，达到全部整形复原效果。

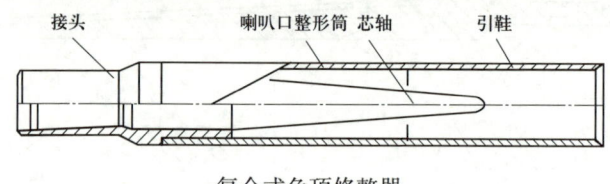

复合式鱼顶修整器

（王锡敏）

【安全接头 safety joint】 连接在井下作业管柱中当打捞工具被卡死时可以脱开从而取出上部管柱的接头（见图）。当作业管柱正常工作时，它可传递正向或反向扭矩，可承受拉、压负荷，并保证压井液流动畅通。当作业工具遇卡时，安全接头可首先脱开，将安全接头以上管柱起出，简化作业程序。根据安全接头连接方式可分为螺纹连接型、键连接型和锯齿螺纹连接型。

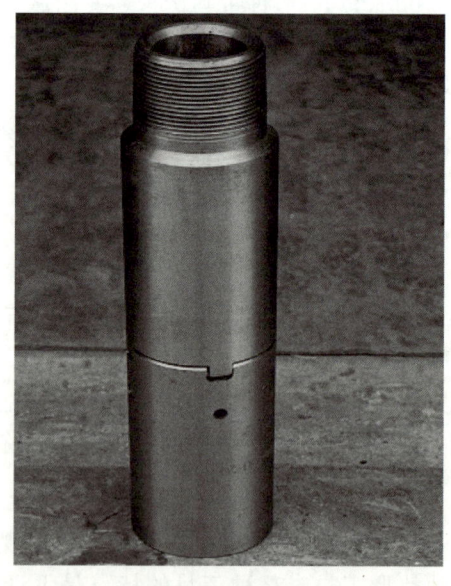

安全接头

（石善志　许江文）

【活动肘节 movable elbow joint】 一种具有可弯曲、可伸直、可抓取及可退回功能的井下作业辅助工具。由上接头、筒体、限流塞、活塞、凸轮座、凸轮、接箍、方圆销、活动短节、球座、调整垫、下接头及密封装置组成。常与打捞工具配合使用，活动肘节配合打捞工具能抓住倾斜度很大的落鱼，还能抓住上部覆盖有堵塞物的落鱼，具有可承受拉、压、扭、冲击负荷等特点。

（石善志　许江文）

【沉砂筒 sand settler】 用于磨铣收集较大钻屑并提出井外的井下作业辅助工具。由钻杆、沉砂管、钻杆接头、下接头等组成。当在大直径套管内进行磨铣作业时，钻进时由于环形空间面积较大，洗井液往往达不到一定的上返速度，带不出较大的钻屑时，可用此工具将较大钻屑收集提出井外。

利用加大此处钻具外径，缩小环形空间过流面积，使较大的钻屑能返至沉砂管以上的钻杆部分，当流速减小，钻屑可自动沉入沉砂筒与钻杆的环形空腔之内。

（石善志　许江文）

【管柱减阻接头 string antidrag joint】 井下作业时用于降低作业管柱摩阻防止作业管柱受磨损的装置。适合在有轻微形变或少许弯曲的井筒使用。由上接头、辊针、保护筒、胶圈、接管、下接头组成（见图）。

（石善志　许江文）

【机械倒扣工具 mechanical back-off tool】 利用机械或液压传动方式，通过地面动力将被卡管柱的连接螺纹倒开的工具。主要包括倒扣器、倒扣捞筒、倒扣捞矛、倒扣接头、倒扣下击器等。倒扣公锥、倒扣母锥、滑块卡瓦打捞矛也可作为倒扣工具使用。机械倒扣工具在倒扣打捞中，有的直接连接在打捞钻柱下部，进行倒扣打捞作业；有些工具可以组合使用，如倒扣器、倒扣下击器、倒扣安全接头与倒扣工具等。这种组合最大优点是打捞作业中，当遇卡提不动时，可以震击解卡，分段倒出卡点以上的管柱、安全接头脱手等，即使倒不开也能防止打捞管柱卡死在井内。

管柱减阻接头

（王锡敏）

【倒扣器 back-off tool】 在常规井作业需要倒扣时，利用正扣钻杆正转，而打捞工具反转实现倒扣的一种组合式打捞工具。主要由接头总成、锚定机构、变向机构、锁定机构组成。锚定机构包括空心轴、锚定翼板、硬质合金块、连动板等。变向机构包括长轴、星行齿轮、支承套（控制行星齿轮的）、外筒、承载套等。连接在倒扣器下面的倒扣打捞工具捞住落物时，外筒有制动力矩，长轴正转，通过行星齿轮、支承套等推动锚定翼板转动，在连动板的阻力作用下锚定翼板外伸，使锚定翼板上的合金块插入套管内壁而被锚定。此时装有行星齿轮的支承套不能右转，行星齿轮只能自转，不能向右公转，长轴继续右转时，就推动行星齿轮向左自转，行星齿轮又向左推动外筒左转，带动倒扣打捞工具将卡点以上钻柱的连接螺纹倒开。反转打捞管柱，收拢锚定翼板，锚定解除，可起出管柱。

倒扣打捞作业中倒扣器与打捞工具等的连接顺序（由落物向上）为：倒扣打捞工具（倒扣捞筒、倒扣捞矛、滑块卡瓦打捞矛、公锥、母锥）+倒扣安全节头+倒扣下击器+倒扣器+正扣钻杆。使用倒扣器不用反扣钻杆，简化了倒扣作业设备，操作过程安全可靠，反弹力小。

（王锡敏　杨振威）

【倒扣接头 back-off sub】 在进行打捞作业过程中落鱼被卡或倒不开时用于倒出卡点以上被卡钻柱的专用工具。由上接头、胀心套和胀心轴组成。上接头为左旋螺纹，与倒扣管柱连接，胀心套上端为开口六方柱与上接头线段的内六方空相配合，用以传递扭矩，下部是三条开有通槽正旋钻具外螺纹可与被卡管柱相连接。胀心轴的中部为一圆锥体，轴的上部与上接头连接，下部是引子，起引导和扶正作用。

倒扣接头与落鱼对扣后，上提钻柱带动胀心轴上行，把胀心套胀大，把螺纹撑紧，撑紧螺纹的程度和上提拉力成正比，一直使对扣螺纹能承受下部钻具的倒扣力矩时，才可实施倒扣。

（张顶学　赵　勇）

【倒扣捞筒 back-off dipper】 带有内卡瓦，捞住落物后能把扭矩传至落物，实现倒扣的筒形打捞工具。主要用于倒扣打捞油管、钻杆、套管、筛管等圆柱形落物。综合了各种打捞筒、母锥等工具的优点，使打捞、倒扣、退出落鱼、冲洗鱼顶一次实现。

结构　倒扣捞筒由上接头、筒体卡瓦、限位座、弹簧、密封装置和引鞋等零件组成（见图）。上接头上接钻杆或其他工具，下接筒体，中间内孔装弹簧。筒体总体是薄壁筒，两端是内螺纹，上部均布三个键控制着限位座的位置。筒体的下部是圆锥形内表面，在锥形内表面上也有三个键，与上部三个键遥遥相对，用来传递扭矩。此三个键沿锥面随坡就势，高度不一，起端最高，越向下越低,到末端随同锥度消失而高度为零。起端的上端面为内倾斜面,它与筒体内表面有一夹角。这锥面使卡瓦产生夹紧力,实现打捞。三个键把力矩传给卡瓦,实现倒扣。内倾斜面间的夹角限定了卡瓦与筒体的贴合位置,使之退出落鱼。

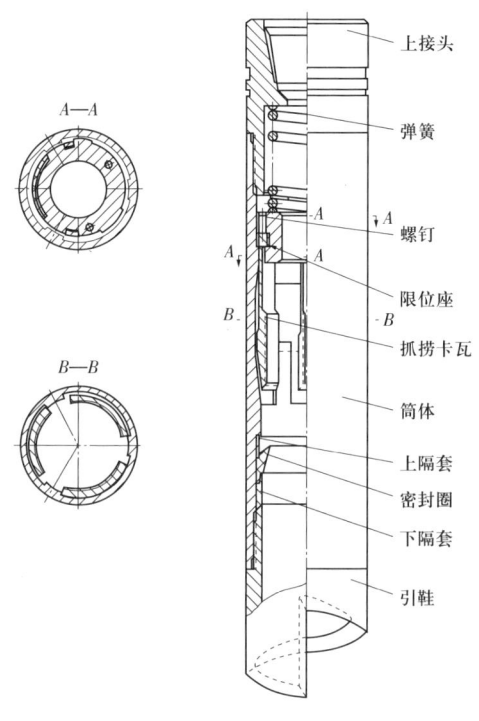

倒扣捞筒

在筒体上部三个键的部位,安装有限位座,可轴向滑动。限位座由上圈、下圈和环形槽三个部分组成。限位座不仅可作轴向滑动,而且还可绕轴心线转动,但转动的角度只能在 0°～90° 之间。右转动的限位圈必须带动安装在环形槽内的卡瓦,随其一起运动。

卡瓦共三块,均布在限位座上。每块卡瓦由吊挂块、卡瓦体和卡瓦锥体三部分组成。卡瓦锥面和内圆弧面上的牙可卡紧落鱼,卡瓦最下端大的内倒角,能很容易地引入落鱼。同时,一旦大倒角进入筒体锥面上的三个键的内倾夹角中,卡瓦就被限定,再也不能抓住落鱼。如果从安装位置上看,筒体锥面上的三个键处于三块卡瓦之间,一旦筒体上有正、反扭矩,键就把扭矩传递给卡瓦及至落鱼。在限位座与上接头间,安装一个大弹簧,工具非工作状态时,大弹簧顶住限位座,使卡瓦筒体锥面紧紧贴合。

作用原理 靠两个零件在锥面或斜面上的相对运动夹紧或松开落鱼，靠键和键槽传递扭矩。倒扣捞筒在打捞和倒扣作业中，主要机构的动作过程是当内径略小于落鱼外径的卡瓦接触落鱼时，卡瓦与筒体开始产生相对滑动，卡瓦筒体锥面脱开，筒体继续下行，限位座顶在上接头下端面上迫使卡瓦外胀，落鱼引入。若停止下放，此时被胀大了的卡瓦对落鱼产生内夹紧力，紧紧咬住落鱼。然后上提钻具，筒体上行，卡瓦与筒体锥面贴合。随着上提力的增加，三块卡瓦内夹紧力也增大，使得三角形牙咬入落鱼外壁，继续上提就可实现打捞。如果此时对钻杆施以扭矩，扭矩通过筒体上的键传给卡瓦，使落鱼接头松扣，即实现倒扣。如果在井中要退出落鱼，收回工具，又要将钻具下击使卡瓦与筒体锥面脱开，然后右旋，卡瓦最下端大内倒角进入内倾斜面夹角中，此刻限位座上的凸台正卡在筒体上部的键槽上，筒体带动卡瓦一起转动，如果上提钻具即可退出落鱼。

（王锡敏　杨振威）

【**倒扣捞矛** back-off spear】 带有外卡瓦卡住井下被卡落物，使被卡落物从连接螺纹处倒出的打捞工具。用于打捞下部被卡的油管、钻杆、套管等螺纹连接的管状落物（见图）。

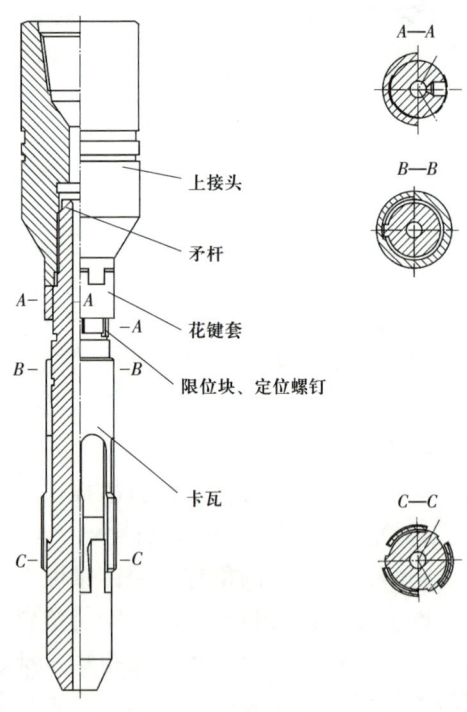

倒扣捞矛

当外径略大于落鱼通径的卡瓦接触落鱼时，卡瓦与矛杆开始产生相对滑动，卡瓦从矛杆锥面脱开。矛杆继续下行，连接套顶着卡瓦上端面，迫使卡瓦缩进落鱼内。若停止下放，此时卡瓦对落鱼内径有外胀力，紧紧贴住落鱼内壁，而后上提钻具，矛杆上行，矛杆与卡瓦锥面吻合，随着上提力的增加，卡瓦被胀开，外胀力使得卡瓦上的三角形牙咬入落鱼内壁，继续上提即可实现打捞；如果落物被卡住无法提出，旋转钻柱进行倒扣，取出卡点上部的管柱。下击矛杆，使矛杆与卡瓦锥面脱开，右旋钻柱使矛杆转动，卡瓦下端倒角斜面进入锥面的夹角中，卡瓦上部的筒体内壁的四分之一弧形孔侧面与矛杆上限位键接触，限定了卡瓦与矛杆的相对位置，上提钻具，卡瓦矛杆锥面不再贴合，矛杆即可退出落鱼。

（王锡敏）

【爆炸松扣工具 back-off tool by exploding】 利用爆炸产生的高温、高压冲击波使螺纹牙间的摩擦和自锁性瞬时消失或大量减少的倒扣工具。主要由导线接头、上接头、爆炸杆、引锥组成（见图）。使用时要测准卡点，将爆炸松口工具下至卡点以上第一个接头螺纹处引爆，然后提够悬重，使中和点处在松口位置进行倒扣作业。

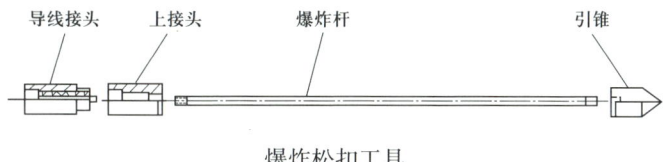

爆炸松扣工具

（石善志）

【套管整形工具 casing shaping tool】 通过机械挤压使一定范围内缩径变形的套管通径恢复原状或接近恢复原状的整形工具。主要有梨形胀管器、偏心辊子整形器、三锥辊套管整形器、旋转震击式套管整形器和爆炸整形器。

（王锡敏 杨振威）

【梨形胀管器 pear-shaped tube expander】 带有水槽的梨形整体结构的套管扩径整形工具。简称胀管器。用以恢复井下变形较小套管的整形。钻柱对胀管器向下施加冲击力，胀管器锥体大端与套管变形部位接触的瞬间产生径向分力直接挤胀套管变形，扩大套管内径，实现套管

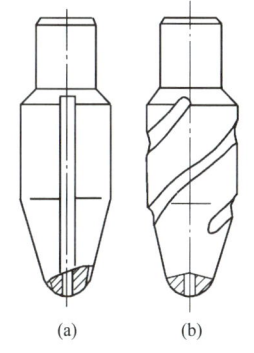

梨形胀管器

（a）直槽式；（b）螺旋槽式

- 191 -

整形。梨形胀管器结构简单（见图），但其锥体与套管接触部位可能产生积压粘连，造成卡钻事故。

（王锡敏　杨振威）

【偏心辊子整形器 eccentric roller shaper】 通过带有若干偏心辊子的旋转运动，对套管缩径处向外挤压扩径的整形工具。由偏心轴、上辊、中辊、下辊、锥辊、钢球及丝堵等组成（见图1）。

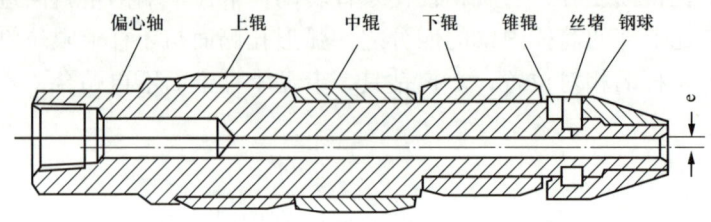

图1　偏心辊子整形器

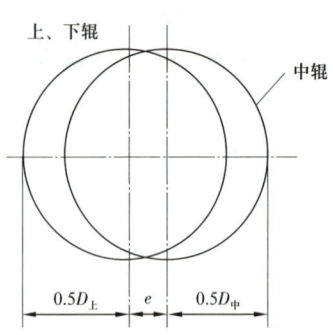

图2　偏心辊子整形器工作原理示意图

当钻柱沿自身轴线旋转时，上、下辊绕自身轴线旋转运动（见图2），而中辊轴线由于与上、下辊轴线有一偏心距e，必绕钻具中心以$0.5D+e$为半径作圆周运动，这样就形成一组曲轴凸轮机构，形成以上、下辊为支点，中辊以旋转挤压的形式对变形部位的套管进行整形。除此之外，当工具在变形较复杂的井段内工作时，变形量的不同，上、下辊与中辊又可互为支点，但各支点的阻力各不相同，具有偏心距e的偏心轴旋转时，在变形量小、阻力小的支点处，辊子边滚动边外挤。在变形量大、阻力大的支点处，偏心轴与辊子间产生滑动摩擦运动，并对变形部位向外挤胀。

（王锡敏　杨振威）

【三锥辊套管整形器 three-cone roller casing shaper】 三个锥辊除随芯轴转动外，还绕销轴自转，对变形部位进行挤胀和辊压，使变形段逐渐复原的套管整形工具。由芯轴、锥辊、销轴、锁定轴、垫圈、引鞋等组成（见图）。锥辊最大直径通过后，变形段对锥辊长锥面无作用力，此时变形段对短锥面有弹性反力。然而随钻具旋转和锥辊自转，对恢复段继续辊压，并在洗井液的冷却下，弹性反力逐渐消失，尺寸基本保持不变，以巩固整形效果。

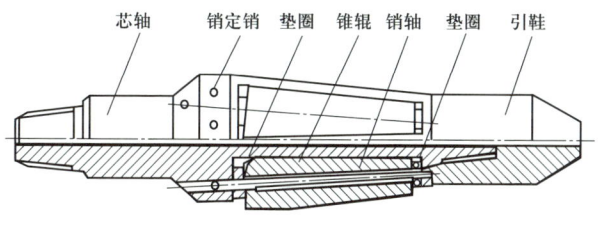

三锥辊套管整形器

（王锡敏　杨振威）

【旋转震击式套管整形器 rotary-jar-type casing shaper】 经旋转一定角度后，凸轮面出现突降，被抬起的垂体下落，砸在整形头上，给变形区以胀力，使变形套管恢复通径的套管整形工具。由锤体、整形头、钢球、螺钉组成（见图）。锥体和整形头相接触的端面处有凹凸螺旋形曲面配合。随着钻具的旋转，旋转震击式套管整形器的锤体和整形头之间的两螺旋曲面凸轮间产生相对运动，锤体带动钢球沿宽环形槽抬起。

（王锡敏　杨振威）

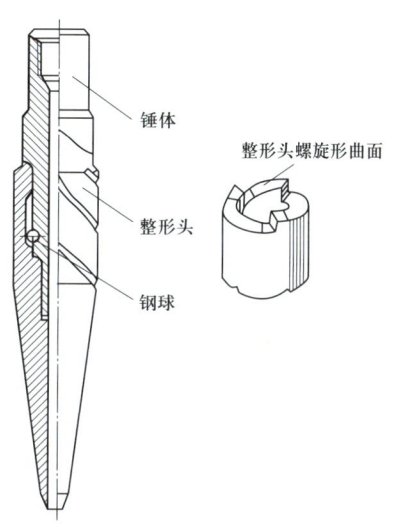

旋转震击式套管整形器

【套管整形弹 casing dressing shot】 套管变形部位整形复位的专用整形炮弹。主要由上接头、密封胶塞、雷管室及雷管、压帽、密封胶圈、接头、炸药药柱、短节、丝堵等组成。将具有一定综合性能的炸药药柱用管柱或电缆送到井内预整形复位（扩径井段）后，经校深无误后，投撞击棒或接通电源引爆雷管炸药。炸药爆炸后产生的高温高压气体及强劲的冲击波在套管内的介质中传播，当冲击波到达套损部位内表面时，则产生径向向外的压力波。这种压力波使套损井段的套管向外扩张，从而达到整形复位的目的。

（张顶学　赵　勇）

【磨铣工具 milling tools】 用于整体磨削井下落物、磨削落鱼外环形堵塞物、磨削内腔或套管开窗的井下工具。包括铣鞋、铣锥和磨鞋等。

（蒋希文　王锡敏）

【铣鞋 milling taper】 用于磨削落鱼外环形堵塞物的专用工具。呈环形结构，如

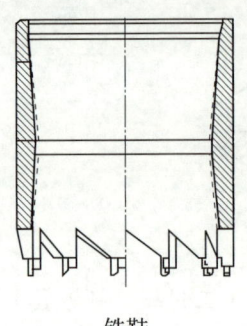

铣鞋

图所示。上部螺纹和铣管连接,下部铣齿用来破碎地层或清除环空堵塞物,它的结构形式多种多样,套铣岩屑堵塞物或软地层时,一般选用带铣齿的铣鞋,在铣齿上一般堆焊硬质合金。地层越软,铣齿越高,齿数越少;在套铣中硬或硬地层时,宜选用镶齿铣鞋,随着地层硬度的增加,则降低齿高,增加齿数。套铣效果会更好一些。修理鱼顶外径时,宜选用内铣型铣鞋,铣鞋的底部和内径应镶焊硬质合金。

(蒋希文 王锡敏)

【铣锥 milling taper】 用于磨削侧面和中心的专用工具。由接头和铣锥体组成,铣锥体外壁加工有多条长形锥面铣齿并均匀铺焊硬质合金(见图)。多用于磨铣落物内腔和侧钻井开窗作业,其工作原理同铣鞋。

(王锡敏)

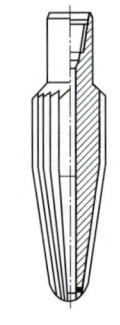

铣锥

【磨鞋 milling shoe】 整体磨削井下落物或小件碎物的工具。在钢体上加焊钨钢块,利用钨钢块的硬度和出刃口磨碎井下无法打捞的落物和落井的钻头牙轮、刮刀片、手工具等小件落物,然后随钻井液的上返而携带至地面,或者挤入井壁,或者再用打捞工具打捞。可分为平底磨鞋(见图1)和凹底磨鞋(见图2)。磨鞋也可以用来修整鱼顶,为了和鱼顶有相对的固定关系,因而设计有套筒磨鞋(见图3)、领眼磨鞋(见图4)等。磨鞋随其用途不同,可以有多种不同的设计:扩张式磨鞋可以在管内任何位置向外径扩张到指定尺寸后可继续向前磨铣;扩孔磨鞋在井下管柱内利用液压进行磨铣扩径;带引子可扩径磨鞋在井下管柱内利用引子支撑进行磨铣扩径;断口定芯磨鞋在小通道井中把引子插入小通道后,由上向下磨铣;大凹芯磨鞋可在磨铣过程中罩住落物,迫使落物顶部聚集,在磨铣范围之内而被磨铣成后续作业要求的形状;领眼铣柱磨鞋用于修整弯曲或变形的套管和遇阻的井段;领眼高效PDC钻头下部带有导向杆的PDC钻头,可在钻铣进尺作业中,用导向杆进入井下管柱的内孔中心来进行作业;滚珠扶正式高效凹底磨鞋用底面所堆焊的合金材料去磨铣井下落物,该工具在工作时可在圆周外径顶出滚珠,使磨鞋体居中所对准落物均匀磨铣,凹芯可在磨铣过程中罩住落物,迫使落物聚集在磨铣范围之内而被磨碎,由洗井液带出地面。

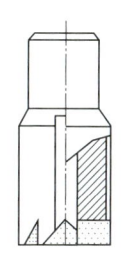 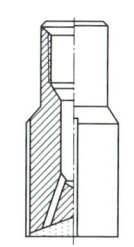 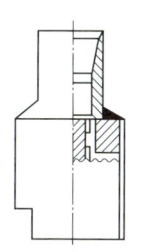 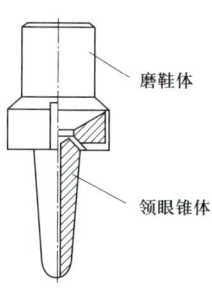

图1　平底磨鞋　　图2　凹底磨鞋　　图3　套筒磨鞋　　图4　领眼磨鞋

（王锡敏　蒋希文　张顶学　赵　勇）

【引鞋 guide shoe】 安装在打捞工具底部，导引落物顺利进入打捞工具内的辅助工具。与打捞工具配合使用，是打捞工具的重要组成部分。分为锥形引鞋（见图1）和筒形引鞋两种。筒形引鞋有直筒引鞋（见图2）和喇叭口引鞋（见图3）。喇叭口引鞋是在打捞工具本身外径较小，与套管环形空间间隙过大时选用。

引鞋使用时，要求具有足够大的外径，使其具有将倾斜的落物导入工具内腔的功能。有一定的斜面结构，起逐步扶正落鱼的功能。对斜靠井壁的落鱼，有拨动使之移位的功能。并具有对井下脏物拨松及清洗的功能。

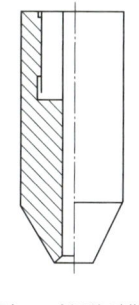 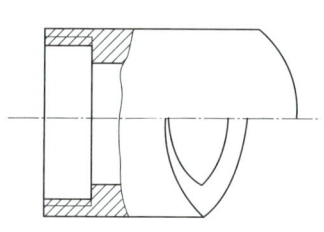 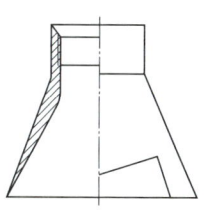

图1　锥形引鞋　　　　图2　直筒引鞋　　　　图3　喇叭口引鞋

（王锡敏）

【套铣工具 milling tool】 用于清除井下管柱与套管（井壁）之间水泥、水垢、坚硬的的沉砂、封隔器胶皮或锚牙、管柱被卡小件落物等的工具。主要由套铣筒和套铣鞋等组成。

（张顶学　赵　勇）

【套铣筒 workover barrel】 连接铣鞋用于铣通落鱼与井眼环空的专用工具。分为有接箍套铣筒和无接箍套铣筒两种，有接箍套铣筒又可分为内接箍套铣筒和外接箍套铣筒。要求套铣筒外径与井眼的最小间隙为 12.7~35mm，套铣筒内径与落鱼的间隙最小为 3.2mm。无接箍套铣筒所占环形空间小，可以和打捞工具配合，将套铣与打捞在一个行程中完成。

（张顶学　赵　勇）

套铣鞋

【套铣鞋 workover shoe】 用于清除井下管柱与井眼间的各类障碍物的工具（见图）。又称空心磨鞋或铣头。可以套铣环形空间的水泥、坚硬的沉砂、石膏及碳酸钙结晶等。

（张顶学　赵　勇）

【套管补接器 casing repair tool】 更换井下损坏套管时，连接新旧套管，保持内通径不变并起密封作用的补接工具。主要包括铅封注水泥套管补接器和封隔器型套管补接器。

铅封注水泥套管补接器　除利用铅环压缩变形的一次密封以外，还可注水泥进行第二次密封。主要结构由上接头、外筒、引鞋、卡瓦座、螺旋卡瓦、控制环、铅封总成组成。铅封总成由中心环、铅封和末端封环组成。

封隔器型套管补接器　主要由封隔机构和抓捞机构两大部件构成。封隔机构由橡胶密封圈、保护套组成。抓捞机构由上接头、筒体、篮式卡瓦、铣控环、引鞋等零件组成。连接在新套管下端的封隔器型套管补接器接近井下套管时，一边缓慢下放，一边旋转，井下套管通过引鞋进入卡瓦，套管上推胀开卡后通过，继续上行推动密封圈，保护套使其顶住上接头，则密封圈双唇张开完成抓捞。完成抓捞后，上提管柱，卡瓦咬住井下套管不动，筒体上行使卡瓦与筒体的螺旋锥面贴合。上提负荷越大，卡瓦咬的井下套管越紧。同时，双唇式密封圈内径封住套管外径，外径封住筒体内壁，从而封隔套管内外空间。

（张顶学　赵　勇）

【套管加固工具 casing reinforcement tool】 对变形、错断部位的套管经整形扩径复位后的进行套管加固的工具。根据加固后是否具有密封功能，可分为密封加固工具和不密封加固工具。密封加固工具根据坐封动力源的不同，可分为液压密封加固工具和燃气密封加固工具。

（张顶学　赵　勇）

【刮削工具 scrapping tool】 刮净套管内壁附着物和射孔孔眼毛刺，使套管内壁保持光洁的井下工具。常规修井作业中的附着物有污垢、油、蜡、射孔孔眼毛刺、封堵时残留的水泥和堵剂等。对破裂套管进行补贴、封堵渗漏套管及下入封隔器等大直径工具前应下刮削工具进行刮削,保证以后井下工具的顺利起下,实施下步修井施工。刮削器刀片、刀板自由伸出,外径大于套管内径2mm。下井时靠下部尾管重力压缩刀片和刀板,使之向内收缩,刀片紧贴套管内径刮削。同时三组刀片沿套管内壁呈120°分布,可进行360°均匀刮削。

常用刮削工具有胶筒式刮削器和弹簧式刮削器两种:(1)胶筒式刮削器主要由上接头、冲管、胶筒、刀片、壳体、"O"形密封圈、下接头等零部件组成(见图1)。(2)弹簧式刮削器主要由上接头、壳体、固定块、内六角螺钉、刀板、弹簧刀板座、下接头等零部件组成(见图2)。

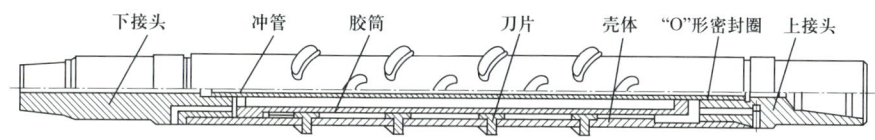

图1 胶筒式刮削器

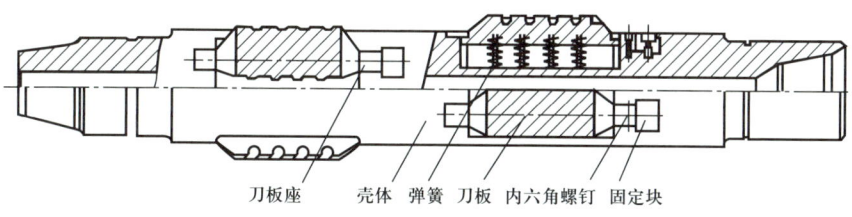

图2 弹簧式刮削器

(王锡敏)

【井下切割工具 downhole cutting tool】 用于切割井下管柱专用工具。根据切割部位不同可分为内割刀和外割刀。根据切割原理不同,可分为机械式、液压式和聚能切割式割刀。

(石善志)

【内割刀 internal cutter】 下入被卡管柱内从内部切割管柱的工具。用于处理卡钻事故时,在卡点以上部位切割管柱后即可将上部未卡管柱取出。也用于取换套管施工中的切割,效果非常理想,切割后的端部切口光滑平整,可直接进行下步工序。分为机械式内割刀和水力式内割刀。

(王锡敏)

【机械式内割刀 mechanical internal cutter】 采用机械方式切割的内割刀。主要由上接头、芯轴、切割机构、限位机构、锚定机构和导向头等部件组成（见图）。切割机构中有三个刀片和刀枕；锚定机构中有三个卡瓦牙及滑牙套、弹簧等。

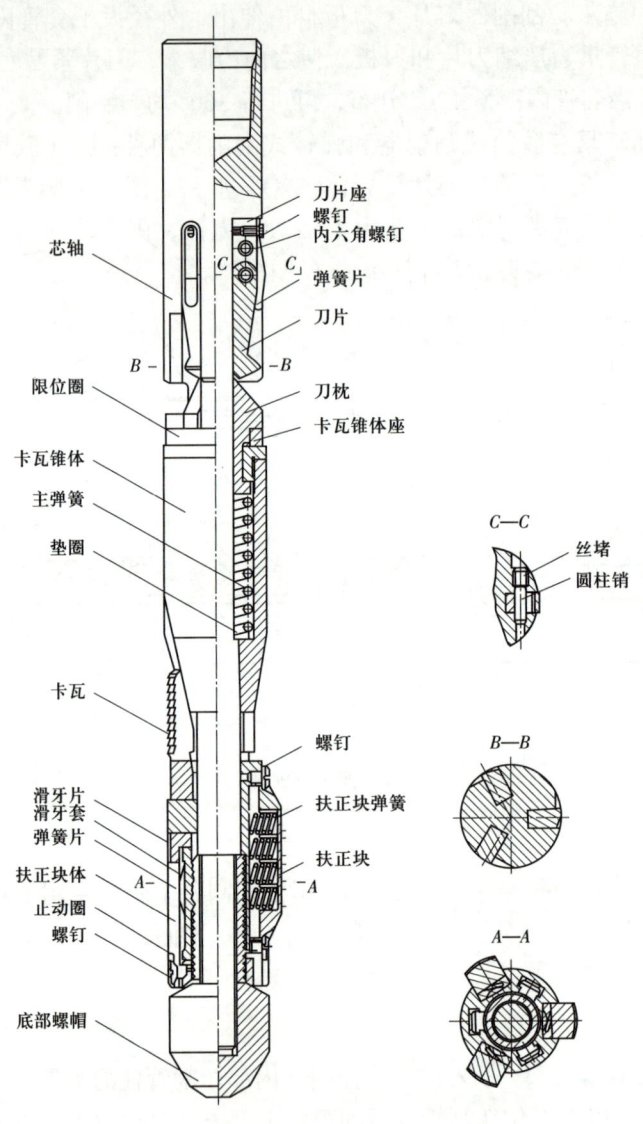

机械式内割刀示意图

切割作业时，机械式内割刀与钻杆或油管连接，下至设计深度后，正转钻杆或油管柱，使锚定机构中摩擦块紧贴被卡管柱管壁，具有一定的摩擦力。再转动钻杆或油管柱，滑牙块与滑牙套相对运动，推动卡瓦牙上行胀开，咬住被卡管柱完成坐卡锚定。继续下放钻杆或油管柱并转动，刀片沿刀枕下行，刀片前端开始切割被卡管柱，随钻杆或油管柱下放旋转，刀片进刀深度增加，直至完成切割。上提钻杆或油管，芯轴上行，带动刀枕、刀片回收，即可取出被切割下来的管柱。

（王锡敏）

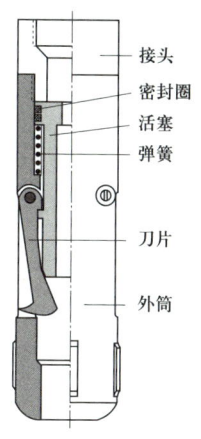

水力式内割刀示意图

【水力式内割刀 hydraulic internal cutter】 采用水力液压作用切割的内割刀。由接头、活塞、弹簧、密封圈、刀片和外筒组成（见图）。水力式内割刀在液压作用下，活塞下移推动刀片，绕刀销轴向外转动，此时转动工具管柱，刀片切入被切割管壁随着液压排量的不断缓缓增加，刀片进刀深度不断增加直至完成切割。

（王锡敏）

【外割刀 external cutter】 下入井下从管柱外部切割被卡管柱的工具。现场常用水力式外割刀。

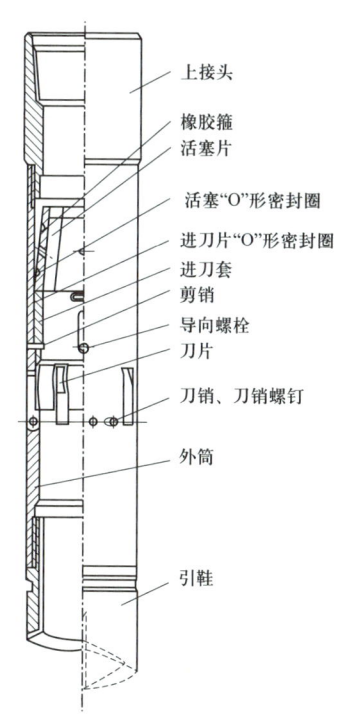

水力式外割刀示意图

水力式外割刀主要由上接头、筒体、进刀机构、切割机构、限位机构、引鞋等部分组成（见图）。进刀机构中有活塞、进刀套，起进刀作用。切割机构中有刀片、刀销等，起切割作用。水力式外割刀在液压作用下，筒体内活塞下移，进刀套剪断销钉继续下行推动刀片，绕刀销轴向内转动，此时转动工具管柱，刀片切入被切割管壁，随着液压排量缓缓增加，刀片进刀深度增加，直至完成切割。停泵上提管柱，活塞片将卡在切割管柱最下面的接箍上，把进刀套推在外筒的台肩上，带着被切下的管柱一同起出。水力式外割刀可连同切割管一同起出，循环压力不能超过0.5MPa，为不可退式。

（冯西平）

【聚能切割工具 jet-type cutting tool】 利用聚能射孔弹进行井下管柱切割的专用切割工具。又称爆炸切割工具。由电缆、电缆头、加重杆、磁定位仪、电雷管室及雷管、炸药柱、炸药燃烧室、切割喷射室、导向头及脱离头组成。主要用于井下遇卡管柱（采油管柱、作业管柱等）和取套换套时被套铣管柱切割。切割后的断口向外突出，外径稍有增大，断口端面基本平整、光滑，可不修整。

（石善志　许江文）

【井下作业地面工具 tool for downhole】 在进行井下作业时地面使用工具的统称。主要包括起下作业使用工具（油管吊卡、抽油杆吊卡、卡瓦等）、各种动力钳、油管抽油杆上卸工具及其他小工具等。

（石善志）

【油管吊卡 tubing elevator】 用于起下油管时悬吊油管及油管柱的工具。按结构分类可分为对开式、侧开式和闭锁式三种。井下作业最常用的是闭锁式油管吊卡（见图）。

闭锁式油管吊卡

（石善志　王修本）

【抽油杆吊卡 sucker rod elevator】 起下抽油杆时，用于悬吊抽油杆的工具。由提环、吊卡体及活瓣组成（见图）。提环起悬吊作用；吊卡体一侧开孔可供抽油杆自由出入，同时悬挂抽油杆；活瓣装在吊卡体上，起安全作用，在抽油杆进入主体时，活瓣向两旁张开，使抽油杆顺利进入，进入后由于扭簧的作用，活瓣回到原来位置挡住抽油杆，使抽油杆不能自由脱离吊卡体。当需要使抽油杆离开吊卡时，须用手挤压前舌或后舌使活瓣张开，让出位置使抽油杆顺利离开吊卡，完成起下抽油杆作业。

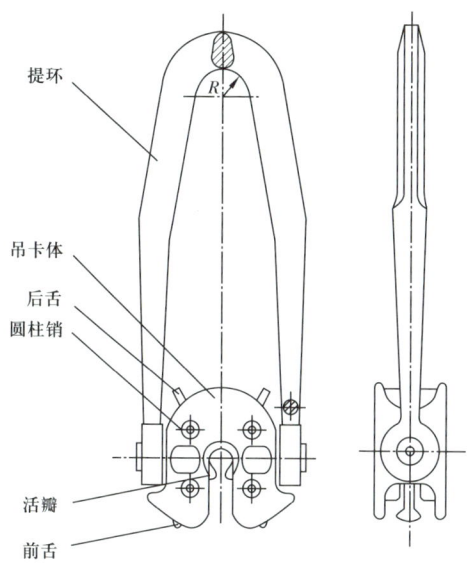

舌簧自锁式抽油杆吊卡

（王修本）

【卡瓦 slips】 用来卡紧和悬持下井的钻杆、钻铤、动力钻具、套管等管柱的工具。主要由卡瓦牙、卡瓦体和手把三部分组成（见图）。工作时，卡瓦需坐入转盘补心或套管卡盘中。按作用原理，卡瓦可分为机械卡瓦和手动卡瓦两种。按卡瓦数量可分为三片式、四片式及多片式卡瓦。按卡瓦夹持对象可分为钻杆卡瓦、套管卡瓦、油管卡瓦及钻铤卡瓦等。

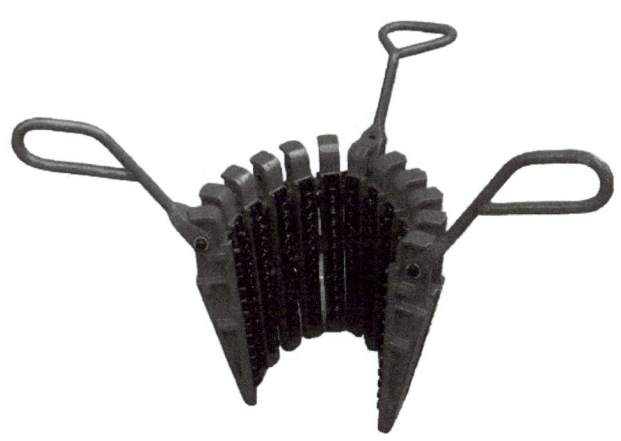

卡瓦

【油管动力钳 power tubing tongs】 用于上、卸油管螺纹的动力驱动工具。从驱动方式上分为液动、电动和气动三种；从钳头结构形式分为开口、闭口和活口三种；从变速形式分为柔性离合变速、刚性离合变速和半柔性离合变速三种。广泛使用的是开口、液动、刚性离合变速的液压动力油管钳，其扭矩为 3~12kN·m，适用于不同管径。

液压动力油管钳由悬吊筒、主钳和背钳三部分组成（见图）。悬吊筒悬吊主钳及背钳，同时上卸螺纹时能使主钳有小距离上下移动以配合螺纹的上卸；主钳液压驱动为主动力源，通过齿轮及过桥齿轮传动使钳头部分的开口齿轮转动，在开口齿轮处通过颚板、钳牙、坡板、摩擦片在转动之初夹紧油管使油管和开口齿轮一起转动，达到上、卸油管螺纹的目的，其变速是通过变速齿轮实现的；背钳卡紧油管接箍，防止上、卸油管螺纹时下部油管转动，以达到旋紧或旋松油管螺纹，同时在上、卸油管螺纹时调节主背钳间的相对距离。存在的主要问

油管动力钳

题是用钳牙咬紧管柱，对管柱本体有一定的损伤，尤其是在钳牙打滑情况下损伤更严重。

（王修本）

【**管钳** tubing tongs】 起下油管柱时用于上卸油管螺纹的专用工具。又称管子钳。由钳身、钳牙、板牙、调节环组成（见图）。使用时油管钳的规格要与管径大小一致。这种油管钳上卸螺纹时不会咬偏油管。井下作业常用的管钳有18，24，36，48in四种。

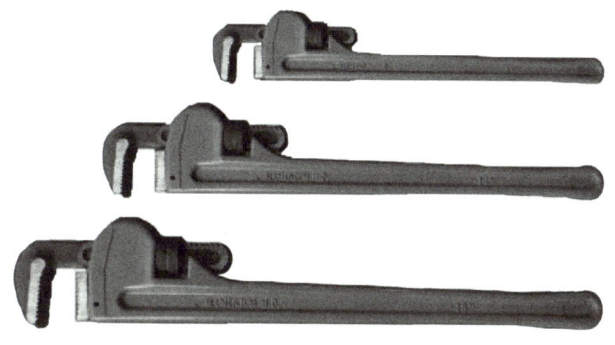

管钳

（张顶学　赵　勇）

【**链钳** chain tongs】 转动上卸圆形管件的手动工具。由链柄、平板、链条组成（见图），特点是伸缩性大，适用于各种不同管径，转动时不宜脱落。

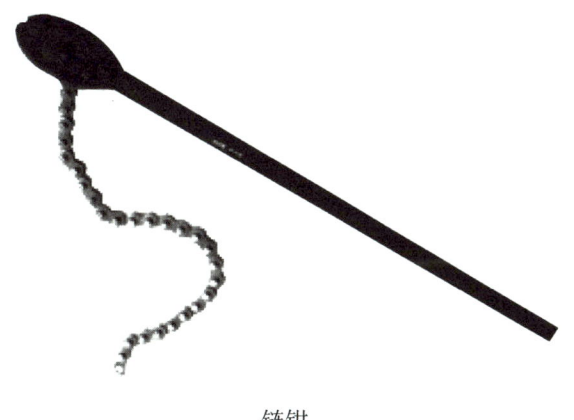

链钳

（张顶学　赵　勇）

【提升短节 lifting subs】 用于提升井口悬挂器或井下工具的专用短节（见图）。提升短节一般与油管同材质，长度一般为0.5～2m不等。

提升短节

（张顶学　赵　勇）

【活动弯头 movable elbow】 改变井下作业施工中管线连接方向和方便与管线连接的工具。由两端两臂、中间高压活动滚珠及密封件构成（见图）。特点是两臂可以自由转向，且一臂连接上管线后，另一臂仍可以转向。在连接管线时，高低、左右方向均可以在一定范围内进行调整，使管线连接速度快，常用于冲洗、压裂等作业中。

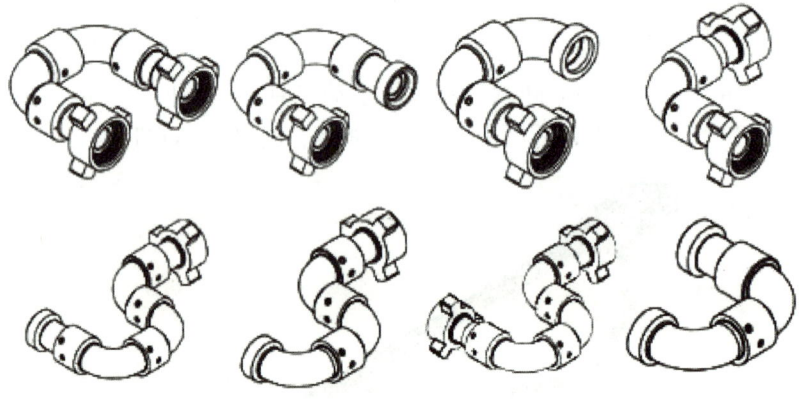

活动弯头

（张顶学　赵　勇）

【活接头 swivel】 一种能方便安装拆卸的管道连接件。又称由壬或大小头。由外接头、内接头、压紧螺母、橡胶密封垫构成（见图）。具有操作灵活、耐高压等特点。

活接头

（张顶学　赵　勇）

【井口装置 wellhead assembly】 安装在井口位置用于悬挂油管柱、套管柱，密封油套管和两层套管之间环形空间以控制油气井生产，回注（注蒸汽、注气、注水注酸化液、注压裂液和注化学剂等）和安全生产的专用装置。主要包括套管头、油管头和采油树三大部分（见图）。

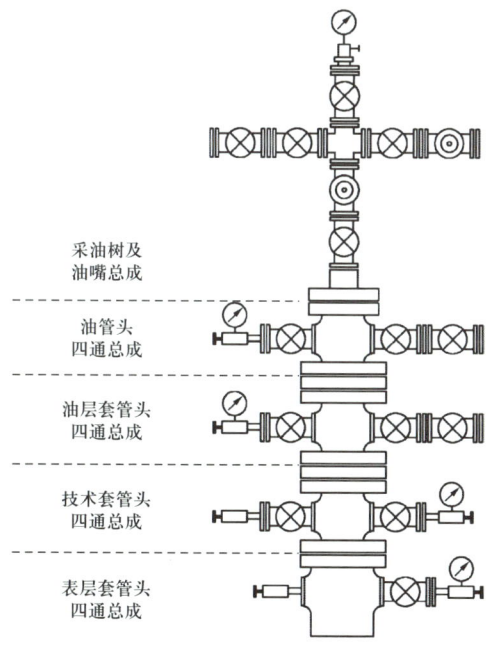

油气井井口装置

（陈万薇）

套管头

【**套管头** casing head】 连接井口装置和上部套管的装置套管头悬挂各级套管并密封各层套管之间的环形空间，且装有控制阀门和压力表（见图）。其结构多采用卡瓦悬挂、填料密封的方式。热采井套管头的密封材料均采用耐高温材料。

（陈万薇）

【**油管头** tubing head】 井口装置中安装在生产套管头顶部法兰处，用来悬挂油管柱，并密封油管与套管环形空间，控制生产作业和录取生产套管压力、温度等资料的装置。包括油管悬挂器、顶丝、生产套管四通、套管阀门、截止阀、压力表，其结构如图所示。通过生产套管四通两侧连接的套管闸门，可以进行注平衡液、压井、洗井及循环等作业。含 H_2S、CO_2 等腐蚀介质的井应安装耐腐蚀的油管头。

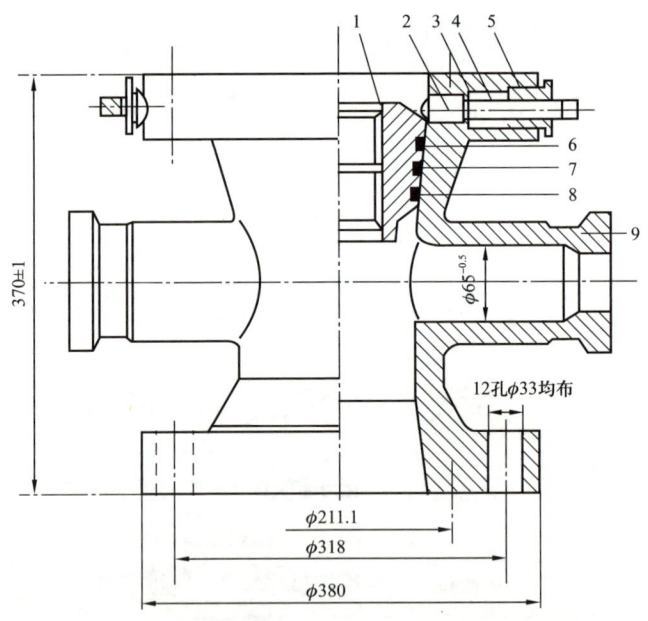

锥面悬挂双法兰油管头（用于 KYS25/65DQ 采油树）

1—油管悬挂器；2—顶丝；3—垫圈；4—顶丝密封；5—压帽；6—紫铜圈；7—"O"形密封圈；8—柴铜圈；9—大四通

（于秀玲　商焕龙）

【采油树 christmas tree】 控制油水气井生产，满足清蜡、测试、录取油管压力与温度和取样等，以及进行日常维修作业的专用装置。安装在油管头顶部连接法兰处，由总阀门、生产阀门、清蜡阀门（或测试阀门）、三通或四通、油嘴和压力表及截止阀等部件组成，形状类似树枝状结构。如图所示。

总阀门在采油树下部，用于油管总控制，是油气水流入、流出采油树的唯一通道，平时始终是打开的，只在维修采油树时才将总阀门关闭。四通（或三通）在总阀门之上，用于连接生产阀门和清蜡阀门。生产阀门安装在四通或三通的侧翼，作为生产控制阀门。油嘴（或节流阀）装在生产阀门外侧，内装油嘴，用来控制井的生产。截止阀装在生产阀门与油嘴之间，用于连接油管压力表。采油树的型号表示方法：

KYS—最大工作压力/公称通径—工厂代号—设计次数。

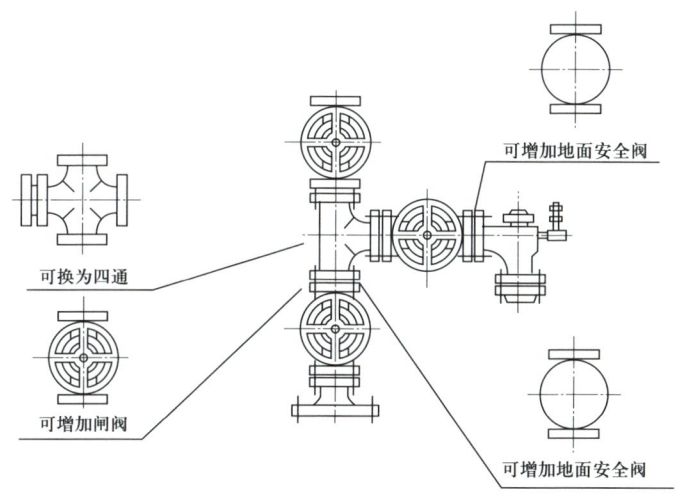

采油树结构示意图

采油树按结构形式可分为单管采油树和双管采油树，按连接形式可分为螺纹连接、法兰连接和卡箍连接采油树。采油树最大工作压力由采油树各零部件中的最小工作压力确定。按使用条件来选择压力、温度的级别和适应不同井身结构与作业要求的采油树型号。采油树在使用前，必须进行液压密封试验，试验压力等于最大工作压力的1.2倍，采气树试验压力等于最大工作压力的1.5倍。法兰连接采油树的最大工作压力系列有14MPa、21MPa、35MPa、70MPa、105MPa、140MPa，卡箍连接的采油树的最大工作压力系列有21MPa、35MPa、70MPa。

（于秀玲　商焕龙）

【井下作业设备 workover equipment】 用于井下作业施工的所有地面设备。常用井下作业设备包括修井机、通井机、地面循环系统、连续油管作业机、带压作业车、锅炉车、不压井作业设备、防砂车和热洗车等。

（赵　勇　廖锐全）

【修井机 workover rig】 安装在特殊汽车底盘上用于维修故障油、气、水井的成套设备。主要用途为：起下作业，如对发生故障或损坏的油管、抽油杆、抽油泵等井下设备和工具起出、修理更换，再下入井内，以及进行抽汲、捞砂、机械清蜡等；与循环系统配套实现井内的循环作业，如冲砂、热洗、循环压井及挤水泥等；旋转作业，如钻砂堵、钻水泥塞、扩孔、侧钻、套管整形及修补套管等。常用的有履带式和车装式（包括自走式）两类，履带式修井机具有结构简单，容易操作，价格便宜，对泥泞道路和井场有较强的适应性等特点，但装机功率小不适应大修的要求，运移比较困难，需用专门的拖车，这种设备正在逐步淘汰。车装式修井机具有结构先进、装机功率较大、运移方便、自带井架等优点，但价格一般较贵，不适于泥泞的井场使用。

修井机主要由底盘系统、动力系统、绞车系统、井架系统、控制系统（液气电）和附件系统等六大部分组成。修井机外形见图，中国产修井机主要性能参数见表7。

修井机

（1）底盘系统：一般为拼装式底盘，要求车轿离地间隙大，转向桥的转角大，速比合适，适应公路高速行驶及泥泞路、沙漠的低速行驶。采用双管路气制动，液压助力转向，平头单座驾驶室（也可根据用户要求选用双驾驶室）。整机视野应开阔，转向轻便灵活，最小转弯半径为 14～18m。

（2）动力系统：用于驱动绞车、转盘等工作机组和底盘行驶。在自走式修井机中应用最多的是柴油机驱动，自走式修井机动力源既是行车时的动力，也是修井时的动力。

中国产修井机主要性能参数表

修井机型号	XJ150	XJ250	XJ350	XJ450	XJ550	XJ650	XJ1000
小修深度，m	2600	3200	4000	5500	7000	8500	
大修深度，m		2000	3200	4500	5800	7000	8000
公称钩载 kN	300	400	600	800	1000	1200	1500
最大静钩载 kN	585	675	900	1125	1350	1500	1800
发动机型号	WD615.64	CAT C-9	CAT C-9	CAT3406/3408	CAT3412	CAT3412	CAT3408B/DITA×2
发动机功率 kW	175	223.7	249.8	343/354.2	428.8	484.7	257.3×2
驱动形式	6×6	6×6	8×8	10×8	10×8	12×8	—
井架高度，m	16（单节）	18, 21	31.3/31.7	31.3/31.7	32	34, 35	36, 38
转盘型号	—	ZP105	ZP105	ZP175	ZP175	ZP175	ZP205/ ZP275
大钩型号	50t	70t	110t	150t	150t	150t	180t/225t
水龙头型号	—	SL120	SL120	SL120	SL160	SL160	SL225
整机质量 kg	22180	28000	42000	47000	48000	56000	78000

（3）绞车系统：主要由滚筒轴总成、刹车系统、绞车架、刹车冷却装置等组成。

（4）井架：主要由上体、下体、天车、二层台、底座、伸缩油缸及扶正装置、大钳平衡装置、立管、绷绳及梯子等组成。在修井作业过程中，用于安放天车和悬挂游车、大钩、吊环、吊钳等起升设备与工具，同时用于安放和悬挂立管、水龙头、水龙带等修井液循环设备与工具，以及起下与存放钻杆、油管、抽油杆等工具。自走式修井机使用有绷绳桅型井架，两节式（在小吨位修井机上也可采用单节井架），采用液缸起升、液缸伸缩；井架前倾角可通过调节丝杠调节；天车为整体盒式结构，滑轮采用铸钢件，并经动平衡测试；绳轮座上设有防止大绳跳槽的挡绳器；天车平台上设有护栏。

（5）控制系统：系统控制集中设在载车司钻操作台附近，重要执行部件的操作控制设定多重安全保护功能。包括液压控制系统、气压控制系统和电器控制系统。① 液压控制系统主要用于修井机行驶中的转向助力、安装调试中的车架升降调平、井架的起降伸缩和修井作业中的井口液压机具应用控制等。② 气压控制系统用于修井机行驶及修井作业控制，配置有多级干燥、净化、防冻等装置处理压缩空气。气压控制系统动力源为空压机，司钻控制箱可控制绞车滚筒、转盘、柴油发动机油门、熄火、百叶窗、绞车和转盘挡位、滚筒紧急制动、气动卡瓦、防碰天车和油泵卸荷等。③ 电器控制系统包括行驶和作业照明系统。

（高文金）

【修井天车 workover crane pulley】 修井机游动系统的固定部件。安装在井架顶部最高处，由一组定滑轮、天车轴、天车架及轴承等主要零件组成（见图）。

修井天车

（赵　勇　廖锐全）

【修井游动滑车 workover travelling block】 修井机中通过钢丝绳与天车组成游动系统的一组滑轮组。滑轮组同装在一根游车轴上，排成一列（见图）。游动滑车使从绞车滚筒钢丝绳来的拉力变为井下管柱上升或下放的动力，并有省力的作用。

（赵　勇　廖锐全）

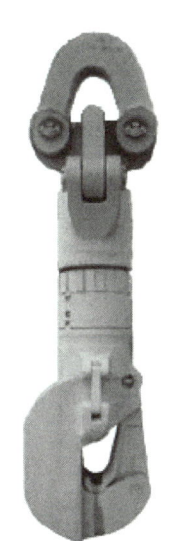

【修井大钩 workover hook】 用于悬吊井内管柱实现起下作业的提升用具。主要由钩身、钩座及提环组成（见图）。

（赵　勇　廖锐全）

【修井吊环 workover bail】 起下修井工艺管柱时连接修井大钩与吊卡用的专用提升用具。其作用是悬挂吊卡，完成提升管柱和吊升重物等工作。按结构不同可分为单臂吊环（见图）和双臂吊环。

修井游动滑车

修井大钩

修井单臂吊环

（赵　勇　廖锐全）

【修井指重表 workover weight indicator】 供井下作业中指示井内钻具悬重和动力负荷下牵引阻力的瞬时值仪表（见图）。指重表要安装牢固，悬挂于便于观察处，上拉环用钢丝绳套并联卡在大绳上，下拉环用绳套卡在井架上，上下拉环的绳套各用4个以上的绳卡子卡牢，上下拉环之间还应卡保险绳，防止拉环断裂闪断大绳。

（赵　勇　廖锐全）

修井指重表

- 211 -

【修井水龙头 workover rotary swivel】 修井机中循环修井工作液及悬挂修井管柱的装置。上部悬挂在大钩上,下部与修井管柱相连,侧面出口接水龙带,在磨铣作业过程中可以旋转(见图)。

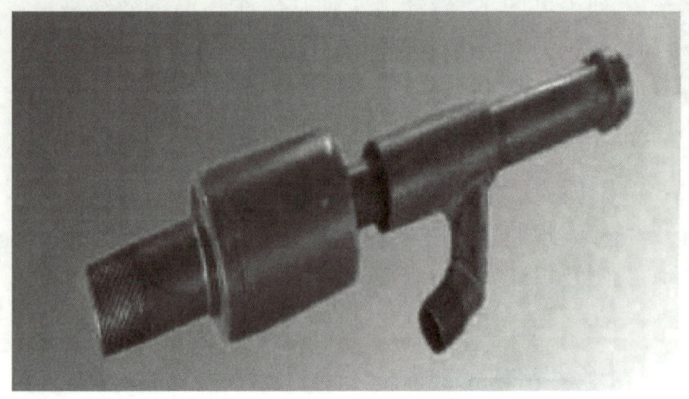

修井水龙头

(赵 勇 廖锐全)

修井水龙带

【修井水龙带 workover rotary hose】 输送洗井液、冲砂液等工作液高压橡胶软管。管线两端接活接头,在钻水泥塞、冲砂和循环压(洗)井等施工中,用于连接水龙头活动弯头与地面管线(见图)。

(赵 勇 廖锐全)

【作业井架 workover derrick】 井下作业时用于承载并且能顺利起下井下管柱和井下工具的支撑架。主要由天车、井架主体和井架底座三部分组成。天车与游车(又称游动滑车)通过钢丝绳连接,组成游动系统,是作业井架的主要负重部件。井架主体为矩形结构,主要由立柱、横梁和斜拉筋组成。井架底座是按井架负荷设计制造,由钢管焊接而成。不同型号的井架配备不同尺寸的井架底座。与通井机配合构成完整的起下作业系统。根据井下作业的内容不同和负荷大小,选择不同型号和规格的作业井架。常用井架技术规范见表。

常用井架的技术规范

井架型号	额定负荷 kN	高度 m	支脚跨距 m	质量 t	配套天车	支脚座中心距井口中心的距离，m	适用井深 m
JJ50/18-w	500	18.28	1.53	3.65	TC-50	1.8	1900～3000
JJ50/29-w	500	29.25	2.13	7.4	TC-50	2.8	2300～3600
JJ80/21-w	800	21.3	1.53	5.162	TC-80	2.0	3700～5700
JJ80/29-w	800	29	2.12	6.87	TC-80	2.8	3700～5700

推荐书目

吴奇.井下作业监督[M].北京：石油工业出版社，2002.

（张惠峰）

【通井机 drifting unit】 油、气、水井的完井试油及小修作业时的起升设备。与井下作业井架配套可进行起下钻杆、油管、抽油杆、抽汲、打捞、检泵及清理井底等作业。主要由行走部分、动力系统、传动系统、提升系统、液气电控制系统组成。按行走形式可分为履带式、轮式和车载式通井机三大类型（见图）。

(a) 履带式通井机

(b) 轮式通井机

(c) 车载式通井机

通井机

履带式通井机 依靠动力驱动履带移动使整机行走，行驶速度慢，履带还有可能破坏路面。长距离行驶需平板拖车运输到目的地，移运性较差，效率较低，作业成本高。适应于沼泽、泥潭等道路较差的油田及近距离多井位的油区作业。

轮式通井机 具有移运性较强、效率较高的特点。满足油田作业的一般移运要求，但行驶速度较慢。

车载式通井机 性能与轮式通井机相同，但其移运性更好。

（高文金）

【**连续油管作业机** coiled tubing unit】 向油井中生产油管或套管内下入或起出连续油管的作业设备。连续油管缠绕在作业机的滚筒上以便移运。陆用连续油管作业机分为自行式和拖挂式两种，而海上用连续油管作业机为橇装式。自行式连续油管作业机由卡车底盘、连续油管滚筒、软管滚筒、连续油管、注入头、导向器、防喷器组、控制室、吊车等组成（见图1和图2）。

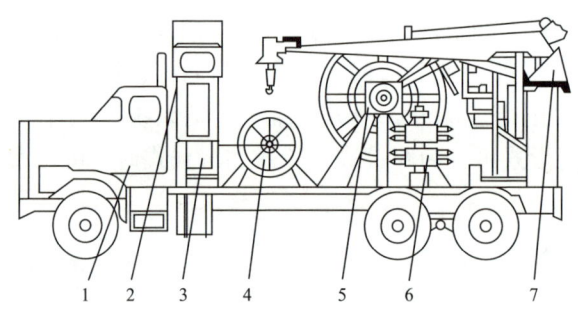

图1 连续油管作业机（移动状态）

1—自走式底盘；2—伸缩式操作室；3—液压操作系统；4—软管滚筒；5—连续油管滚筒及排管器；6—井口液压防喷器组；7—液压随车吊

连续油管作业机滚筒为焊接结构，其滚筒直径1524～1828.8mm。对于筒心直径为1828.8mm滚筒，可缠绕ϕ25.4mm（1in）连续油管7925m，ϕ31.75mm（$1\frac{1}{4}$in）连续油管6700m。连续油管与高压旋转接头连接，高压旋转接头连接高压管汇。通过外接水泥车、压裂车等设备，将各种循环液通过连续油管泵入井内，以满足各种作业的需要。

连续油管为一整根无螺纹连接的长油管，可连续下入或起出油井，又称为绕性油管、蛇形管或盘管。

注入头由两台同步的可正反方向旋转的液压马达驱动链条，以带动夹块夹住连续油管上下移动（见图3）。主要作用是：提供足够的推、拉力起下连续油管；在不同的油井条件下控制连续油管的下入速度；承受全部连续油管重力，且在起出连续油管时提供足够的拉力及速度。

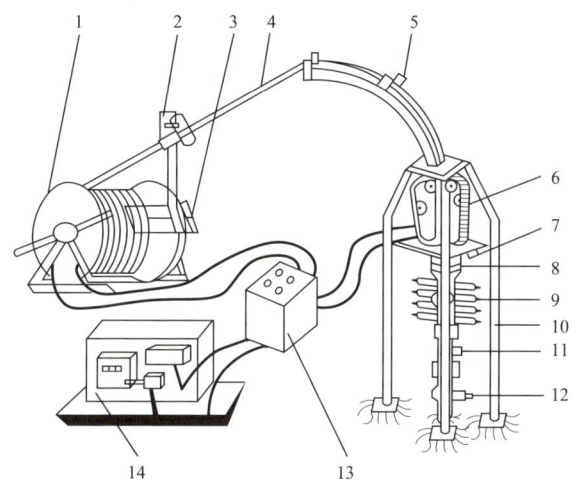

图 2 连续油管作业机结构示意图

1—连续油管滚筒；2—计数器；3—排管器；4—连续油管；5—连续油管导向器；6—注入头；7—指重传感器；8—自封芯子；9—防喷器组；10—注入头支腿；11—三通；12—井口控制阀；13—控制箱；14—动力机组

  导向器（鹅颈管）安装在注入头上部。主要作用是将拉直的油管弯曲到合适的方向引入注入头。导向器上布有很多滚珠，以方便连续油管进入注入头。导向器的弯曲半径与滚筒筒心直径相近，但随连续油管外径不同而不同。对于 ϕ31.75mm（$1\frac{1}{4}$in）的连续油管，其弯曲半径为 1500～1800mm，对于 ϕ44.45mm（$1\frac{3}{4}$in）和 ϕ50.8mm（2in）的连续油管，其弯曲半径最小为 2133mm。控制室是操作人员监控注入头、油管滚筒、防喷器等设备的场所，是连续油管作业机的操作控制中心。控制室内仪表台上可观察所有动力、液力、油压、油管重力、油管注入深度、油管上提与下降速度、井口压力、井内作业区压力、油管供液量和油管供液压力等作业参数。所有执行元件全部由液压控制和操作。在操作台上，有各种液压和气动元件操作阀及其仪表、发动机操作控制阀及其仪表。还可配备数据采集系统和监视系统，它是连续油管作业机的神经中枢。

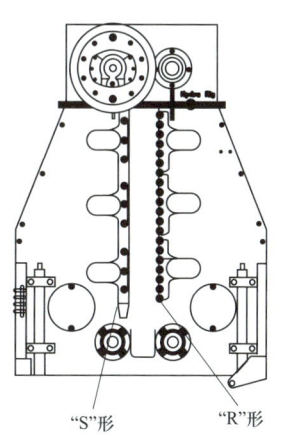

图 3 连续油管注入头

（高文金）

【**不压井作业设备** snubber unit without kill well】 在井筒内有压力的情况下不用压井就可以进行修井或起下管柱作业的一种井下作业装备（见图）。能有效避免作业过程中压井对油层产生伤害，保护油气层，简化业施工工序，提高生产效率，降低生产成本；解决注水井作业过程中，放喷影响注水实效，造成油藏泄压问题；针对高压注水油藏，解决了注水井溢流太大无法作业的问题。

油田常用的典型不压井作业设备主要由液压动力系统、防喷器系统、放压平衡系统、卡瓦系统、举升系统5部分组成。包括液压缸、固定卡瓦、游动卡瓦、工作平台及控制面板、起重扒杆、平衡绞车、液压泵站、动力钳、防喷器组、平衡管路及节流管汇，有的还配有转盘、水龙头及钻井液循环系统。可用来冲砂、磨铣钻、打捞、挤注水泥、酸化、起下生产管柱、更换油管套管等作业，还可用于起下井下各种设备或工具等；可替代钻机进行完井作业和处理井喷事故，也可用于欠平衡钻井。

不压井作业设备

（高文金）

【防砂车 sand control truck】 砾石充填防砂作业时，将各种粒度的砾石注入井内的专用车装设备。主要由载车底盘、车台发动机、车台传动箱、卧式三缸柱塞泵、管汇系统、安全保护系统、燃油系统、润滑系统、电路系统、气路系统、冷却系统、预热系统、仪表控制室等组成。

设备装有超压保护，操作人员可设定最高施工压力，当实际操作压力超过时，超压保护装置自动使柴油机处于怠速状态，确保施工安全。整车性能稳定，操作自动化程度高。压力等级为50MPa，70MPa；输出功率有220kW，370kW，440kW和590kW。

（高文金）

【锅炉车 boiler truck】 装有蒸汽锅炉用于油井清蜡、解堵作业的专用车。主要由载车底盘、锅炉、发电机组、燃烧器、燃油系统、水系统、电路系统、气路系统、操作控制台等组成。锅炉车工作时发电机组为燃烧器和供水泵的驱动电动机供电。水从水箱经过滤器（水处理仪）通过水泵加压进入锅炉。燃烧器为锅炉加热，产生高温的水蒸气，温度达270℃。燃烧器的火头强弱、水蒸气温度是自动控制的。被锅炉加热后的水蒸气进入蒸汽包，由蒸汽阀进行调压，从排出口排出使用。蒸汽包侧面，装有旋闭阀，旋闭阀的出口与水箱相连，开启此阀可为水箱加温。在锅炉刚开始点火工作时，开启旋闭阀，使尚未完全加热的水流回水箱。

（高文金）

【井架车 derrick erecting truck】 用于立起、放倒、运输修井作业井架的专用车辆。上部装有气动抱紧机构、起落扒杆、前支架、副车架和后支架等，通过液压起升扒杆的升降，完成井架的立起、放倒和运输，如图所示。

井架车

（高文金）

【采油管柱 production string】 用于油井生产作业的工艺管柱。由油管、泄油器、油管锚（螺杆泵锚）、封隔器、抽油泵（螺杆泵）、筛管、丝堵等组成。根据开发需求和油层特点可采用全井生产采油工艺管柱、整体式分层采油工艺管柱、分体式分层采油工艺管柱（含机械分体式采油和液压式分体采油）、不动管柱换层采油工艺管柱（可分为一级两层一次性开关采油工艺管柱和多级多层任意开关采油工艺管柱）、气举采油工艺管柱、侧钻井采油工艺管柱、水平井分段卡封采油工艺管柱等。

全井生产采油工艺管柱 主要包括：有杆泵生产管柱（见图1），考虑到深抽，配套了油管锚锚定管柱，以减少冲程损失；螺杆泵生产管柱（见图2），配备螺杆泵锚，防止泵下油管脱扣；电潜泵生产管柱（见图3）；水力喷射泵生产管柱（见图4）。

整体式分层采油工艺管柱 该类管柱将生产管柱和堵水管柱合为一体，采用机械式封隔器，下部为堵水管柱，主要有封下采上（见图5），封上采下（见图6）、封中间采两边（见图7）、封两边采中间等（见图8）。

该类管柱结构简单、成本低、封隔器坐封时不需辅助设备，中性点以下管柱处于螺旋弯曲状态，不利于杆、管、泵的工作；在抽油过程中，管柱上下蠕

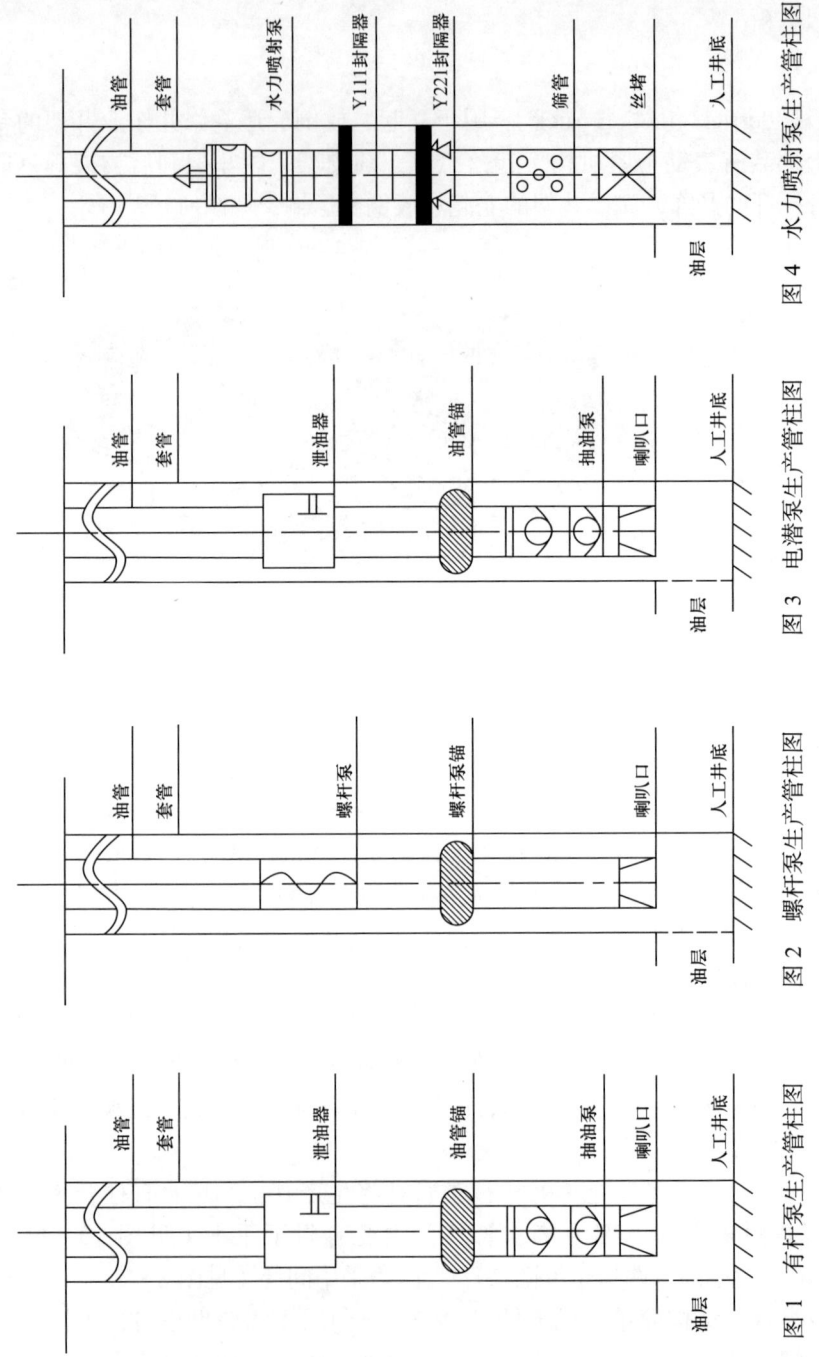

图1 有杆泵生产管柱图

图2 螺杆泵生产管柱图

图3 电潜泵生产管柱图

图4 水力喷射泵生产管柱图

修井工具与井下作业设备

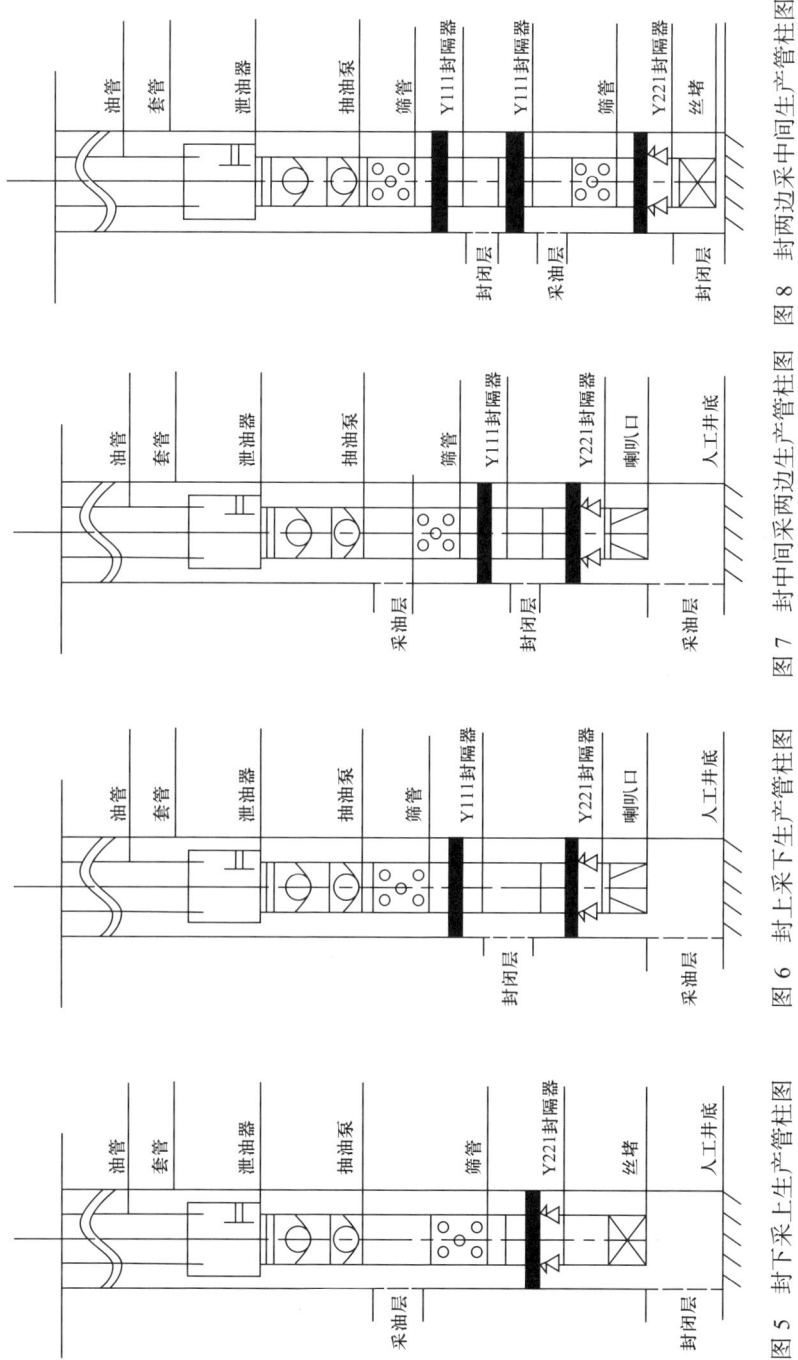

图 8 封两边采中间生产管柱图
图 7 封中间采两边生产管柱图
图 6 封上采下生产管柱图
图 5 封下采上生产管柱图

动,易影响封隔器的密封性;该类管柱封隔器一般仅限两级使用,多级使用时不能保证封隔器密封;角度大于 25° 时应慎用,不能保证封隔器密封。

<u>机械分体式采油管柱</u> 该管柱主要采用防顶卡瓦与机械式封隔器配套使用,可组成多种控制管柱,可封下采上(见图 9)、封上采下(见图 10)、封中间采两边(见图 11)、封两边采中间等(见图 12)。从现场使用情况来看主要存在上顶下滑打捞困难等问题。

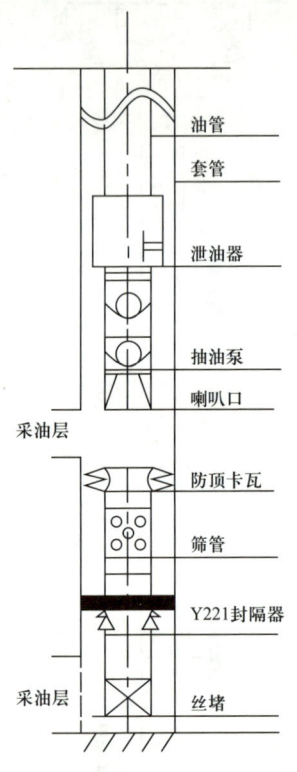

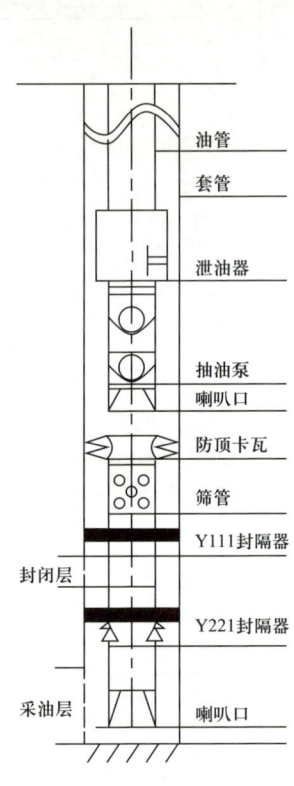

图 9 封下采上丢手生产管柱　　　　图 10 封上采下丢手生产管柱

<u>液压分体式分层采油工艺管柱</u> 该类管柱主要有封下采上(见图 13)、封上采下(见图 14)、封两边采中间(见图 15)、封中间采两边(见图 16)等,采用液压坐封、双向锚定等方式,且带有封隔件锁紧机构,非常适合于管柱丢手使用,具有卡位准确、封隔器承压能力高的特点,不仅适用于直井,而且适用于斜井、定向井和水平井。对高压水层的卡封和常规机械式封隔器的坐封、密封困难油井的卡封以及小夹层、细分层的卡封,可采用该类管柱丢手卡封。

<u>一级两层一次性开关采油工艺管柱</u> 该管柱主要采用一级两层一次性开关控制两层。两层用两级机械式封隔器加以封隔,管柱下井后可先生产一层一段

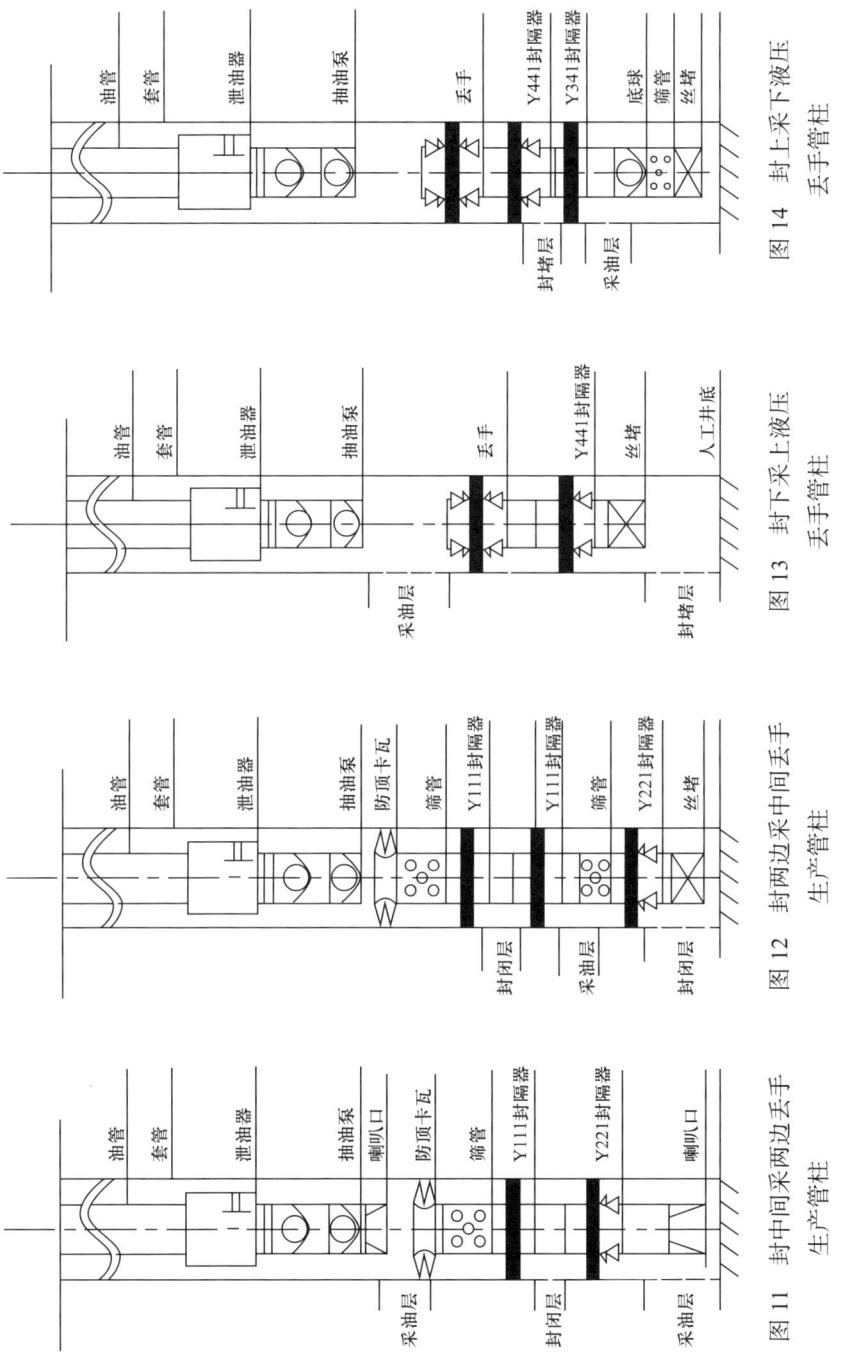

图 11 封中间采两边丢手生产管柱

图 12 封两边采中间丢手生产管柱

图 13 封下采上液压丢手管柱

图 14 封上采下液压丢手管柱

时间后，从井口套管加液将该层关闭，将另一层打开。通过采用分层开关，还可实现一级两层任意开关控制两层。层间用机械式或液压式封隔器进行封隔，通过井口液压控制可实现任意一层（或两层合采）采油生产（见图17）。主要特点是结构简单、换层可靠。换层时有明显的泄压显现。

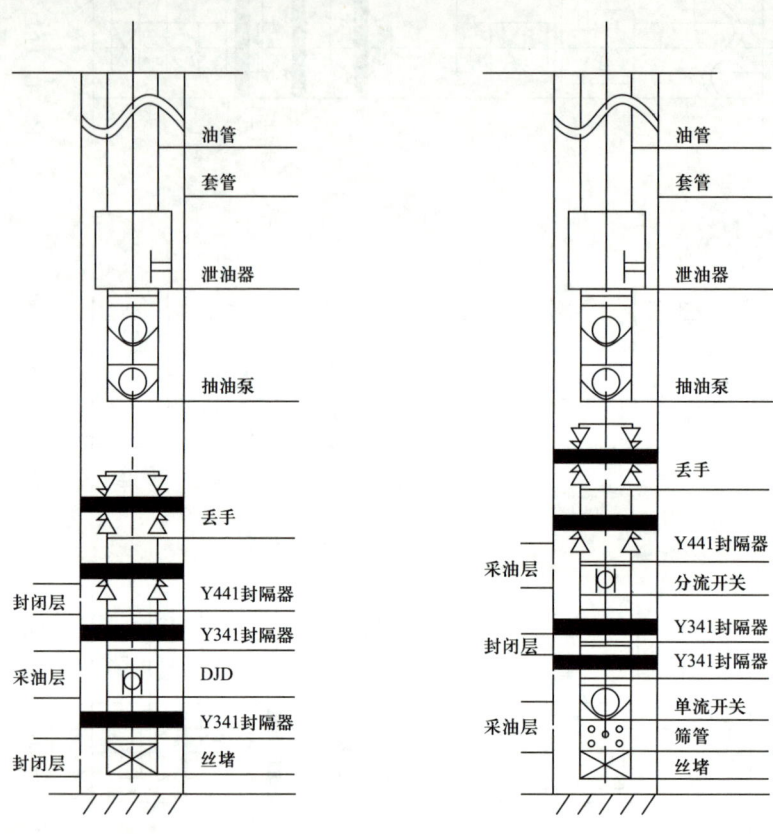

图15　封两边采中间液压丢手管柱　　图16　封中间采两边液压式丢手管柱

多级多层任意开关采油工艺管柱　多级多层任意开关采油工艺管柱，层间用液压式封隔器封隔。通过井口液压控制可实现任意一层（或两层合采）采油生产。主要特点是可重复换层，换层时有明显的泄压显示；采用丢手形式，检泵时不需要将控制管柱起出，可实现深井浅修，而多层开关结构较复杂，成本较高（见图18）。

气举采油工艺管柱　主要由多级气举阀组成，该管柱还可用于气举求产和排液（见图19）。

侧钻井完井采油工艺管柱　主要由丢手器、侧钻井封隔器、侧钻井单流阀组成（见图20）。

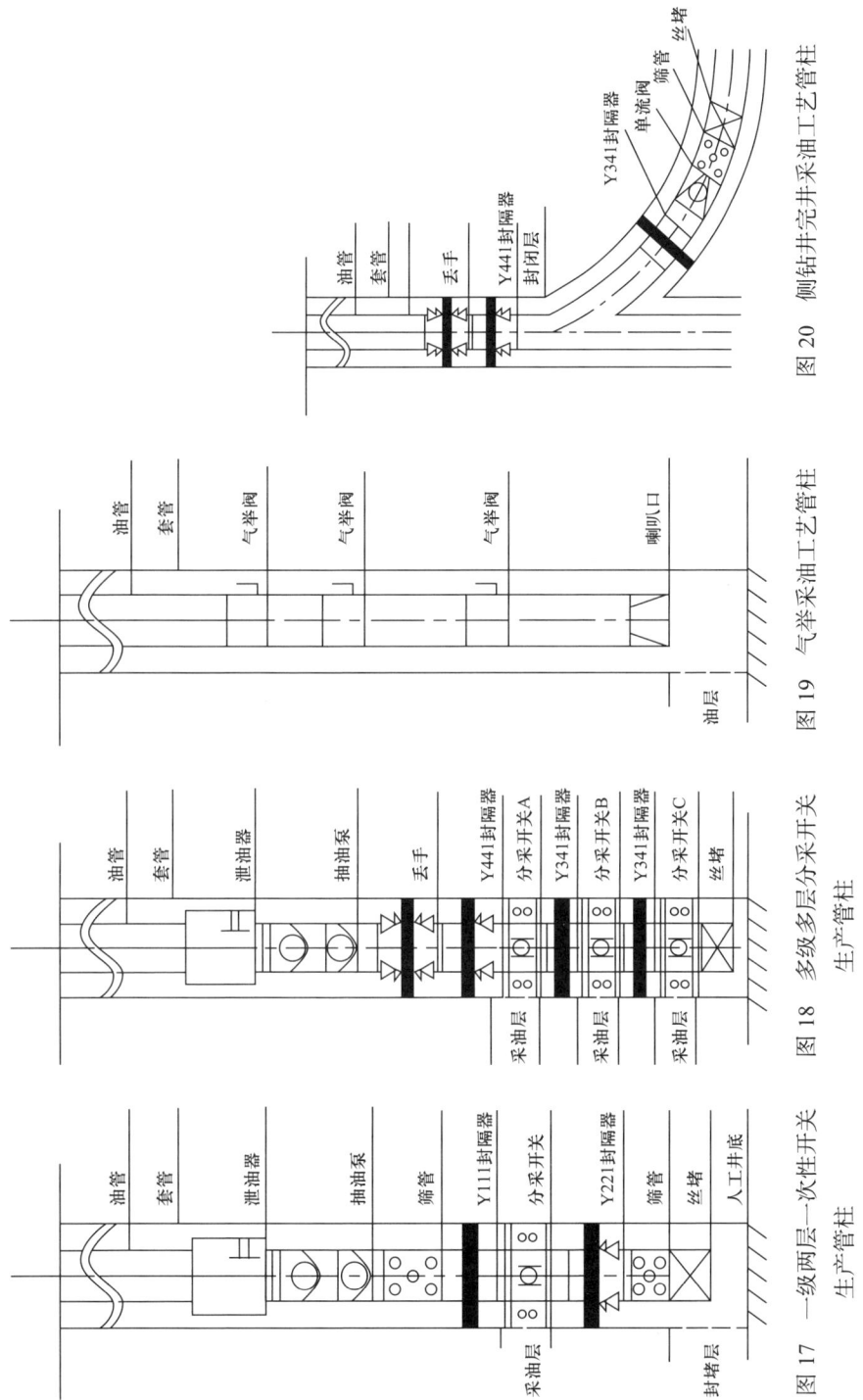

图 17 一级两层一次性开关生产管柱
图 18 多级多层分采开关生产管柱
图 19 气举采油工艺管柱
图 20 侧钻井完井采油工艺管柱

水平井分段卡封采油工艺管柱　　主要由分流开关、水平井扶正器、水平井丢手、水平井丢手、水平井封隔器组成（见图21）。

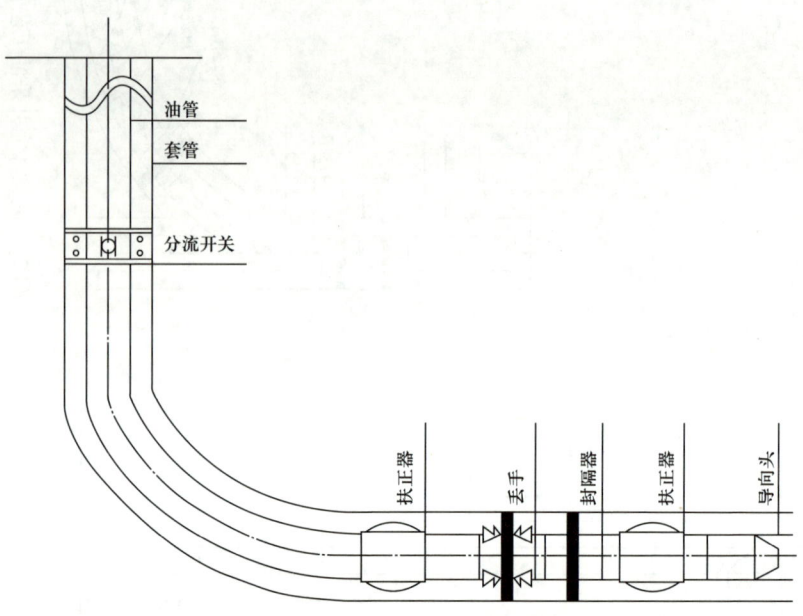

图21　水平井分层采油工艺管柱

油层保护工艺管柱　　分为整体式油层保护完井管柱和丢手式油层保护完井管柱。

整体式油层保护完井管柱的洗井保护器连接于泵下，随生产管柱下入。洗井保护器主要由自封封隔器和定压滑阀两部分组成，自封封隔器封闭油套环空，定压滑阀具有正常时开启、洗井时自动关闭的功能，保证了洗井时入井液与地层隔离，从而有效的保护油层（见图22）。

丢手式油层保护完井管柱主要由丢手工具、封隔器、分流阀和单流阀组成（见图23）。主要采用封隔器和阀配合来封隔和保护油层。封隔器用来封隔油套环空和分层，依靠各种井下阀的单向作用，正常生产时提供油气流通道，洗井阀可自动关闭，在封隔器和井下阀的共同作用下，将入井液与地层隔离，实现"封闭式"洗井从而有效保护油层。

空心杆采油工艺管柱　　该管柱主要由空心杆、悬挂器、拨动轴、防转扶正器、抽油泵等组成（见图24、图25）。

负压解堵工艺管柱　　该管柱由封隔器和负压发生器组成（见图26），适用

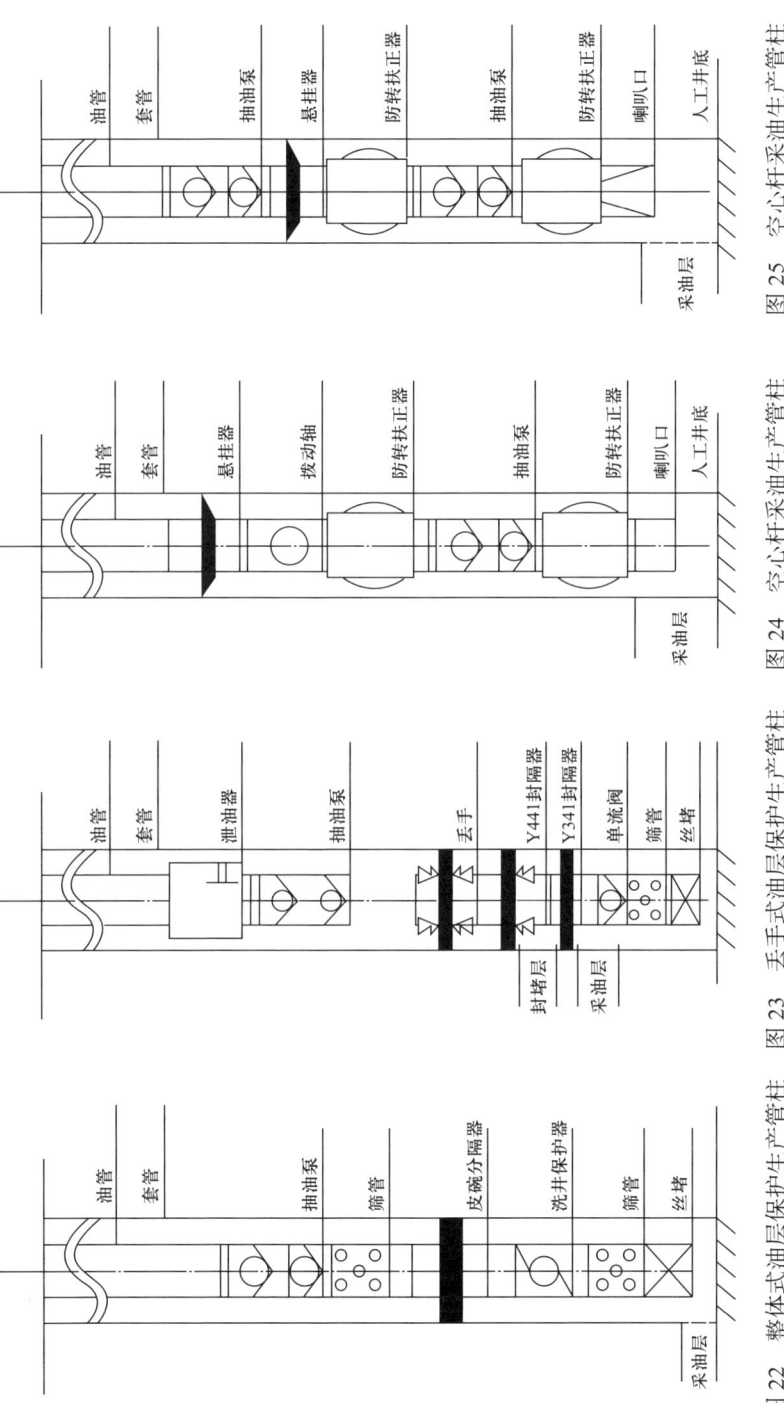

图 22 整体式油层保护生产管柱　图 23 丢手式油层保护生产管柱　图 24 空心杆采油生产管柱　图 25 空心杆采油生产管柱

于油层的解堵作业。封隔器坐封后,采用投棒打开负压发生器的方式产生负压,实现解堵,操作简单方便。

(张顶学 赵 勇)

【注水管柱 tubing string for water injection】 用于注水井生产作业的工艺管柱。根据注水开发需要可分为笼统注水管柱和分层注水管柱。笼统注水管柱一般采用光油管或光油管+喇叭口(笔尖)的结构;分层注水管柱一般采用油管+配水器+封隔器+配水器+封隔器+……+配水器+球座的结构。根据封隔器数量不同可分为一级两段、两级三段、三级四段分层注水管柱。根据采用配水器水嘴是否可投捞可分为固定式分层注水管柱和活动式分层注水管柱。根据井下管柱中有无支撑卡瓦可将分层注水管柱分为悬挂式注水工艺管柱和支撑式注水工艺管柱。

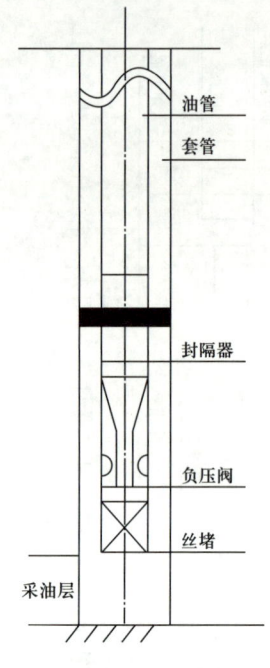

图26 负压解堵工艺管柱图

悬挂式注水工艺管柱 该管柱主要由Y341封隔器、ZJK配水器和水力锚组成(见图1)。该管柱特点是Y341封隔器采用水力坐封,锁紧后封隔器处于永久密封状态,封隔器设有洗井通道,可随时进行反循环洗井,ZJK配水器为轨道式配水器,开启压差为0.7~0.9MPa,与封隔器配套使用实现分层注水。下管柱时可携带水嘴直接下井。封隔器坐封前配水器处于关闭状态,内外不连通,保证封隔器坐封。封隔器坐封完成后,配水器开启向地层直接注水。可满足注水层数少于5层的分层注水。水力锚用来锚定管柱,减少管柱蠕动,保证封隔器的密封可靠性,同时延长封隔器的使用寿命。

支撑式注水工艺管柱 该管柱主要由封隔器、配水器、补偿器、水力锚和支撑卡瓦组成(见图2)。该管柱特点是封隔器采用水力坐封,锁紧后封隔器处于永久密封状态,封隔器设有洗井通道,可随时进行反循环洗井,配水器为轨道式配水器,与封隔器配套实现分层注水,补偿器补偿距离为1.5m,用来补偿油管因温度等因素引起的伸缩,改善管柱的受力情况。水力锚与支撑卡瓦用来固定管柱,避免管柱的蠕动,保证封隔器的密封性能,从而延长封隔器的使用寿命。

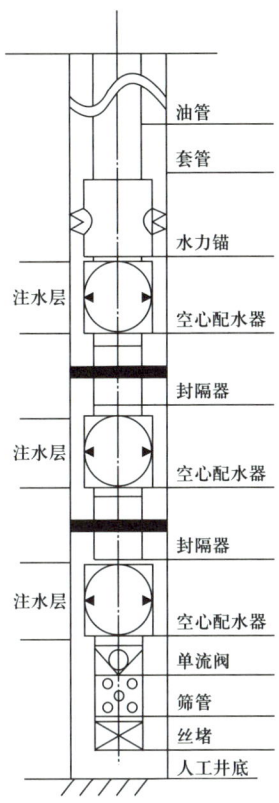
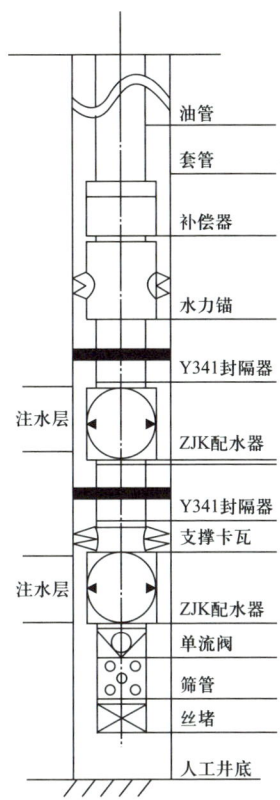

图1　悬挂式分层注水管柱图　　　图2　支撑式分层注水管柱图

（张顶学　赵　勇）

【**磨铣套铣管柱** drilling and milling string】 用于钻水泥、桥塞、油管、套管等井下作业施工时所用工艺管柱。管柱由磨鞋（钻头）、动力钻具、油管（钻杆）及配套工具组成。

钻水泥塞管柱组合包括：（1）螺杆钻具钻水泥塞组合：磨鞋（铣鞋）+螺杆钻具+加压钻杆+缓冲器+过滤器+提升短节+钻杆（油管）；（2）动力水龙头钻水泥塞组合：磨鞋（铣鞋）+钻杆+动力水龙头；（3）转盘钻水泥塞组合：磨鞋+钻杆+方钻杆。

钻桥塞管柱组合（自下而上）包括：（1）螺杆钻具钻水泥塞组合：钻铣工具+捞篮+螺杆钻具+提升短节+缓冲器+过滤器+提升短节+钻杆（油管）；（2）动力水龙头钻水泥塞组合：钻铣工具+捞篮+钻铤+钻杆+方钻杆；（3）转盘钻水泥塞组合：钻铣工具+捞篮+钻铤+钻杆+方钻杆。

（张顶学　赵　勇）

【找漏找窜工艺管柱 tubing string for detecting leak and channeling】 用于找漏、找窜等井下施工时所用工艺管柱。管柱由各种不同类型封隔器、节流器、筛管、油管组成。水平井找漏管柱如图所示，常用组合形式如下：

（1）丝堵+Y211（或者Y221）封隔器+Y111封隔器+筛管+油管。下封隔器至套破段以上10~20m，坐封合格后地面打压，根据试压情况上提或下放封隔器依次打压直至确定漏失段上界准确深度；下封隔器至漏失井段以下，从油管打压，根据稳压情况上提或者下放管制直至确定漏失井段下界准确深度。

（2）底部球座+K344封隔器+节流器+油管。根据井口打压后井口压力变化情况确定漏失段深度。适用于套漏井段漏失或压力较低。

（3）底部球座+K344封隔器+节流器+油管+K344封隔器+油管。要求双封隔器之间的间隔要大于测井曲线显示的套漏段长度，封隔器下至套破段位置，油管打压并观察井口压力变化情况，逐根上提或者下放管柱并打压至泵压有明显变化点即为漏失界限，可用一趟管柱确定套漏点深度。节流器必须保证其开启压力大于封隔器的坐封压力，否则将导致节流器开启后封隔器不能坐封情况的发生。

（4）水平井找漏管柱。

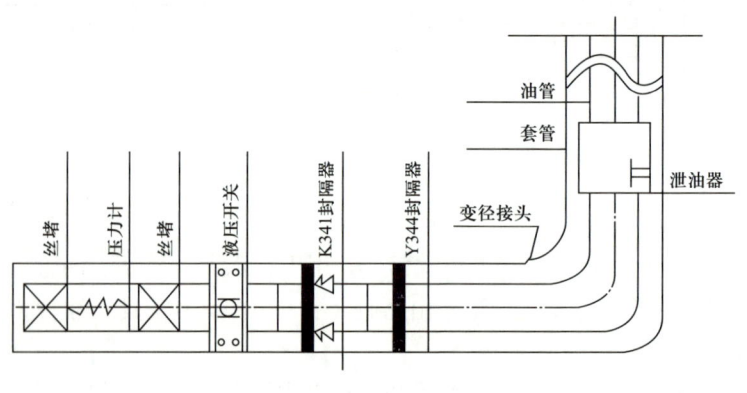

水平井找漏管柱图

（张顶学　赵　勇）

【冲砂管柱 sand washing string】 用于冲砂施工所用工艺管柱。一般由笔尖、钻头、水力旋流冲砂器、安全泄流阀、油管（钻杆）组成。常用组合形式如下：

（1）常规冲砂管柱（自下而上）：笔尖+油管。利用地面水泥车通过油套管将井筒沉砂循环冲出地面。

（2）旋转冲砂管柱（自下而上）：①钻头+钻杆。使用转盘带动钻杆旋转，

② 钻头＋螺杆钻具＋缓冲管＋钻杆（油管）。通过地面水泥车打压循环带动螺杆钻具旋转。

（3）旋流冲砂管柱组合（自下而上）：水力旋流冲砂器＋一根油管＋扶正器＋油管＋安全泄流阀＋油管至井口＋反冲洗阀（见图）。

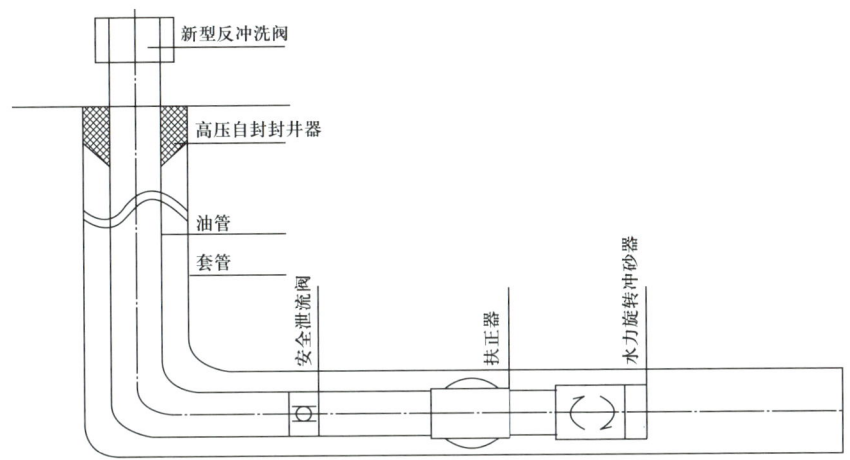

水平井旋流连续冲砂管柱结构示意图

（张顶学　赵　勇）

【**打捞管柱**　fishing string】　由打捞工具、打捞辅助工具及管串构成的井下打捞的管柱。可分为管类打捞管柱、杆类打捞管柱、钢丝绳类打捞管柱和小件落物打捞管柱。

（1）管类打捞管柱。常用的管柱组合（自下而上）为：打捞工具＋安全接头＋钻杆（油管）。根据选择打捞工具的不同分别称为公锥打捞管柱、母锥打捞管柱、滑块捞矛打捞管柱、可退式捞矛打捞管柱、卡瓦打捞筒打捞管柱、开窗捞筒打捞管柱等。根据井下落物的在井底的状态，打捞管柱可增加扶正器、上击器等辅助工具。

（2）杆类打捞管柱。分为油管内打捞管柱和套管内打捞管柱。油管内打捞管柱可直接采用抽油杆对扣打捞或抽油杆捞筒打捞。抽油杆套管内打捞管柱有：① 活页式捞筒＋钻杆（油管）；② 三球打捞器＋钻杆（油管）；③ 钢丝打捞筒＋钻杆（油管）；④ 摆动式打捞筒＋钻杆（油管）。

（3）钢丝绳类打捞管柱：钩类打捞工具＋钻杆（油管）。

（4）小件落物打捞管柱：磁铁打捞工具（一把抓）＋钻杆（油管）。

（张顶学　赵　勇）

井控

【井控 well control】 油气井压力控制技术的简称。又称油气井压力控制。井下作业过程中需要采取一定的井控技术和井控装置控制住地层孔隙压力,保持井内压力平衡。根据井控技术实施的不同阶段划分为一级井控、二级井控和三级井控。

(石善志 许江文)

【一级井控 primary well control】 在油气井作业中,始终控制工作液液柱压力略大于地层压力防止井喷的技术。在井底压力(p_b)始终等于地层压力(p_p)加上安全附加压力(Δp)的条件下实施平衡压力钻井,是搞好油气井压力控制的基础和重点。其表达式为:

$$p_b = p_p + \Delta p$$

搞好一级井控,实现平衡钻井,首先是要准确掌握地层压力,应实时预测与监测地层压力;其次要根据油气井类型及起下钻动态压力变化,准确测算并合理确定安全附加压力。有关技术标准规定,安全附加压力值若按当量密度取值,气井为 $0.07 \sim 0.15 \text{g/cm}^3$,油井为 $0.05 \sim 0.10 \text{g/cm}^3$;若按井底绝对压力取值,气井为 $3 \sim 5 \text{MPa}$,油井为 $1.5 \sim 3.5 \text{MPa}$。含 H_2S 等酸性气体的油气层,应取安全附加压力值上限。

实施一级井控,除采取多种方法搞好地层压力预测与监测外,还应同时搞好地层破裂压力等的预测与检测,以确保一旦钻遇异常高压地层,须提高工作液密度保持井底压力平衡地层压力时,地层不出现破裂等井下复杂情况。

(曾时田)

【二级井控 secondary well control】 在一级井控失效后,及时控制井口,采取措施排除油、气、水侵或溢流,重建地层—井筒系统压力平衡,防止井喷的技术。当工作液液柱压力小于地层压力与安全附加压力之和时,地层流体进入井筒内工作液中,随后在井口见到油花、气泡、地层水和后效明显等现象,即为油气水侵;进而井口返出工作液量大于泵入量,即为溢流。出现油气水侵和溢流都是发生井喷的预兆。

一旦井口出现溢流,迅速正确控制井口是防止井喷的技术关键。发现溢流后必须立即按规定程序,操作相关井控装备,正确关井以控制井口(套管下入浅或地层破裂压力特低除外);尽量在井内保存更多的工作液,从而获得更大的井底压力,有利于防止地层流体继续侵入井内,减小关井压力和压井施工压力,并为准确计算地层压力和确定重建压力平衡所需工作液的密度提供良好基础。

关井后,必须尽快压井,这是重建压力平衡最重要和最主要途径。在压井过程中,利用节流管汇节流阀控制一定回压,在始终控制和保持井底压力略大于地层压力条件下,循环排除溢流,重建地层—井筒系统压力平衡。

(曾时田)

【三级井控 tertiary well control】 一级和二级井控失效并引发井喷失控或着火后,使用井控装备和采取相应措施进行控制与处理,重建地层—井筒系统压力平衡,解除井喷或着火事故的技术。

压井是重建地层—井筒系统压力平衡进而解除井喷的惟一途径,其方法有循环一周压井法、循环两周压井法、边循环边加重压井法、反循环压井法、置换压井法和回压压井法等。灭火的方法有空中爆炸灭火法、灭火剂综合灭火法、罩式灭火法和救援井法等。

(曾时田)

【井侵 well intrusion】 当地层孔隙压力大于井底压力时,地层流体(油、气、水)侵入井内的现象。常见的井侵有油侵、气侵和水侵。

(石善志 许江文)

【溢流 overflow】 井侵发生后,井口返出修井液量比泵入的液量多,停泵后修井液自动外溢的现象。溢流产生的原因主要有:(1)起管柱时井内未灌满修井液或灌量不足;(2)起管柱时产生的抽汲压力过大;(3)修井液密度不够;(4)地层漏失;(5)地层压力异常。

(石善志 许江文)

【井涌 well kick】 修井液涌出井口(转盘面)而不超过井口(转盘面)2米的现

象。井涌是溢流的进一步发展。井涌的根本原因是井内液柱压力低于地层压力。造成井内液注压力降低的原因有：起钻时井内未及时灌满修井液；起钻速度过快，抽汲压力过大；循环修井液漏失；修井液密度低；地层压力异常。

（石善志　许江文）

【井喷 blowout】 井内地层流体压力大于井筒内液柱（钻井液、洗井液、压井液或油、水等）压力时，地层的流体（包括油、水、气）大量进入井筒，然后与井筒内液体一起从井口无控制地喷出。井喷是一种最直接的油、气、水显示，但如果井口没有控制设备或因井控设备发生故障而失去控制，便形成失控井喷，这就是井喷事故。失控井喷如发生火灾，就成为灾难性的事故。井喷事故往往损失巨大：（1）损坏设备；（2）死伤人员；（3）报废井；（4）污染环境；（5）破坏油气资源和储层；（6）制服井喷需要投入巨大的人力、物力、财力。

（蒋希文）

【地下井喷 underground blowout】 地层流体从井喷地层无控制地流入其他低压地层的现象。地下井喷无法控制，地下井喷的流体可沿地层裂缝向上推进，从井场周围的松软地表向外喷出，遇到火源后会使井场变成一片火海。

（石善志　许江文）

【井喷失控 blowout out of control】 井喷发生后，无法用常规方法控制井口出现敞喷的现象。井喷失控原因主要有：（1）起钻抽汲，造成诱喷；（2）起钻没有灌修井液或没有灌满；（3）没有及时发现溢流或对溢流情况处理不当；（4）井口不安装防喷设备或安装的防喷器不符合安全规定；（5）井身结构设计不合理；（6）对浅气层的危害缺乏足够的认识；（7）相邻注水井未停注或未减压；（8）思想麻痹，违章操作。

（石善志　许江文）

【井喷失火 blowout fire】 井喷发生后，失去控制的地层流体在地面遇到火源而着火的现象。是修井作业中最恶性的事故。

（石善志　许江文）

【井控设备 well control equipment】 实施油、气、水井压力控制的一套专用设备、仪表和工具的统称。是对井喷事故进行预防、监测、控制、处理的关键装置。通过井控设备的使用可以做到对井底压力的有效控制地施工，既可以减少对油气层的损害，又可以保护油气井，防止井喷和井喷失控，实现安全作业。

井控装备必须具备如下功能：（1）对地层压力、地层流体和钻井液等主要参数进行准确监测、检测和预告；（2）当发生溢流或井喷时，能迅速可靠地控制油气井井口内钻具与套管间的环形空间（以下简称环形空间）、井口钻具水眼和旁侧出口三个通道，可以关闭这些通道，还可以在人为控制下使其在规定的管汇内流动；（3）通过节流井筒内流体，并泵入压井液，使之在保持稳定的井底压力下，实施溢流排除和压井，重建压力平衡；（4）在发生井喷失控或着火事故时，能够确保特殊井控作业的实施，具备专用有效处理的功能。

井控设备主要包括：（1）井口装置，包括完井井口装置和作业时的防喷装置。（2）控制系统，包括防喷器的司钻控制台、远程控制台和辅助控制台。（3）井控管汇，包括节流管汇、压井管汇、放喷管线及注水管线、灭火管线等。（4）内防喷工具，包括管柱旋塞阀、管柱止回阀、油管堵塞器及各类形式的井下开关等。（5）监测的仪器仪表，包括循环池液面监测报警仪、返出流量监测报警仪、井液密度监测报警仪、井液返出温度监测报警仪、起管柱时井筒液面监测报警仪、泵冲等参数监测报警仪等。（6）辅助设备，包括井液加重设备、液气分离器、除气器和自动灌井液装置。（7）特种装备，包括自封头、旋转防喷器、带压起下管柱装置和灭火设备等。

（石善志　许江文）

【**防喷器** blowout preventer】　在油气井发生溢流或井喷时关闭井口控制井喷发生的装置。井下作业施工常用防喷器包括手动防喷器和液压防喷器。手动防喷器结构简单、成本低、耐压低。液压防喷器操作简单、安全可靠，是防喷器的发展方向。常用的防喷器主要有环形防喷器、抽油杆防喷器、旋转防喷器和闸板防喷器。

（石善志　许江文）

【**环形防喷器** annular blowout preventer】　封井元件（胶芯）呈环状的防喷器。又称万能防喷器。封井时，环形胶芯在液压活塞推动下，由于顶盖的限制，被迫向井筒中心集聚，环抱管柱、电缆或封空井等（见图）。既能控制井口各种尺寸管柱的环形空间，又能在井口无管柱时全部封闭井口。主要有锥形胶芯环形防喷器、球形胶芯环形防喷器和组合胶芯环形防喷器三种类型。环形防喷器常与闸板防喷器配套使用。

环形防喷器

（石善志　许江文）

抽油杆防喷器

【抽油杆防喷器 rod blowout preventer】 一种专门用于油井抽油杆起下作业中防止井喷的装置。一般由壳体、胶芯、外套、密封环、闸板、手柄和丝杆等组成（见图）。半封闸板上装有耐油橡胶件。在起下抽油杆作业过程中发生井喷、井涌事故时，顺时针快速旋转防喷器两端丝杆，便可使两块半封闸板迅速抱紧抽油杆，直到完全密封住抽油杆和油管环形空间为止，从而达到封井的目的。

（方代煊　石善志　许江文）

旋转防喷器

【旋转防喷器 rotary-type blowout preventer】 在油水井修井作业过程中，密封油套环空带压作业的防喷器。在井内带压工况下，实现对管柱的上下活动密封加旋转密封（见图）。可分为被动密封式、主动密封式和混合密封式三类。

（石善志　许江文）

【闸板防喷器 ram blowout preventer】 将带有胶芯的两块闸板从左右两侧推向井眼中心，实现封闭井口的防喷器。通过控制井口压力来实现对井内压力、地层压力的控制，有效地防止井喷事故的发生。按闸板室数量可分为单闸板防喷器（见图1）、双闸板防喷器（见图2）和三闸板防喷器（见图3）。

图1　单闸板防喷器

图2　双闸板防喷器

图3　三闸板防喷器

（石善志　许江文）

【半封封井器 semi-sealing blowout preventer】 在井下有管柱的情况下，可对油套环形空间进行密封的井控工具。主要由壳体芯子总成、密封盒、丝杠等部件组成。它的主要密封元件是两个带有半圆的胶皮芯子，装在半封芯子总成上，用丝杠带动半封芯子总成内外运动，从而达到开关井的目的。

（石善志　许江文）

【全封封井器 full-sealing blowout preventer】 一种在起完井下管柱之后封闭井口的专用井控工具。主要由壳体、闸板（闸板和密封元件不带半圆孔）、阀座、丝杆等部件组成。

（石善志　许江文）

【自封封井器 self-sealing blowout preventer】 在不压井起下作业时，用于自动密封油套环形空间的工具。主要由上盖、压环、壳体、胶皮芯子组成。工作原理是依靠胶皮芯子能收缩的性能使油管、钻杆及直径小于115mm的井下工具能自由通过，并在套管压力作用下，使胶皮芯子自动密封油套环形空间。

（石善志　许江文）

【防喷单根 single pipe for blowout control】 在一根油管上下端预先接好一只处于常开状态的旋转阀（内防喷工具）单流阀，油管外表面刷上红色的油漆，放于油管桥滑到附近位置，专用于井控关井时使用的单根油管。当起下管柱过程中发生溢流或井涌、井喷时，可快速接上此油管，将油管接箍下放过防喷器闸板位置后并用专用手柄关闭放喷单根上的旋转阀后，即可实现利用闸板防喷器关井。

（石善志　许江文）

【防喷管汇 blowout control manifold】 由节流管汇、压井管汇、放喷管汇及其配套阀门组成，实现控制溢流时井内流体有控制的返出与压井的管汇。在无法控制时，将井内喷出的油气引出井场外进行燃烧，以保证井场设备安全，便于实施抢险控制。

（石善志　许江文）

【节流管汇 choke-line manifold】 在溢流与井喷压井过程中通过调节节流阀开启程度，控制井内回压的管汇与阀门组合。由于节流阀易被高压流体冲蚀，需要有对应的闸阀，可以切换不同的节流阀。节流管汇的作用是：（1）通过节流阀的节流作业实施压井作业，制止溢流；（2）通过节流阀的泄压作用，降低井口压力，实现"软关井"；（3）通过防喷阀的泄流作用，降低井口套管压力，保护井口防喷器组。

（石善志　许江文）

【压井管汇 kill manifold】 实施压井作业的阀门管汇装置总成。压井作业过程中从压井管汇注入压井液，保持井底压力略大于地层压力，循环排出侵入井筒修井液的油气水，重建压力平衡。压井管汇作用是：（1）全封闸板全封井口时，通过压井管汇强行实施压井作业；（2）当已发生井喷时，通过压井管汇往井口强注清水，以防燃烧起火；（3）当已井喷着火时，通过压井管汇往井筒里强注灭火剂，能助灭火。

（廖锐全　赵　勇）

【节流阀 throttling valve】 利用节流原理调节管道内流量的阀门。根据使用场合的要求，可使用旋塞阀、截止阀、双座调压阀、球阀等作为节流阀。

（廖锐全　赵　勇）

【止回阀 check valve】 防止管路中介质倒流的阀门。又称单向阀或逆止阀。在修井中止回阀可以避免井喷关井时井内修井液从钻具内喷出。

（廖锐全　赵　勇）

油管旋塞阀

【油管旋塞阀 tubing cock valve】 通过旋转90°使阀塞上的通道口与阀体上的通道口相同或分开，实现开启或关闭的一种阀门。旋塞阀的阀塞的形状可分为圆柱形或圆锥形（见图）。在圆柱形阀塞中，通道一般成矩形，而在锥形阀中成梯形。

旋塞阀使用要求：（1）内螺纹在上，外螺纹在下，连接前应在内外螺纹部位和肩口涂抹螺纹脂；（2）保持旋塞阀处于开启位置；（3）旋塞阀手柄应放置在操作台固定位置，便于取用。

（廖锐全　赵　勇）

【油管堵塞器 tubing plug】 不压井起下油管时，为避免压井液对地层的伤害，用于堵塞油管底部通道，防止井内液体由油管向外喷出或堵死油管底部对上部进行试压的井下工具。

由打捞头、销钉、工作筒、弹簧、支撑套、扭簧、支撑块、芯轴、堵头、工作筒、"O"形密封圈、下接头等组成，见图。堵头插在工作筒的下接头密封段内靠密封件密封。支撑块在扭簧和打捞头下部挡块的限制下,外伸顶在工作筒上部喇叭下。当需要取出堵塞器时,下打捞工具捞住打捞头上提,剪断销钉上行,打捞头下部挡块与支撑块离开,支撑块在扭簧作用下回收到支撑套内,取出堵塞器。

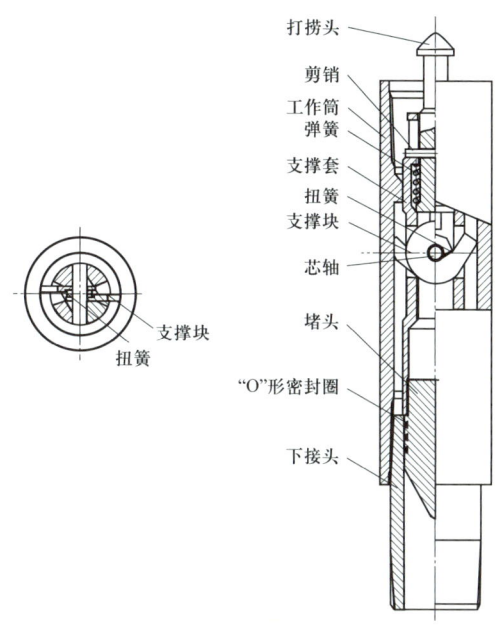

油管堵塞器

(王锡敏)

【关井 well shutdown】 发现溢流时关闭井口环空的过程。就是将修井液开放循环模式转为封闭、可控的循环模式,使得井下压力和井底压力能够使地面设备得到有效控制,防止溢流进一步发展形成井喷或井喷失控。分为硬关井与软关井。

关井程序:(1)发出信号;(2)停止起下作业;(3)抢装管柱旋塞;(4)关防喷器、关内防喷工具;(5)关套管阀门,试关井;(6)认真观察,准确记录油管和套管压力,以及循环罐压井液增减量,迅速向队长或技术员报告。

(张顶学 赵勇)

【硬关井 hard well shutdown】 发现井涌后,在节流阀关闭的情况下直接关闭防喷器。硬关井最迅速,可以迅速制止地层流体进入井内,地层流体侵入井眼最少。但在防喷器关闭期间,由于环空流体由流动突然变为静止,对井口装置产生水击作用,其水击波又会反作用于整个环空,也作用于套管鞋处及裸眼地层,使井口装置、套管和地层所承受的压力急剧增加,严重时可能损害井口装置,并有可能压漏套管鞋处地层及下部裸眼地层。

(张顶学　赵　勇)

【**软关井** soft well shutdown】 发现井涌后,先打开节流阀,再关闭防喷器的关井方法。其优点是井口装置及环空水击作用最小,万一套管压力变得过高还可以采用其他的井控方法(如地节流压力法等),所以软关井比较安全。但由于其关井时间长,在关井过程中地层流体还会继续进入井内,地层流体侵入量也最大,额外增加的地层流体也会对井口装置及地层有附加压力,也会给压井带来困难。

(张顶学　赵　勇)

附 录

石油科技常用计量单位换算表

物理量名称及符号	法定计量单位名称及符号		非法定计量单位名称及符号		单位换算
	名称	符号	名称	符号	
长度 L	米 海里	m n mile	英寸	in	1in=25.4mm（准确值） 单位密耳（mil）或英毫（thou）有时用于代表"毫英寸"
			英尺	ft	1ft=12in=0.3048m（准确值） 1ft（美测绘）=0.3048006m
			码	yd	1yd=3ft=0.9144m
			英里	mile	1mile=5280ft=1609.344m（准确值） 1mile（美）=1609.347m
			密耳	mil	$1\text{mil}=2.54\times10^{-5}\text{m}$
			海里 （只用于航程）	n mile	1n mile=1852m
			杆	rd	1rd=5.0292m
			费密		1 费密 $=10^{-15}$m
			埃	Å	1Å=0.1nm=10^{-10}m

续表

物理量名称及符号	法定计量单位名称及符号		非法定计量单位名称及符号		单位换算
	名称	符号	名称	符号	
面积 $A(S)$	平方米	m^2	平方英寸	in^2	$1in^2=645.16mm^2$（准确值）
			平方英尺	ft^2	$1ft^2=0.09290304m^2$（准确值）
			平方码	yd^2	$1yd^2=0.83612736m^2$（准确值）
			平方英里	$mile^2$	$1mile^2=2.589988km^2$ $1mile^2$（美测绘）$=2.589998km^2$
			英亩	acre	$1acre=4046.856m^2$ $1acre$（美测绘）$=4046.873m^2$
			公顷	ha	$1ha=10^4 m^2$
体积容积 V	立方米升	m^3 L	立方英寸	in^3	$1in^3=16.387064cm^3$（准确值）
			立方英尺	ft^3	$1ft^3=28.31685L^3$（准确值）
			立方码	yd^3	$1yd^3=0.7645549m^3$（准确值）
			加仑	gal	$1gal$（英）$=277.420in^3=4.546092L$ （准确值）$=1.20095gal$（美） $1gal$（美）$=3.785412L$
			品脱（英） 液品脱（美）	pt liq pt	$1pt$（英）$=0.56826125L$（准确值） $1liq\ pt$（美）$=0.4731765L$
			液盎司	fl oz	$1fl\ oz$（英）$=28.41306cm^3$ $1fl\ oz$（美）$=29.57353cm^3$
			桶	bbl	$1bbl$（美石油）$=9702in^3=158.9873L$
			蒲式耳（美）	bu	$1bu$（美）$=2150.42in^3=35.23902L$ $=0.968939bu$（英）
			干品脱（美）	dry pt	$1dry\ pt$（美）$=0.5506105L^3$ $=0.968939pt$（英）
			干桶（美）	bbl	$1bbl$（美）（干）$=7056in^3=115.6271L$

续表

物理量名称及符号	法定计量单位名称及符号		非法定计量单位名称及符号		单位换算
	名称	符号	名称	符号	
速度 u, v, w, c	米每秒 节	m/s kn	英尺每秒	ft/s	1ft/s=0.3048m/s（准确值）
			英里每小时	mile/h	1mile/h=0.44704m/s（准确值）
			英寸每秒	in/s	1in/s=0.0254m/s
加速度 a 重力加速度 g	米每二次方秒	m/s²	英尺每二次方秒	ft/s²	1ft/s²=0.3048m/s²（准确值）
质量 m	千克（公斤） 吨	kg t	磅	lb	1lb=0.45359237kg（准确值）
			格令	gr	1gr=1/7000lb=64.78891mg（准确值）
			盎司	oz	1oz=1/16lb=437.5gr（准确值）=28.34952g
			英担	cwt	1cwt（英国）=1 长担（美国）=112lb（准确值）=50.80235kg 1cwt（美国）=100lb（准确值）=45.359237kg
			英吨	ton	1ton（英国）=1 长吨（美国）=2240lb=1.016047t 1ton（美国）=2000lb=0.9071847t
			脱来盎司或金衡盎司	oz（troy）	1oz（troy）=480gr=31.1034768g（准确值）
			[米制]克拉	metric carat	1metric carat=200mg（准确值）
体积质量，[质量]密度 ρ	千克每立方米 克每立方厘米	kg/m³ g/cm³	磅每立方英尺	lb/ft³	1lb/ft³=16.01846kg/m³
			磅每立方英寸	lb/in³	1lb/in³=27679.9kg/m³ 1g/cm³=1000kg/m³
力 F	牛[顿]	N	达因	dyn	1dyn=10^{-5}N（准确值）
			磅力	lbf	1lbf=4.448222N
			千克力	kgf	1kgf=9.80665N（准确值）
			吨力	tf	1tf=9.80665×10³N

续表

物理量名称及符号	法定计量单位名称及符号		非法定计量单位名称及符号		单位换算
	名称	符号	名称	符号	
力矩 M	牛[顿]米	$N \cdot m$	英尺磅力	$ft \cdot lbf$	$1ft \cdot lbf=1.355818N \cdot m$
			千克力米	$kgf \cdot m$	$1kgf \cdot m=9.80665N \cdot m$（准确值）
压力，压强 p	帕 兆帕	Pa MPa	标准大气压	atm	$1atm=101325Pa$（准确值）
			工程大气压	at	$1at=1kgf/cm^2=0.967841atm$ $=98066.5Pa$（准确值）
			磅力每平方英寸	lbf/in^2（psi）	$1lbf/in^2=6894.757Pa$
			千克力每平方米	kgf/m^2	$1kgf/m^2=9.80665Pa$（准确值）
			托	Torr	$1Torr=1/760atm=133.3224Pa$
			约定毫米水柱	$mm\ H_2O$	$1mm\ H_2O=10^{-4}at=9.80665Pa$（准确值）
			约定毫米汞柱	$mm\ Hg$	$1mm\ Hg=13.5951mm\ H_2O$ $=133.3224Pa$
[动力]黏度 μ	帕秒	$Pa \cdot s$	泊	P	$1P=0.1Pa \cdot s$（准确值）
			厘泊	cP	$1cP=10^{-3}Pa \cdot s$
			千克力秒每平方米	$kgf \cdot s/m^2$	$1kgf \cdot s/m^2=9.80665Pa \cdot s$
			磅力秒每平方英尺	$lbf \cdot s/ft^2$	$1lbf \cdot s/ft^2=47.8803Pa \cdot s$
			磅力秒每平方英寸	$lbf \cdot s/in^2$	$1lbf \cdot s/in^2=6894.76Pa \cdot s$
运动黏度 ν	米二次方每秒	m^2/s	斯[托克斯]	St	$1St=10^{-4}m^2/s$（准确值）
			厘斯	cSt	$1cSt=10^{-6}m^2/s$
			二次方英尺每秒	ft^2/s	$1ft^2/s=0.09290304m^2/s$
			二次方英寸每秒	in^2/s	$1in^2/s=6.4516 \times 10^{-4}m^2/s$

续表

物理量名称及符号	法定计量单位名称及符号		非法定计量单位名称及符号		单位换算
	名称	符号	名称	符号	
能量 $E(W)$ 功 $W(A)$	焦[耳] 千瓦[小]时	J kW·h	尔格	erg	1erg=1dyn·cm=10^{-7}J（准确值）
			英尺磅力	ft·lbf	1ft·lbf=1.355818J
			千克力米	kgf·m	1kgf·m=9.80665J（准确值） 1J=1N·m
			英马力小时	hp·h	1hp·h=2.68452MJ
			电工马力小时		1 电工马力小时 =2.64779MJ
功率 P	瓦[特]	W	英尺磅力每秒	ft·lbf/s	1ft·lbf/s=1.355818W
			马力	hp	1hp=745.6999W
			[米制]马力	metric hp	1metric hp=735.49875W（准确值）
			电工马力		1 电工马力 =746W
			卡每秒	cal/s	1cal/s=4.1868W
			千卡每小时	kcal/h	1kcal/h=1.163W
			伏安	V·A	1V·A=1W
			乏	var	1var=1W
热力学温度 T 摄氏温度 t	开[尔文] 摄氏度	K ℃	兰氏度	°R	$1°R=\dfrac{5}{9}K$
			华氏度	°F	$\dfrac{t_F}{°F}=\dfrac{9}{5}\dfrac{t}{℃}+32=\dfrac{9}{5}\dfrac{T}{K}-459.67$
热，热量 Q	焦[耳]	J	英制热单位	Btu	1Btu=778.169ft·lbf=1055.056J
			15℃卡	cal_{15}	$1cal_{15}$=4.1855J
			国际蒸汽表卡	cal_{IT}	$1cal_{IT}$=4.1868J $1Mcal_{IT}$=1.163kW·h（准确值）
			热化学卡	cal_{th}	$1cal_{th}$=4.184J（准确值）
热流量 Φ	瓦[特]	W	英制热单位每小时	Btu/h	1Btu/h=0.2930711W

续表

物理量名称及符号	法定计量单位名称及符号		非法定计量单位名称及符号		单位换算
	名称	符号	名称	符号	
热导率 （导热系数） λ,（κ）	瓦[特] 每米 开 [尔文]	W/ (m·K)	英制热单位每秒英尺兰氏度	Btu/ (s·ft·°R)	1Btu/(s·ft·°R)=6230.64W/(m·K)
			卡每厘米秒开尔文	cal/ (cm·s·K)	1cal/(cm·s·K)=418.68W/(m·K)
			千卡每米小时开尔文	kcal/ (m·h·K)	1kcal/(m·h·K)=1.163W/(m·K)
			英热单位每英尺小时华氏度	Btu/ (ft·h·°F)	1Btu/(ft·h·°F)=1.73073W/(m·K)
传热系数 K,（k） 表面传热系数 h,（α）	瓦[特] 每平方米开 [尔文]	W/ (m²·K)	英制热单位每秒平方英尺兰氏度	Btu/ (s·ft²·°R)	1Btu/(s·ft²·°R)=20441.7W/(m²·K)
			卡每平方厘米秒开尔文	cal/ (cm²·s·K)	1cal/(cm²·s·K)=41868W/(m²·K)
			千卡每平方米小时开尔文	kcal/ (m²·h·K)	1kcal/(m²·h·K)=1.163W/(m²·K)
			英热单位每平方英尺小时兰氏度	Btu/ (ft²·h·°R)	1Btu/(ft²·h·°R)=5.67826W/(m²·K)
热扩散率 a	平方米每秒	m²/s	平方英尺每秒	ft²/s	1ft²/s=0.09290304m²/s（准确值）
质量热容， 比热容 c 质量定压热容， 比定压热容 c_p 质量定容热容， 比定容热容 c_V 质量饱和热容， 比饱和热容 c_{sat}	焦[耳] 每千克 开 [尔文]	J/ (kg·K)	英制热单位每磅兰氏度	Btu/(lb·°R)	1Btu/(lb·°R)=4186.8J/(kg·K)（准确值）

续表

物理量名称及符号	法定计量单位名称及符号		非法定计量单位名称及符号		单位换算
	名称	符号	名称	符号	
质量熵，比熵 s	焦[耳]每千克开[尔文]	J/(kg·K)	英制热单位每磅兰氏度	Btu/(lb·°R)	1Btu/(lb·°R)=4186.8J/(kg·K)（准确值）
质量能，比能 e 质量焓，比焓 h	焦[耳]每千克	J/kg	英制热单位每磅	Btu/lb	1Btu/lb=2326J/kg（准确值）
电流 I 交流 i	安[培]	A	毫安	mA	1mA=10^{-3}A
电压，电位 U 电动势 E	伏[特]	V			1V=W/A
电容 C	法[拉]	F			1F=1C/A
电荷 Q	库[仑]	C			1C=1A·s 1A·h=3.6kC（用于蓄电池）
磁场强度 H	安[培]每米	A/m			
磁通量 Φ	韦[伯]	Wb			1Wb=1V·s
渗透率 K	二次方微米毫达西	μm² mD	达西	D	1D=1μm²（准确值） 1mD=1×10^{-3}D
物质浓度 c	摩[尔]每立方米 摩[尔]每升	mol/m³ mol/L	体积摩尔浓度	M	1M=1mol/L =1000mol/m³

条目汉语拼音索引

A

安全接头 /186

B

半封封井器 /235
报废井 /52
爆炸切割工具* /199
爆炸切割解卡* /64
爆炸松扣工具 /191
爆炸松扣解卡 /63
泵排 /26
变形落物打捞 /59
憋压式油管锚 /131
波纹管补贴 /80
玻璃钢抽油杆 /135
不压井起下钻装置 /110
不压井作业 /110
不压井作业设备 /215

C

采油管柱 /217
采油树 /207
侧面打印 /54
侧钻 /85
测流体电阻法找漏 /74
拆驴头 /14
长期悬吊解卡 /62
长柱塞防砂卡泵 /153
常规注水泥 /65
沉砂筒 /187
衬管防砂 /94
冲砂 /35
冲砂管柱 /228
抽稠泵 /151
抽汲 /24
抽油泵* /139
抽油杆 /134
抽油杆打捞筒 /175
抽油杆吊卡 /200
抽油杆防喷器 /234
抽油杆防脱器 /130
抽油杆扶正器 /130
抽油杆减振器 /131
抽油机井带压作业 /111
抽油机井检泵 /45
磁铁打捞器 /177
刺洗油管 /29
窜槽 /6

D

打捞 /56
打捞工具 /173
打捞钩 /182
打捞管柱 /229
打捞篮 /177
打捞矛* /179
打捞筒 /174
打捞增力器 /185
打通道 /85
打压滑块可倒打
　捞矛 /181
大小头* /204
大修作业 /53
带压冲砂 /113
带压打捞 /114

- 246 -

条目汉语拼音索引

带压打印 /113
带压更换井口 /112
带压起下管柱 /112
带压通井 /113
带压油管输送射孔 /114
带压作业* /110
单向阀* /236
单液法调剖 /101
氮气泡沫冲砂 /37
导斜器 /87
倒扣接头 /188
倒扣解卡 /63
倒扣捞矛 /190
倒扣捞筒 /188
倒扣器 /187
等径柱塞泵 /153
地层窜通 /6
地层砂筛析 /91
地层伤害故障 /6
地下井喷 /232
电泵井带压作业 /112
电动潜油泵* /156
电动潜油泵解卡
　打捞 /58
电动潜油泵井检泵 /47
电动潜油多级离心泵 /156
电动潜油螺杆泵 /160
吊灌压井法* /19
吊装井口房 /13
定向开窗 /87
定斜器 /87
丢手封隔器* /126
冻胶阀技术 /116
端部打印 /54

E

二次替喷 /23
二级井控 /231

F

反冲砂 /36
反循环打捞筒 /176
反循环节流压井 /20
方入 /55
方余 /55
防喷单根 /235
防喷管汇 /235
防喷器 /233
防气泵 /150
防砂 /89
防砂泵 /148
防砂车 /216
防脱铅模 /168
分级注水泥 /66
封层作业 /51
封堵找漏 /74
封隔工具 /124
封隔器 /124
封隔器解卡打捞 /58
封隔器找窜 /42
封隔器找漏 /73
封井报废作业 /52
负压洗井 /18

G

杆类落物打捞 /57
杆式泵 /143
钢实心抽油杆 /135

工程测井找漏 /73
公锥 /184
固定配水器 /161
固体防蜡剂 /34
刮削工具 /196
关井 /237
管类落物打捞 /56
管钳 /203
管式泵 /145
管外窜通 /6
管柱减阻接头 /187
管柱解卡 /60
管柱切割 /64
管柱上顶力的控制
　技术 /116
管子钳* /203
灌注法压井 /19
光油管冲砂 /36
硅酸盐沉淀调剖剂 /104
硅酸盐复合凝胶调剖
　剂 /104
硅酸盐颗粒调剖剂 /104
硅酸盐凝胶调剖剂 /104
轨道式可退打捞矛 /180
锅炉车 /216

H

含油污泥调剖 /101
含油污泥调剖剂 /106
滑块卡瓦打捞矛 /179
化学堵水 /108
化学防砂 /91
化学切割 /65
化学清蜡 /33

- 247 -

化学溶液防砂 /92
环隙法注水泥 /66
环形防喷器 /233
恢复循环解卡 /61
回音标 /129
混气水排液 /25
活动钩 /183
活动管柱解卡 /61
活动弯头 /204
活动肘节 /187
活接头 /204
活页式捞筒 /175

J

挤入法封窜 /43
挤入法挤水泥 /69
挤水泥 /68
机械倒扣工具 /187
机械倒扣解卡 /63
机械堵水 /107
机械防砂 /93
机械卡 /7
机械卡水 /109
机械卡瓦尾管悬挂器 /165
机械切割 /65
机械清蜡 /32
机械式内割刀 /198
机械式泄油器 /127
机械式油管锚 /132
挤注法压井 /20
检泵 /44
检泵周期 /45
交接井 /10
节流阀 /236

节流管汇 /235
浸泡解卡 /64
井场布置 /10
井场调查 /9
井架车 /217
井控 /230
井控设备 /232
井口转换阀连续冲砂 /38
井口装置 /205
井口装置故障 /3
井喷 /232
井喷失火 /232
井喷失控 /232
井侵 /231
井身结构故障 /4
井筒试压 /31
井下措施作业 /89
井下地质设计 /8
井下电视 /168
井下电视成像找漏 /74
井下工程设计 /8
井下工具故障 /6
井下管柱试压 /31
井下落物 /55
井下切割工具 /197
井下施工设计 /9
井下作业 /1
井下作业地面工具 /200
井下作业检测工具 /167
井下作业设备 /208
井下作业设备搬迁 /10
井下作业设计 /8
井下作业施工准备 /8
井涌 /231

静温梯度测试找漏 /74
局部置换压井 /20
聚合物固相盐水压井液 /22
聚合物凝胶类调剖剂 /104
聚能切割 /64
聚能切割工具 /199

K

卡点 /60
卡簧式泄油器 /128
卡瓦 /201
卡瓦打捞矛 /179
卡瓦打捞筒 /174
卡瓦式封隔器 /125
卡爪式脱接器 /129
开窗打捞筒 /175
可溶桥塞 /127
可退倒扣打捞矛 /182
可退式打捞筒 /175
可退式卡瓦打捞矛 /180
可洗井封隔器洗井 /18
可洗井注水封隔器 /126
空心泵 /152
空心抽油杆 /137
空心磨鞋* /196
空心配水器 /161
控制挤入法挤水泥 /70

L

落物卡 /7
落鱼 /55
捞矛* /179

捞砂 /39
捞筒* /174
梨形胀管器 /191
砾石充填防砂 /94
连续抽油杆 /138
连续管 /119
连续管冲砂洗井
　作业 /120
连续管打捞 /123
连续管挤注水泥 /122
连续管气举作业 /119
连续管切割解卡
　作业 /121
连续管酸化作业 /121
连续管通洗井作业 /120
连续管旋转喷射除垢解堵
　作业 /120
连续管压井作业 /120
连续管压裂作业 /121
连续管整形 /122
连续管钻磨 /123
连续管作业 /117
连续管作业滚筒 /118
连续管作业注入头 /118
连续油管冲砂 /37
连续油管气举 /25
连续油管作业机 /214
链钳 /203
流量法找漏 /74
漏失井注水泥塞 /68
滤砂器* /132
螺杆泵 /155
螺杆泵井检泵 /47
螺旋可退打捞矛 /180

M

摸鱼 /55
磨铣工具 /193
磨铣解卡 /64
磨铣套铣管柱 /227
磨鞋 /194
母锥 /184
木塞法找漏 /74

N

纳米材料调剖 /102
内割刀 /197
内钩 /183
内外组合捞钩 /183
逆止阀* /236
黏土胶聚合物絮凝调剖
　剂 /105

P

PI 决策技术 /100
排液 /23
盘管* /119
炮眼冲洗 /30
泡沫调剖剂 /106
泡沫深部调剖 /102
配水器 /161
配水器堵塞器 /162
配水器投捞器 /162
喷射泵* /160
硼中子找窜 /41
膨胀管补贴 /82
偏心辊子整形器 /192
偏心捞钩 /183

偏心配水器 /162
平衡吊灌压井法* /19
平衡法注水泥塞 /67
平推压井法* /20

Q

起下抽油杆 /46
起下管柱 /27
气化水冲砂 /36
气井带压作业 /111
气井故障 /2
气井解卡打捞 /59
气举 /24
气举阀气举 /25
气锚 /133
潜油电动机 /158
潜油电动机保护器 /158
浅层调剖 /99
桥塞 /126
桥塞找窜 /42
倾筒法注水泥塞 /67
取换套管 /83
全封封井器 /235

R

绕性油管* /119
热采封隔器 /126
热力补偿器 /134
热力清蜡 /32
热洗 /17
人工隔板法堵底水 /109
人工井壁防砂 /92
柔性抽油杆 /138
乳液型清蜡剂 /34

软关井 /238
软金属衬管补贴 /81
软捞砂 /39

S
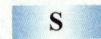

三级井控 /231
三锥辊套管整形器 /192
砂卡 /7
砂锚 /132
蛇形管* /119
射流泵 /160
伸缩管* /134
深部调剖 /100
深井泵 /139
生产井封窜 /42
生产井故障 /2
生产井找窜 /40
声幅测井找窜 /40
绳类落物打捞 /57
试配水 /49
试压 /30
试注 /48
双卡脱接器 /129
双塞法注水泥塞 /67
双液法调剖 /101
双作用泵 /154
水基堵剂 /104
水力活塞泵 /160
水力活塞泵井检泵 /48
水力卡瓦打捞矛 /180
水力可退打捞矛 /181
水力扩张式封隔器 /126
水力密闭式封隔器 /126
水力喷射泵负压冲砂 /37

水力式内割刀 /199
水力旋流冲砂器 /164
水力压差式封隔器 /126
水力自封式封隔器 /126
水泥卡 /7
水平井可退式打捞矛 /181
水平井螺杆钻冲砂 /39
水溶性清蜡剂 /33
丝锥外钩 /183
死钩 /182
酸洗 /17
锁球式泄油器 /128

T

探砂面 /29
探鱼 /55
套管爆炸补贴 /80
套管爆炸整形 /77
套管变形卡 /8
套管变形损坏 /5
套管补接 /85
套管补接器 /196
套管补贴 /79
套管不密封加固 /79
套管错断损坏 /5
套管堵漏 /75
套管锻铣 /86
套管刮削 /29
套管加固 /77
套管加固工具 /196
套管开窗 /86
套管磨铣整形 /77
套管内侧钻 /85
套管内衬加固 /78

套管内换向连续冲砂 /38
套管内落物打捞 /56
套管内落物打印痕 /53
套管燃气动力加固 /79
套管试压找漏 /73
套管损坏 /4
套管损坏检测 /72
套管头 /206
套管外衬加固 /78
套管修复 /75
套管液压密封加固 /79
套管找漏 /73
套管整形 /76
套管整形工具 /191
套管整形弹 /193
套铣工具 /195
套铣解卡 /64
套铣母锥 /185
套铣取套 /84
套铣筒 /195
套铣鞋 /196
特殊井挤水泥 /70
提放式可退打捞矛 /182
提捞排液 /23
提升短节 /204
体膨颗粒类调剖剂 /105
替喷 /22
调防冲距 /46
调剖剂 /103
调驱剂 /106
填料水泥浆封窜 /44
通井 /15
通井规 /16
通井机 /213

通井遇阻 /16
通径规 /167
同位素测井找窜 /41
凸轮式泄油器 /128
脱接器 /129

W

外割刀 /199
外钩 /183
万能防喷器* /233
微生物调剖剂 /106
微生物深部调剖 /101
尾管悬挂器 /164
尾管注水泥 /66
无杆采油泵 /156
无固相盐水压井液 /21

X

吸水剖面 /101
洗井 /16
洗井液 /18
下击器 /170
铣头* /196
铣鞋 /193
铣锥 /194
小件落物打捞 /57
小修作业 /15
小直径管冲砂 /37
校正井架 /13
斜向器* /87
泄压法压井 /20
泄油器 /127
修井穿大绳 /12
修井大钩 /211

修井吊环 /211
修井工具 /124
修井机 /208
修井立井架 /11
修井水龙带 /212
修井水龙头 /212
修井天车 /210
修井游动滑车 /211
修井指重表 /211
悬挂器 /164
旋流连续冲砂 /39
旋转防喷器 /234
旋转震击式套管整形器 /193
循环法封窜 /43
循环法压井 /20
循环挤入法封窜 /43
循环挤入法挤水泥 /70

Y

压差式油管锚 /132
压井 /19
压井管汇 /236
压井液 /21
压裂防砂 /98
验窜 /44
氧活化测井找窜 /41
液氮排液 /25
液体加速器 /173
液压卡瓦尾管悬挂器 /167
液压上击器 /171
液压式泄油器 /128
一把抓 /183
一次替喷 /23

一级井控 /230
溢流 /231
溢流井注水泥塞 /67
引鞋 /195
印模 /168
硬关井 /237
硬捞砂 /40
油管吊卡 /200
油管动力钳 /202
油管堵塞器 /236
油管规* /167
油管锚 /131
油管头 /206
油管投堵 /115
油管旋塞阀 /236
油管压力控制工具 /115
油管压力控制技术 /114
油基堵剂 /104
油井故障 /2
油井清防蜡 /31
油气井堵水 /106
油气井压力控制* /230
油气井找水 /107
油溶性清蜡剂 /33
油套环空压力控制技术 /116
有杆大泵 /152
诱喷 /22
诱喷法解卡 /62
由壬* /204
鱼底 /55
鱼顶 /55
鱼顶方入 /56
鱼顶修整器 /185

鱼头* /55
遇卡 /6

Z

造扣方入 /56
闸板防喷器 /234
丈量油管 /29
胀管器* /191
胀管器整形 /76
找漏找窜工艺管柱 /228
震击工具 /170
震击解卡 /62
整筒泵 /148

正冲砂 /36
正反冲砂 /36
支撑式封隔器 /125
止回阀 /236
注灰施工* /66
注入井分层作业 /50
注水管柱 /226
注水井带压作业 /110
注水井调剖 /98
注水井调整 /50
注水井故障 /2
注水井重配 /49
注水井作业 /48

注水泥 /65
注水泥塞 /66
转注 /49
自封封井器 /235
自膨胀式封隔器 /125
组合泵 /147
组合调剖 /102
组配管柱 /28
钻杆规* /167
钻塞 /71
钻柱打捞测井仪 /169
作业井架 /212